数控车工中级技能

主　编

崔元刚　沈利新

主　审

陈铁铭

U0388898

金盾出版社

内 容 提 要

　　本书将识读车削工件图样、车削及其工具、数控车床操作与维护、数控车削程序、典型结构数控车削、数控车削工艺设计、数控车削技能训练等中级数控车工应知、应会的学习内容，按照学习的规律，划分组织为若干学习单元，每个学习单元又划分成多个学习任务。学员通过完成一个个理论与实践一体化的学习任务，由浅到深、循序渐进地掌握数控车削技术。

　　书中包含的职业技能训练内容，与中级职业技能考核要求相对应；书末给出了各单元部分练习和试题的参考答案，供学习者在学习过程中自测。

　　本书特别适合初学者，也可作为中等职业学校、高职高专院校、技师学院、社会培训机构相关专业的教材，亦可供数控专业技术人员参考。

图书在版编目(CIP)数据

数控车工中级技能/崔元刚,沈利新主编. -- 北京：金盾出版社,2012.10
ISBN 978-7-5082-7547-5

　　Ⅰ.①数… 　Ⅱ.①崔…②沈… 　Ⅲ.①数控机床—车床—车削 　Ⅳ.
①TG519.1

中国版本图书馆 CIP 数据核字(2012)第 083537 号

金盾出版社出版、总发行
北京太平路 5 号(地铁万寿路站往南)
邮政编码:100036 　电话:68214039 　83219215
传真:68276683 　网址:www.jdcbs.cn
封面印刷:北京精美彩色印刷有限公司
正文印刷:北京万友印刷有限公司
装订:北京万友印刷有限公司
各地新华书店经销
开本:705×1000 1/16 　印张:24 　字数:492 千字
2012 年 10 月第 1 版第 1 次印刷
印数:1～5 000 册 　定价:56.00 元
(凡购买金盾出版社的图书,如有缺页、
倒页、脱页者,本社发行部负责调换)

前　　言

随着加工技术的进步,数控加工得到普及,企业急需熟悉数控加工工艺、熟练掌握数控编程操作和机床维护的技术工人。为了适应数控车床加工技术人才的培养需要,我们在听取企业意见的基础上,以职业能力培养为目标,广泛吸收教学一线教师和车间技术人员的经验、智慧,经过反复的实践、讨论、总结,编写了这本入门教材。

本书针对当前加工企业对数控车工的职业要求,依据《数控车工国家职业标准》中对中级技能的规定,选择识读车削零件图样、熟悉车削及其工具、数控车床操作与维护、编写数控车削程序、典型结构数控车削、数控车削工艺设计、数控车削技能训练等中级数控车工应知、应会技术作为学习内容,按照学习的规律,把内容划分为若干教学单元,每个教学单元又划分成多个学习任务,每一个学习任务联系多学科相关知识,融合专业理论和实践技能,在"教、学、做"理论与实践一体化的学习情境中展开,有利于提高学习积极性,做到所教、所学、所用的衔接。

为适合初学者的特点,本书力求内容通俗易懂,图文并茂,条理清晰;各单元任务顺序设计,由浅入深,由简到繁,由单一到综合,层层推进,易于学习和掌握。每单元有针对本单元内容的练习题,附录中有综合的理论和操作试题,附录最后有练习和试题的参考答案,便于初学者带着问题复习、查找,以巩固所学知识,提高灵活运用知识的能力。

本书以应用最广的 FANUC 数控车削系统为主要内容来编写。

本书由崔元刚副教授、沈利新讲师主编,刘衍益讲师参编,陈铁铭副教授主审。书中第一、二单元由沈利新编写,第三、四、五、六、七单元由崔元刚编写,刘衍益参与第六、七单元的编写和校阅,全书由崔元刚统稿。书中如有疏漏或不妥之处,恳请读者指正。

编　者

目　　录

单元一 看懂车削零件图样

【单元导学】

在生产制造中,无论是一台机器的设计、制造、安装,或是一个工程建筑物的规划、设计、施工、管理,都离不开图样。

图样能表达物体的形状、大小、材料、构造以及有关技术要求等内容,是人们用以表达设计意图、组织生产施工、进行技术交流的重要技术文件,图样被喻为"工程技术语言"。作为加工工人,必须熟悉这种语言。本单元的学习任务是熟悉图样绘制,学会识读图样。如图 1.0-1 所示为图样的形成。

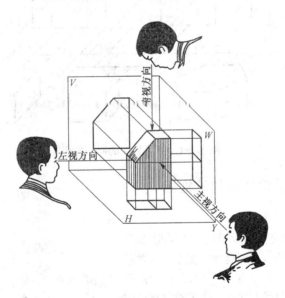

图 1.0-1 图样的形成

任务 1.1 熟悉图样画法

【学习目标】

1. 熟悉投影和视图;

2. 熟悉三视图的画法;

3. 熟悉视图、剖视图和断面图的画法。

【基本知识】

1.1.1 认识投影

投射线通过物体向选定的面投影,并在该面上获得物体投影的方法叫做投影法。

正对着物体看到的图形叫正投影图,在正投影图中物体的立体感消失,固有的层次变成了平面图形,就像层次分明的高山、大河、平原、峡谷在一些地图上全部都变成平面图形,增加了读图难度。

在正投影中,一般一个视图不能完整地表达物体的形状和大小,也不能区分不同的物体。如图 1.1-1 所示,三个不同的物体在同一投影面上的视图完全相同。

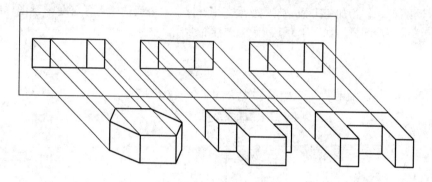

图 1.1-1 不同物体的同一投影

1.1.2 认识立体的三视图

1. 三视图的形成

物体在一个方向的投影具有片面性,如果我们从多个方向看,得到物体在多个方向的投影,读图时将它们联系起来分析,就能消除片面性,确定物体的真实形状。要反映物体的完整形状和大小,必须有几个从不同投影方向得到的视图。如图 1.1-2 所示的支架零件,可从上、下、前、后、左、右多个方向进行投影。

如图 1.1-3 所示,把支架在三个互相垂直的投影面体系中进行投影时,可得到支架的三个投影。由前向后投影,在正面上所得视图称为主视图;由上向下投影,在水平面上所得视图称为俯视图;由左向右投影,在侧面上所得

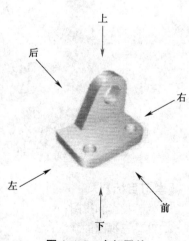

图 1.1-2 支架零件

视图称为左视图。

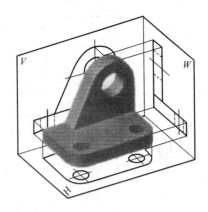

图 1.1-3　三视图的形成

为了在图纸上(一个平面)画出三视图,三个投影面必须如图 1.1-4 所示那样,使正面不动,水平面和侧面分别绕各投影轴旋转 90°,从而把三个投影面展开在同一平面上,如图 1.1-5 所示。

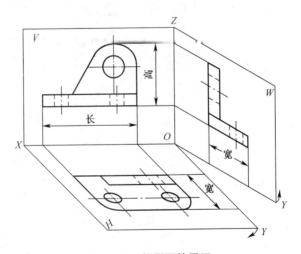

图 1.1-4　投影面的展开

如图 1.1-6 所示,在图样上通常只画出零件的视图,而投影面的边框和投影轴都省略不画。这个布置同一平面上的支架的三个投影图,称为支架的三视图。

2. 三面视图的关系

如图 1.1-5 所示,支架的主视图反映了长度和高度,俯视图反映了长度和宽度,左视图反映了宽度和高度,且每两个视图之间有一定的对应关系。由此,可得到三个视图之间的投影关系(如图 1.1-6 所示):

主、俯视图长对正;

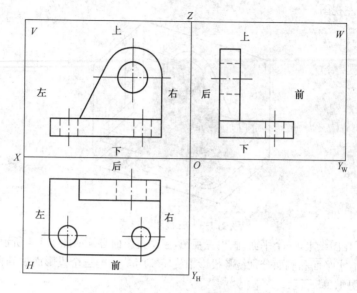

图 1.1-5 展开后的三视图

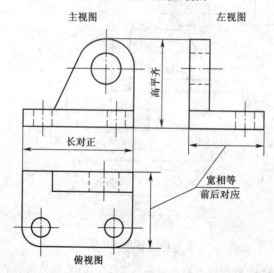

图 1.1-6 三个视图的投影关系

主、左视图高平齐；
俯、左视图宽相等。

3. 三面视图的位置关系

我们用图 1.1-5 来分析支架各部分的相对位置关系。从主视图上可见带斜面的竖板位于底板的上方，从俯视图上可见竖板位于底板的后边，从左视图上还可看出竖板位于底板的上方后边。由此可见,一旦零件对投影面的相对位置确实后,零件各部分的上、下,前、后及左、右位置关系在三面视图上也就确定了。这些关系是:

　　　　主视图反映上、下、左、右的位置关系;

　　　　俯视图反映左、右、前、后的位置关系;

　　　　左视图反映上、下、前、后的位置关系。

4. 基本几何体的三视图

　　基本几何体有平面立体和曲面立体两大类。常见的棱柱、棱锥是平面立体。由于平面立体的构成面都是平面,因此,平面立体的投影,可以看作是构成基本几何体的各个面按其相对位置投影的组合。常见的圆柱、圆锥、球和圆环体是曲面立体,曲面立体在投影时有其自身的特点,将曲面立体向某一投影面投影时,必须在视图上画出曲面的轮廓线。

　　表1.1-1列出了基本几何体的三面视图与立体示意图。

表 1.1-1　基本几何体的三视图

平　面　立　体		曲　面　立　体	
长方体		 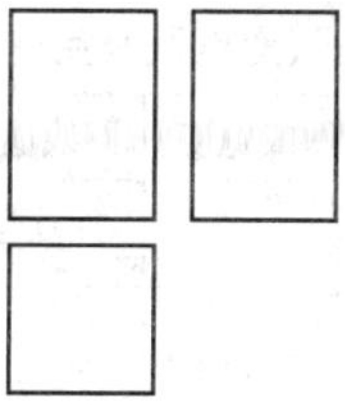 圆柱  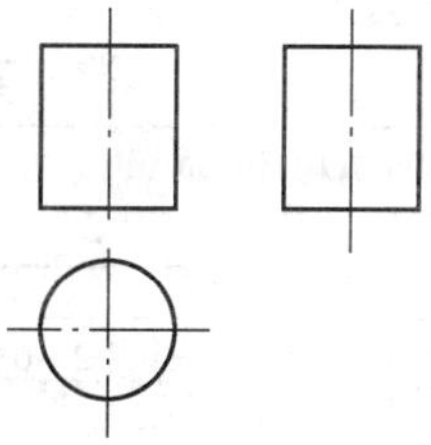	
六棱柱		 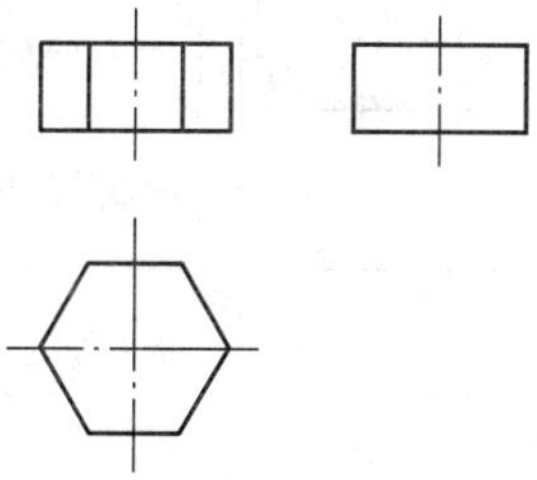 圆锥 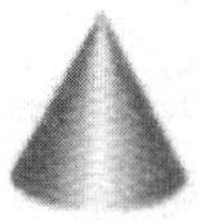 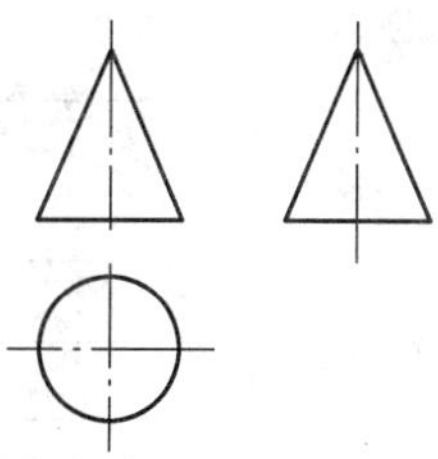	
四棱锥		 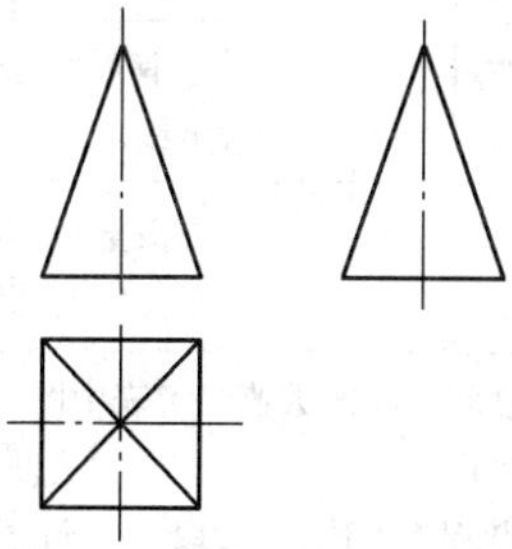 球体  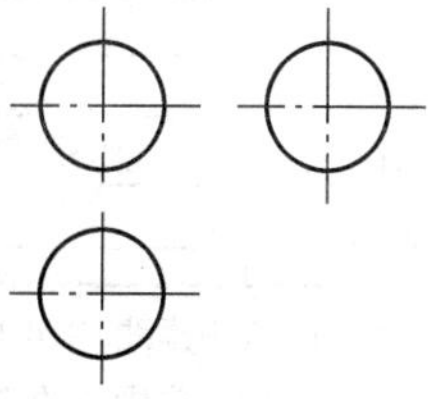	

续表 1.1-1

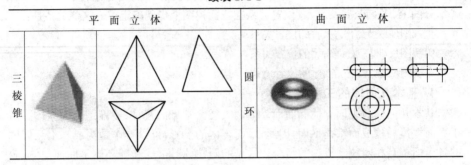

平　面　立　体			曲　面　立　体		
三棱锥			圆环		

1.1.3　图线型式及应用

机件的图样是用各种不同线宽和型式的图线画成的。不同的线型有不同的用途,绘制图样时,应遵循 GB 4457.4—2002《机械制图 图样画法 图线》的规定。表 1.1-2 列出的是机械制图的图线型式及应用说明。如图 1.1-7 所示为常用图线应用举例。

表 1.1-2　图线的名称、型式、宽度及其用途

图线名称	图线型式	图线宽度	图线应用举例(如图 1.1-7 所示)
粗实线 A		d	可见轮廓线、可见过渡线
细虚线 B	2~6 ≈1	约 $d/2$	不可见轮廓线、不可见过渡线
细实线 C		约 $d/2$	尺寸线、尺寸界线、剖面线、重合断面的轮廓线及指引线等
波浪线 D		约 $d/2$	断裂处的边界线等
双折线 E		约 $d/2$	断裂处的边界线
细点画线 F	≈20 ≈3	约 $d/2$	轴线、对称中心线等
粗点画线 G	≈15 ≈3	d	有特殊要求的线或表面的表示线
细双点画线 H	≈20 ≈5	约 $d/2$	极限位置的轮廓线、相邻辅助零件的轮廓线等

注:1. 表中虚线、细点画线、双点画线的线段长度和间隔的数值参考表中图示,点画线、双点画线中的点应画成约 1mm 的短画。

　　2. 粗实线的宽度 d 应根据图形的大小和复杂程度选取,一般取 0.5mm 或 0.7mm。

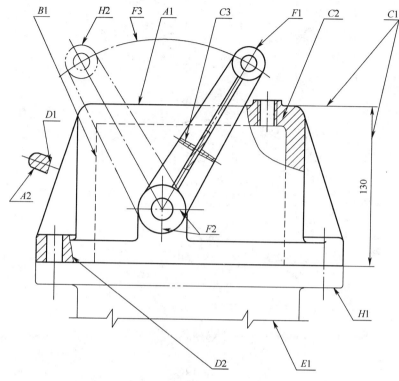

图 1.1-7 图线应用举例

1.1.4 机件外形的视图表达方法

视图主要用来表达机件的外部结构形状,视图通常有基本视图、向视图、局部视图和斜视图。

1. 基本视图和向视图

如图 1.1-8(a)所示,正六面体的六面构成基本投影面,将机件置于一正六面体内,机件在六个基本投影面上的投影称为基本视图。该 6 个视图分别是由前向后、由上向下、由左向右投影所得的主视图、俯视图和左视图,以及由右向左、由下向上、由后向前投影所得的右视图、仰视图和后视图。各基本投影面的展开方式如图 1.1-8(b)所示,展开后各视图的配置如图 1.1-9(a)所示。

基本视图具有"长对正、高平齐、宽相等"的投影规律,即主视图、俯视图和仰视图长对正,后视图同样反映零件的长度尺寸,但不与上述三视图对正;主视图、左、右视图和后视图高平齐;左、右视图与俯、仰视图宽相等。另外,主视图与后视图、左视图与右视图、俯视图与仰视图还具有轮廓对称的特点。

向视图是可自由配置的视图。如果视图不能按如图 1.1-9(a)所示的配置时,则

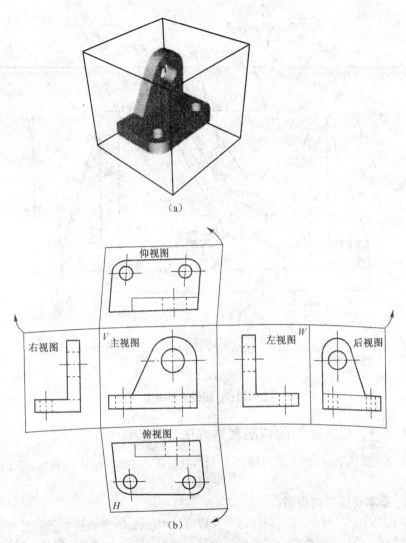

图 1.1-8　基本视图的形成

(a)基本视图的六面投影箱　(b)基本视图的展开

应在向视图的上方标注"×"("×"为大写的拉丁字母),在相应的视图附近用箭头指明投射方向,并注上相同的字母,如图 1.1-9(b)所示。

2. 局部视图

将机件的某一部分向基本投影面投影,所得到的视图叫做局部视图。画局部视图的主要目的是为了减少作图工作量。如图 1.1-10 所示机件,当画出其主、俯视图后,仍有两侧的凸台没有表达清楚。因此,需要画出表达该部分的局部左视图和局

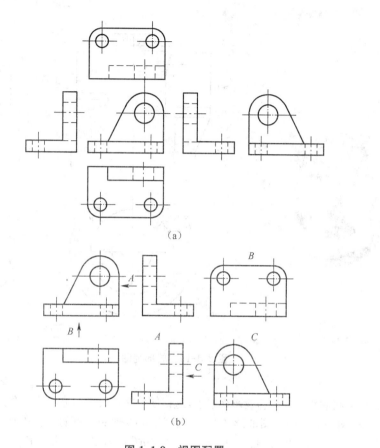

图 1.1-9　视图配置

(a)基本视图配置　(b)向视图配置

部右视图。局部视图的断裂边界用波浪线画出;当所表达的局部结构是完整的,且外轮廓又成封闭时,波浪线可以省略,如图 1.1-10 所示的局部视图的 B 向画法。

　　画图时,一般应在局部视图上方标上视图的名称"×"("×"为大写拉丁字母),在相应的视图附近用箭头指明投射方向,并注上同样的字母。当局部视图按投影关系配置,中间又无其他图形隔开时,可省略标注,如图 1.1-11 所示的俯视图。局部视图可按基本视图的配置形式配置,如图 1.1-11 所示的俯视图;也可按向视图的配置形式配置并标注。

3. 斜视图

　　机件向不平行于任何基本投影面的平面投射所得的视图称斜视图。斜视图主要用于表达机件上倾斜部分的实形。如图 1.1-11 所示的连接弯板,其倾斜部分在基本视图上不能反映实形,为此,可选用一个新的投影面,使它与机件的倾斜部分表面

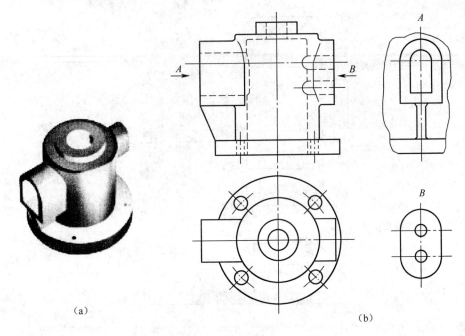

（a）

（b）

图 1.1-10 局部视图

(a)立体图 (b)视图

平行，然后将倾斜部分向新投影面投射，这样便可在新投影面上反映实形。

斜视图一般按向视图的形式配置并标注，必要时也可配置在其他适当位置，在不引起误解时，允许将视图旋转配置，表示该视图名称的大写拉丁字母应靠近旋转符号的箭头端，如图 1.1-11(c)所示，也允许将旋转角度标注在字母之后。

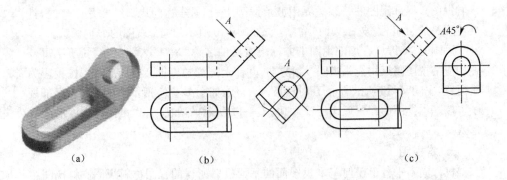

（a）

（b）

（c）

图 1.1-11 斜视图及其标注

(a)立体图 (b)按向视图配置的斜视图 (c)旋转配置的斜视图

1.1.5　机件内形的剖视图表达方法

剖视图主要用来表达机件的内部结构形状。根据机件被剖切范围的大小,剖视图分为:全剖视图、半剖视图和局部剖视图三种。获得三种剖视图的剖切面和剖切方法有:单一剖切面(平面或柱面)剖切、几个相交的剖切平面剖切、几个平行的剖切平面剖切、组合的剖切平面剖切。

1. 剖视图的概念和画剖视图的方法步骤

(1)剖视图的概念　机件上不可见的结构形状规定用虚线表示,不可见的结构形状愈复杂,虚线就愈多,这样对读图和标注尺寸都不方便。为此,对机件不可见的内部结构形状常采用剖视图来表达,如图 1.1-12 所示。

图 1.1-12(a)所示是机件的三视图,主视图上有多条虚线。

图 1.1-12(b)表示进行剖视图的过程,假想用剖切平面 R 把机件切开,移去观察者与剖切平面之间的部分,将留下的部分向投影面投影,这样得到的图形就称为剖视图,简称剖视,如图 1.1-12(c)所示。

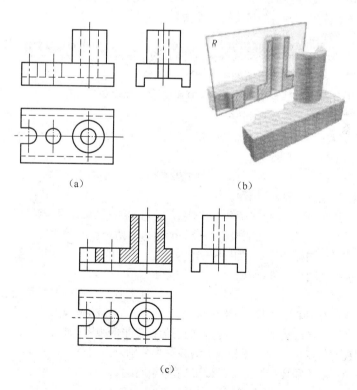

（a）　　　　　　　　　　　（b）

（c）

图 1.1-12　剖视的概念
(a)三视图　(b)立体图　(c)剖视图

剖切平面与机件接触的部分,称为剖面。剖面是剖切平面和物体相交所得的交线围成的图形。为了区别剖到和未剖到的部分,要在剖到的实体部分上画上剖面符号,如图 1.1-12(c)所示。金属材料的剖面符号,一般画成与水平线成 45°(可向左倾斜,也可向右倾斜)且间隔均匀的细实线。金属材料剖面符号在同一张图样中,同一个机件的所有剖视图的剖面符号应该相同。

(2)剖切平面位置的选择 因为画剖视图的目的在于清楚地表达机件的内部结构,因此,应尽量使剖切平面通过内部结构的对称平面或轴线。另外,为便于看图,剖切平面应取平行于投影面的位置,这样可在剖视图中反映出剖切到部分的实形。剖切平面后方的可见轮廓线都应画出,不能遗漏;不可见部分的轮廓线——虚线,在不影响对机件形状完整表达的前提下,不再画出。

剖视图标注的目的,在于表明剖切平面的位置和数量,以及投射的方向。一般用断开线(粗短线)表示剖切平面的位置,用箭头表示投射方向,用字母表示某处做了剖视。

剖视图如满足以下三个条件,可不加标注:

①剖切平面是单一的,而且是平行于要采取剖视的基本投影面的平面;

②剖视图配置在相应的基本视图位置;

③剖切平面与机件的对称面重合。

凡完全满足以下两个条件的剖视,在断开线的两端可以不画箭头:

①剖切平面是基本投影面的平行面;

②剖视图配置在基本视图位置,而中间又没有其他图形间隔。

2. 剖视图的种类及其画法

(1)全剖视 用剖切平面完全地剖开机件后所得到的剖视图,称为全剖视图。

如图 1.1-12(c)所示的主视图为全剖视,因它满足前述不加标注的三个条件,所以没有加任何标注。如图 1.1-13 所示的俯视图做了全剖视,它不满足不加标注的三个条件中的第三条,所以要标注。

标注方法是,在剖切位置画断开线(断开的粗实线)。断开线应画在图形轮廓线之外,不与轮廓线相交,且在两段粗实线的旁边写上两个相同的大写字母,然后在剖视图的上方标出同样的字母,如"*A—A*",如图 1.1-13(b)所示。因为这个剖视符合前述不画箭头的两个条件,所以没有画箭头。

(2)半剖视图 当机件具有对称平面,向垂直于对称平面的投影面上投影时,以对称中心线(细点画线)为界,一半画成视图用以表达外部结构形状,另一半画成剖视图用以表达内部结构形状,这样组合的图形称为半剖视图,如图 1.1-14 所示。

半剖视的特点是用剖视图和视图的各一半分别表达机件的内形和外形,因此在半剖视图上一般不需要把看不见的内形用虚线画出来。

如图 1.1-14 所示的两个视图均采用半剖视。主视图的半剖视符合前述剖视不加标注的三个条件,所以不标注。而俯视图的半剖视不符合不标注三条件上的第三

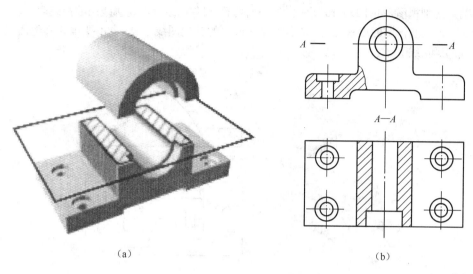

图 1. 1-13 全剖视图

(a)立体图　(b)剖视图

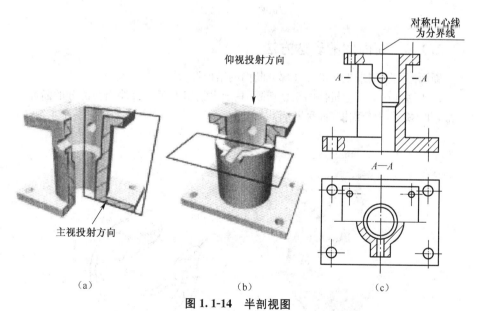

图 1. 1-14 半剖视图

(a)主视图的剖切位置　(b)俯视图的剖切位置　(c)剖视图

条,所以需要加注;但它符合不画箭头的两个条件,故可不画箭头。

(3)局部剖视图　当机件尚有部分的内部结构形状未表达清楚,但又没有必要作全剖视或不适合于作半剖视时,可用剖切平面局部地剖开机件,所得的剖视图称为局部剖视图,如图1.1-15所示。局部剖切后,机件断裂处的轮廓线用波浪线表示。为了不引起读图的误解,波浪线不要与图形中的其他图线重合,也不要画在其他图线的延长线上。

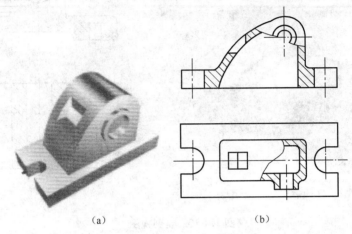

（a）　　　　　（b）

图 1.1-15　局部剖视图

(a)立体图　(b)局部剖视图

1.1.6　断面图的表达方法

断面图主要用来表达机件某部分断面的结构形状。

假想用剖切平面把机件的某处切断,只画出剖切平面和机件相交部分的断面的图形,此图形称为断面图(简称断面)。如图1.1-16所示的吊钩,只画了一个主视图,

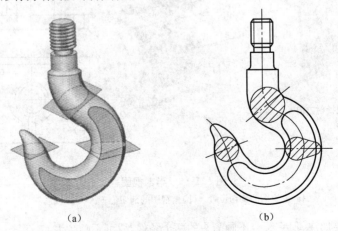

（a）　　　　　（b）

图 1.1-16　吊钩的断面图

(a)立体图　(b)断面图

并在几处画出了断面形状,就把整个吊钩的结构形状表达清楚了,比用多个视图或剖视图显得更为简便、明了。

如图 1.1-16 所示的吊钩断面图,是画在视图轮廓线内部的断面图,称为重合断面图。重合断面图的轮廓线用细实线绘制,剖面线应与断面图形的对称线或主要轮廓线成 45°角。

画在视图轮廓线以外的断面图,称为移出断面图,如图 1.1-17 所示的 A,B 处的断面图。

移出断面图的轮廓线用粗实线表示,图形位置应尽量配置在剖切位置符号或剖切平面迹线的延长线上。一般情况下,画断面图时只画出剖切的断面形状;但当剖切平面通过机件上回转面形成的孔或凹坑的轴线,或当剖切平面通过非圆孔,会导致出现完全分离的两个断面时,这些结构按剖视图画出,如图 1.1-17 中的 B 处断面图。

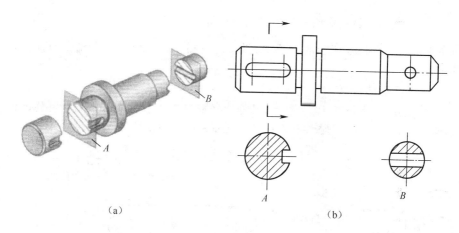

（a）　　　　　　　　　　　　　　　　　　　（b）

图 1.1-17　移出断面图

（a）立体图　（b）移出断面图

【任务实践】

1.1.7　组合体视图画法实践

如图 1.1-18 所示的轴承架,主要由长方形板Ⅰ,半圆端竖板Ⅱ和三角形肋板Ⅲ三部分叠合而成,故称为叠合式组合体。

对于机械零件,我们常可把它抽象并简化为若干基本几何体组成的"体",这种"体"称为组合体。组合方式有叠合和挖切两种。一般较复杂的机械零件往往由叠合和挖切综合而成。

画组合体的三视图时,应采用形体分析法把组合体分解为几个基本几何体,然后按它们的组合关系和相对位置有条不紊地逐步画出三视图。

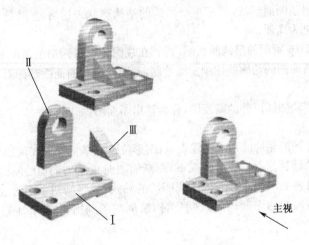

图 1.1-18　轴承架形体的组成部分

　　下面以图 1.1-18 所示的轴承架为例,说明画叠合式组合体三视图的方法和步骤。

1. 进行形体分析

　　(1)底板　如图 1.1-19(a)所示,其外形是一个四棱柱,下部中间挖一穿通的长方槽,在四个角上挖四个圆柱孔。其三视图如图 1.1-19(b)所示。

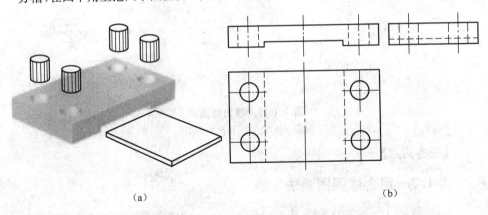

(a)　　　　　　　　　　　　　　　　　　(b)

图 1.1-19　长方形底板

(a)形体分析　(b)三视图

　　(2)半圆端竖板　如图 1.1-20(a)所示,其下部是一个四棱柱,上部是半个圆柱,中间挖一圆柱孔,其三视图如图 1.1-20(b)所示。

　　(3)三角板肋板　如图 1.1-21(a)所示,肋板为一个三棱柱,其三视图如图 1.1-21(b)所示。

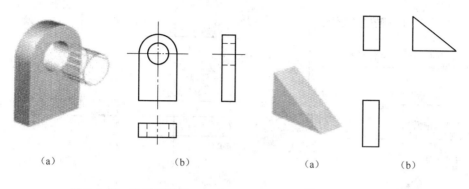

图 1.1-20　半圆端竖板　　　　　　图 1.1-21　三角形肋板
(a)形体分析　(b)三视图　　　　　　(a)形体分析　(b)三视图

2. 选择主视图

画图时,首先要确定主视图。将组合体摆正,其主视图应能较明显地反映出该组合体的结构特征和形状特征。对于本例的轴承架,按图 1.1-18 中的箭头方向投射画主视图,就可明显地反映底板、半圆端竖板和肋板的相对位置关系和形状特征。读图者在看了主视图后,就能对该组合体的全貌有个初步的认识,知道它是由哪些部分组成的。

3. 画图步骤

如图 1.1-22 所示:
①布置视图,画作图基准线;
②画底板;
③画半圆端立板;
④画肋板;
⑤画底板上的凹槽及圆孔;
⑥校对、擦去作图线、加深。

【任务小结】

本次任务我们熟悉几何体的视图画法。视图是由立体正投影得到的平面视图。一个视图不能反映立体空间几何结构的全貌,适当选择几个方向的视图组合在一起,就可反映空间几何结构了。对于内部结构可用剖视、断面的方法得到清晰的表达。用平面视图表达立体要有一定规范,它是工程表达的语言,用于工程技术的交流。

看三视图的基本方法是形体分析法,在掌握基本体三视图特征的基础上,利用投影规律,找到满足投影关系的三个线框,和基本体三视图比对,从而判断各组成体的立体形状。

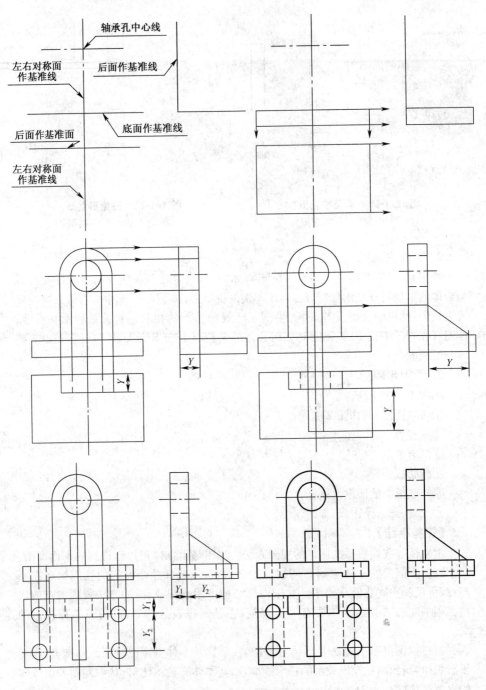

轴承孔中心线

左右对称面作基准线

后面作基准线

后面作基准面

底面作基准线

左右对称面作基准线

图 1.1-22　轴承架的画图步骤

【思考与练习】

1. 三视图是如何得到的？为什么要画三视图？说说三个视图间的投影关系。

2. 思考用剖视图表达机件内形的优点，总结画剖视图的要点。

3. 总结断面图的表达方法。

4. 分析如图 1.1-23 所示的组合体形体结构，完成三视图，然后把左视图改画成全剖视图。

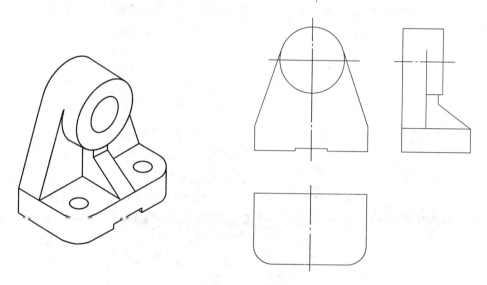

图 1.1-23　组合体视图画法练习

任务 1.2　熟悉尺寸注法

【学习目标】

1. 知道尺寸标注的基本规则；

2. 掌握基本体的尺寸注法；

3. 掌握组合体的尺寸注法。

【基本知识】

1.2.1　尺寸标注的规定

图形只能表达机件的形状，而机件的大小则由标注的尺寸确定。GB/T 4458.4—2003 中对尺寸标注的基本方法作了一系列规定，应当遵守。

1. 基本规则

①机件的真实大小应以图样上所注的尺寸数值为依据，与图形的大小及绘图的

准确度无关；

②图样中的尺寸，以 mm 为单位时，不需标注计量单位的代号或名称；如采用其他单位，则必须注明；

③图样中所注尺寸是该图样所示机件最后完工时的尺寸，否则应另加说明；

④机件的每一尺寸，一般只标注一次，并应标注在反映该结构最清晰的图形上。

2. 尺寸的组成

一个完整的尺寸应由尺寸界线、尺寸线、尺寸线终端和尺寸数字四个要素组成，如图1.2-1所示。

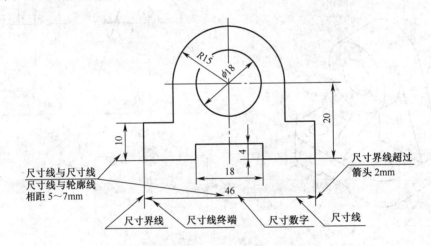

图 1.2-1 尺寸四个要素标注示例

(1)尺寸界线 尺寸界线用细实线绘制，并应由图形的轮廓线、轴线或对称中心线处引出；也可利用轮廓线、轴线或对称中心线作尺寸界线。尺寸界线一般应与尺寸线垂直，并超出尺寸线终端2mm左右。

(2)尺寸线 尺寸线用细实线绘制。尺寸线必须单独画出，不能与图线重合或在其延长线上。

(3)尺寸线终端 尺寸线终端有两种形式，如图 1.2-2 所示。箭头适用于各种类型的图样，箭头尖端与尺寸界线接触，不得超出也不得离开。

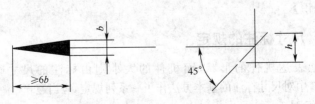

图 1.2-2 尺寸线终端的两种形式

斜线用细实线绘制,图中 h 为字体高度。当尺寸线终端采用斜线形式时,尺寸线与尺寸界线必须相互垂直。同一图样中只能采用一种尺寸线终端形式。

(4)尺寸数字 线性尺寸的数字一般应注写在尺寸线的上方,也允许注写在尺寸线的中断处;同一图样内大小一致,位置不够可引出标注。尺寸数字不可被任何图线所通过,否则必须把图线断开,如图 1.2-1 所示的尺寸 R15 和 ϕ18。

1.2.2 基本几何体的尺寸注法

视图上的尺寸是制造、加工和检验的依据,因此,标注尺寸时,必须做到正确、完整和清晰。

常见的基本形体形状和大小的尺寸标注方法如图 1.2-3 所示。

如图 1.2-4 所示为几个具有斜截面或缺口的几何形体的尺寸注法。

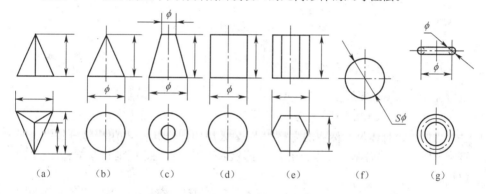

(a)   (b)   (c)   (d)   (e)   (f)   (g)

图 1.2-3 基本形体的尺寸注法

(a)棱锥   (b)圆锥   (c)圆台   (d)圆柱   (e)棱柱   (f)圆球   (g)圆环

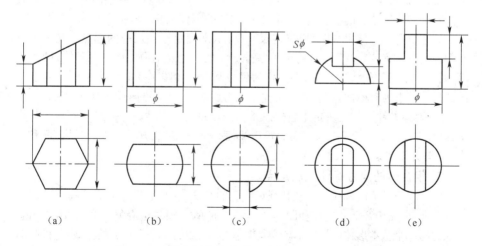

(a)   (b)   (c)   (d)   (e)

图 1.2-4 具有斜截面或缺口的几何体的尺寸标注

如图 1.2-5 所示,列举了两种不同形状板件的尺寸标注方法。

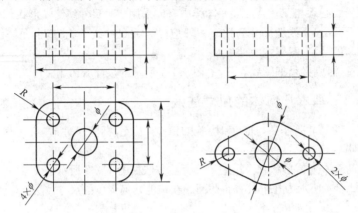

图 1.2-5　几种底板件的尺寸注法

1.2.3　组合体的尺寸注法

标注组合体视图尺寸的基本要求是完整和清晰。

1. 组合体尺寸的标注方法

为保证组合体尺寸标注的完整性,一般采用形体分析法,将组合体分解为若干基本形体,先注出各基本形体的定形尺寸,然后再确定它们之间的相互位置,注出定位尺寸。

(1)定形尺寸　如图 1.2-3 所示,各基本形体的尺寸都是用以确定形体大小的定形尺寸。在图 1.2-6(b)所示的主视图中,除 21 以外的尺寸也均属定形尺寸。

(2)定位尺寸　图 1.2-6(b)所示的主视图中的 21,以及俯视图中的尺寸 27,14,都是确定形成组合体的各基本形体间相互位置的定位尺寸。

标注组合体定位尺寸时,应确定尺寸基准,即确定标注尺寸的起点。在三维空间中,应有长、宽、高三个方向的尺寸基准。一般采用组合体(或基本形体)的对称面、回转体轴线和较大的底面、端面作为尺寸基准。如图 1.2-6 所示的支架,长度方向的尺寸基准为对称面,宽度方向尺寸基准为后端面,高度方向尺寸基准为底面。

(3)总体尺寸　这是决定组合体总长、总宽、总高的尺寸。总体尺寸不一定都直接注出,如图 1.2-6 所示支架的总高可由 21 和 R8 确定;长方形底板的长度 35 和宽度 18,即为该支架的总长和总宽。

2. 组合体的尺寸标注的注意点

①尺寸应尽可能标注在形状特征最明显的视图上,半径尺寸应标注在反映圆弧的视图上,如图 1.2-5 中的 R 和图 1.2-6(b)中的 R8。要尽量避免从虚线引出尺寸。

②同一个基本形体的尺寸,应尽量集中标注,如图 1.2-7 所示的主视图中的 34 和 2。

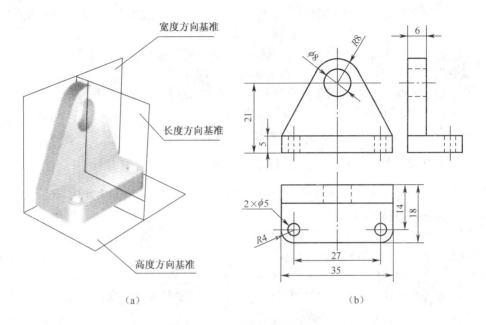

（a）　　　　　　　　　　　（b）

图 1.2-6　组合体的尺寸标注

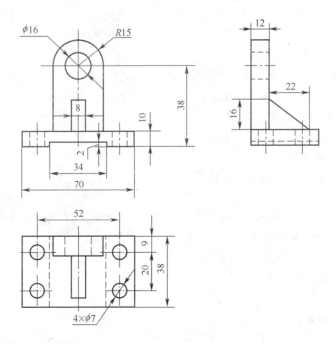

图 1.2-7　轴承架尺寸标注

③尺寸尽可能标注在视图外部;但为了避免尺寸界线过长或与其他图线相交,必要时也可注在视图内部,如图 1.2-7 所示的肋板的定形尺寸 8。

④与两个视图有关的尺寸,尽可能标注在两个视图之间,如图 1.2-7 所示的主、俯视图之间的 34,70,52 及主、左视图之间的 10,38,16 等。

⑤尺寸布置要整齐,避免过分分散和杂乱。在标明同一方向的尺寸时,应该小尺寸在内,大尺寸在外,以免尺寸线与尺寸界线相交。

【任务实践】

1.2.4 轴承架的尺寸标注实践

下面以图 1.2-7 所示的轴承架为例说明标注组合体尺寸的方法和步骤。

1. 形体分析

轴承架的形体分析已在上节开始时进行过(参见图 1.1-18、图 1.1-19、图 1.1-20 和图 1.1-21),在此不再重复。

2. 选择基准

标注尺寸时,应先选定尺寸基准。这里选定轴承架的左、右对称平面及后端面、底面作为长、宽、高三个方向的尺寸基准。

3. 标注各基本形体的定形尺寸

如图 1.2-7 所示的 70,38,10 是长方形底板的定形尺寸,底板下部中央挖切出的长方板的定形尺寸为 34 和 2,其他各形体的定形尺寸请读者自行分析。

4. 标注定位尺寸

底板、挖切的长方板、三角板肋板、半圆头竖板都处在选定的基准上,不需要标注定位尺寸;竖板上挖切去的 φ16 的圆柱,长度方向的定位尺寸为零,不必标注,轴线方向(宽)同半圆头竖板,高度方向应注出定位尺寸 38;底板上挖切形成四圆孔,和底板同高,故高度方向不必标注定位尺寸,长和宽方向应分别注出定位尺寸 52,9 和 20。

5. 标注总体尺寸

尺寸 38 和 R15 确定轴承架的总高,底板的长和宽决定它的总长和总宽,故不必另行标注总体尺寸。应当指出,由于组合体的定形尺寸和定位尺寸已标注完整,如再加注总体尺寸会出现多余尺寸。为保持尺寸数量的恒定,在加注一个总体尺寸的同时,就应减少一个同方向的定形尺寸,以避免尺寸注成封闭式。如图 1.2-7 所示的竖板的高由 28(既定形又定位)加上 R15 确定,图中把它调整为尺寸 38 而减少了这个高度方向的尺寸 28。

【任务小结】

1. 首先要掌握基本体的尺寸标注和基本的标注规则;

2. 在基本体的尺寸标注的基础上,利用形体分析法,把组合体分解成多个基本体,确定基准后,逐个标注,先定位,后定形;发现有重复尺寸时只标一个,这样才能保证标注尺寸不重复,不遗漏。

【思考与练习】

1. 尺寸标注的基本方法有何规定?

2. 总结组合体尺寸标注的要点。

3. 分析如图 1.2-8 所示的组合体结构和视图,进行尺寸标注练习,尺寸在视图上测量。

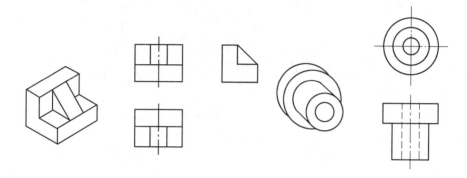

图 1.2-8 组合体尺寸标注练习

4. 在完成的如图 1.1-23 所示的组合体三视图基础上,进行尺寸标注练习。

任务 1.3 认识零件上的常见结构

【学习目标】

1. 认识螺纹结构的用途、画法和标注;

2. 熟悉零件的铸造工艺结构;

3. 熟悉零件的机械加工工艺结构。

【基本知识】

零件的结构形状,主要是根据它在部件或机器中的作用决定的;但是制造工艺对零件的结构也有某些要求。因此,为了正确绘制和看懂图样,必须对一些常见的结构有所了解。下面介绍它们的基本知识和表示方法。

1.3.1 熟悉螺纹的画法标注

1. 螺纹的形成

平面图形(三角形、矩形、梯形等)绕一圆柱(圆锥)做螺旋运动,形成一圆柱(圆锥)螺旋体。工业上,常将螺旋体称为螺纹。在外表面上加工的螺纹,称为外螺纹;在内表面上加工的螺纹,称为内螺纹。

在加工螺纹的过程中,由于刀具的切入(或压入)构成了凸起和沟槽两部分,凸起的顶端称为螺纹的牙顶,沟槽的底部称为螺纹的牙底,在通过螺纹轴线的剖面上,螺纹的轮廓形状称为螺纹的牙型,螺纹的最大直径称为螺纹大径,螺纹的最小直径称为螺纹小径,如图 1.3-1 所示。

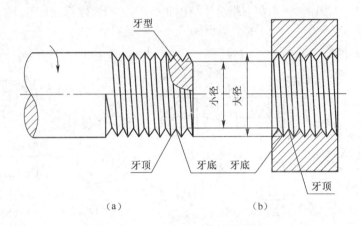

图 1.3-1 内、外螺纹结构图

(a)外螺纹 (b)内螺纹

2. 螺纹的要素

(1)螺纹牙型 通过螺纹轴线的螺纹牙齿的剖面形状。如三角形、梯形、锯齿形等。

(2)大径 螺纹的最大直径,也称公称直径。螺纹大径是与外螺纹牙顶或内螺纹牙底相切的假想圆柱面的直径;小径是与外螺纹牙底或内螺纹牙顶相切的假想圆柱面的直径;在大小径之间设想有一圆柱,其母线通过牙型上沟槽和凸起宽度相等处,则该假想圆柱的直径称为螺纹中径。

(3)旋向 左旋或右旋。逆时针旋转时旋入的为左旋,顺时针旋转时旋入的为右旋。如图 1.3-2(a)所示为左旋,图 1.3-2(b)所示为右旋。

(4)线数 在同一圆柱面上切削螺纹的条数。如图 1.3-3 所示,只切削一条的称为单线螺纹,切削两条的称为双线螺纹。通常把切削两条以上的称为多线螺纹。

(5)螺距与导程 螺纹相邻两牙对应点间的轴向距离称为螺距,导程为同一条螺旋线上相邻两牙对应两点间的轴向距离。单线螺纹螺距和导程相同,而多线螺纹螺距等于导程除以线数,如图 1.3-3 所示。

若把如图 1.3-1 所示的两个零件装配在一起时,内、外螺纹的牙型、大径、旋向、线数和螺距五要素必须相同。

3. 螺纹的分类

螺纹按用途分为两大类,即连接螺纹和传动螺纹,见表 1.3-1。

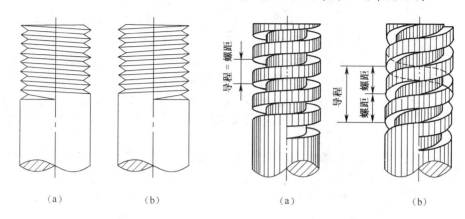

图 1.3-2 螺纹旋向   图 1.3-3 螺纹线数
(a)左旋 (b)右旋   (a)单线螺纹 (b)双线螺纹

表 1.3-1 螺纹种类

分类	螺纹种类	外形及牙型图	螺纹种类	外形及牙型图
连接螺纹	普通螺纹 牙型符号 M	60°	非螺纹密封的管螺纹 牙型符号 G	55°
			用螺纹密封的管螺纹 牙型符号 R,Rc,Rp	55°
传动螺纹	梯形螺纹 牙型符号 Tr	30°	锯齿形螺纹 牙型符号 B	3° 30°

(1)连接螺纹 常用的有四种标准螺纹,即粗牙普通螺纹、细牙普通螺纹、管螺纹和锥管螺纹。

普通螺纹的牙型为等边三角形(牙型角为60°)。细牙和粗牙的区别是在大径相同的条件下,细牙螺纹比粗牙螺纹的螺距小。管螺纹和锥管螺纹的牙型为等腰三角形(牙型角为55°),螺纹名称以英寸为单位,并以25.4mm螺纹长度中的螺纹牙数表示螺纹的螺距。管螺纹多用于管件和薄壁零件的连接,其螺距与牙型均较小。

(2)传动螺纹 是用作传递动力或运动的螺纹,常用的有两种标准螺纹:

①梯形螺纹。梯形螺纹的牙型为等腰梯形,牙型角为30°。它是最常用的传动螺纹。

②锯齿形螺纹。锯齿形螺纹是一种受单向力的传动螺纹,牙型为不等腰梯形,一边与铅垂线的夹角为30°,另一边为3°,形成33°的牙型角。

以上是牙型、大径和螺距都符合国家标准的螺纹,称为标准螺纹。

4. 螺纹的规定画法

(1)外螺纹的画法 国标规定,螺纹的牙顶(大径)及螺纹终止线用粗实线表示,牙底(小径)用细实线表示;在平行于螺杆轴线的投影面的视图中,螺杆的倒角或倒圆部分也应画出;在垂直于螺纹轴线的投影面的视图中,表示牙底的细实线圆只画约3/4圈,此时螺纹的倒角圆规定省略不画,如图1.3-4所示。

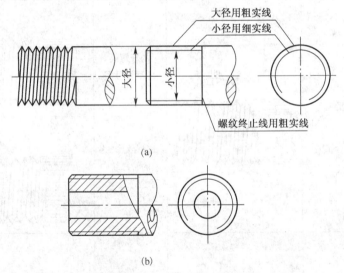

(a)

(b)

图 1.3-4 外螺纹的画法

(2)内螺纹的画法 如图1.3-5所示是内螺纹的画法。剖开表示时[图1.3-6(a)],牙底(大径)为细实线,牙顶(小径)及螺纹终止线为粗实线。不剖开表示时[图1.3-6(b)],牙底、牙顶和螺纹终止线皆为虚线。在垂直于螺纹轴线的投影面的视图中,牙底仍画成约为3/4圈的细实线,并规定螺纹孔的倒角圆也省略不画。

绘制不穿通的螺孔时,一般应将钻孔深度和螺纹部分的深度分别画出,如图1.3-6(a)所示;当需要表示螺纹收尾时,螺尾部分的牙底用与轴线成30°的细实线表示,如图

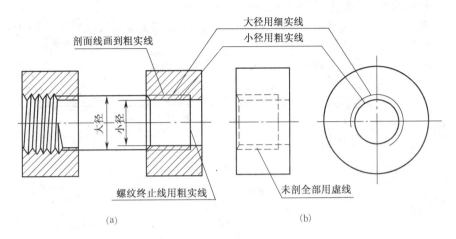

图 1.3-5　内螺纹的画法

(a)剖开画法　(b)不剖画法

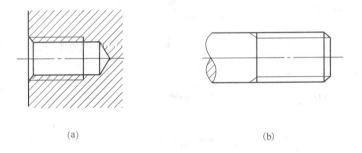

图 1.3-6　螺纹的其他画法

(a)不通螺孔的画法　(b)螺纹收尾的画法

1.3-6(b)所示。

5. 螺纹的规定标注

　　国标规定,螺纹应标出:螺纹的牙型符号、公称直径×导程(螺距)、旋向、螺纹的公差带代号、螺纹旋合长度代号。其中,螺纹公差带是由表示其大小的公差等级数字和基本偏差代号所组成(内螺纹用大写字母,外螺纹用小写字母),例如 6H,6g 等。如果螺纹的中径公差带与顶径公差带[1]不同,则分别注出,如 M10—5g6g。

　　5g,6g 分别表示中径和顶径的公差带代号。如果中径与顶径公差带代号相同,则只注一个代号,如 M10×1—5H。

---

　　[1]公差带体现尺寸加工允许的误差范围。关于公差带的知识在本单元任务 1.5 将有叙述。

螺纹的旋合长度规定为短(S)、中(M)、长(L)三种。

在一般情况下,不标注螺纹旋合长度。必要时,加注旋合长度代号S或L,中等旋合长度可省略不注。

如图1.3-7所示,是普通螺纹以及其他一些螺纹的标注示例。

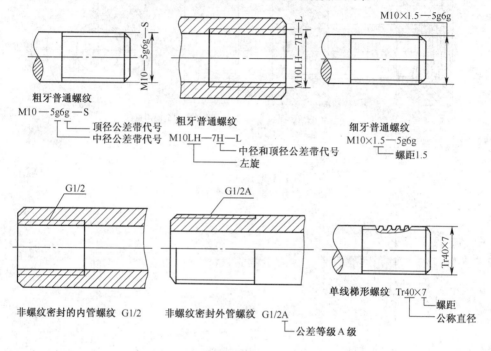

图 1.3-7　螺纹标注示例

1.3.2　铸造零件的工艺结构

1. 拔模斜度

用铸造方法制造零件的毛坯时,为了便于将木模从砂型中取出,一般沿木模拔模的方向作成约1:20的斜度,叫做拔模斜度。因而铸件上也有相应的斜度,如图1.3-8(a)所示。这种斜度在图上可以不标注,也可不画出,如图1.3-8(b)所示,可在技术要求中注明。

2. 铸造圆角

在铸件毛坯各表面的相交处,都有铸造圆角,如图1.3-9所示。这样既便于起模,又能防止在浇铸时铁水将砂型转角处冲坏,还可避免铸件在冷却时产生裂纹或缩孔。铸造圆角半径在图上一般不注出,而写在技术要求中。

如图1.3-9所示的铸件毛坯底面(作安装面)常需经切削加工,这时铸造圆角被削平。

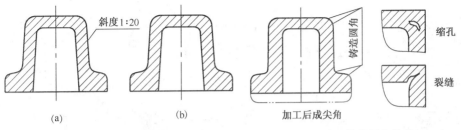

图 1.3-8　拔模斜度　　　　图 1.3-9　铸造圆角结构

1.3.3　零件加工的工艺结构

1. 倒角与倒圆

为了便于零件的装配并消除毛刺或锐边,在轴和孔的端部都作出倒角。为减少应力集中,有轴肩处往往制成圆角过渡形式,称为倒圆。两者的画法和标注方法如图 1.3-10 所示。

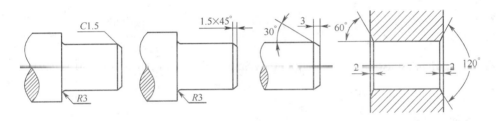

图 1.3-10　倒角与倒圆

2. 退刀槽和砂轮越程槽

在切削加工,特别是在车螺纹和磨削时,为便于退出刀具或使砂轮可稍微越过加工面,常在待加工面的末端先车出退刀槽或砂轮越程槽,如图 1.3-11 所示。

3. 钻孔结构

用钻头钻出的盲孔,底部有 1 个 120°的锥顶角。圆柱部分的深度称为钻孔深度,如图 1.3-12(a)所示。在阶梯形钻孔中,有锥顶角为 120°的圆锥台,如图 1.3-12(b)所示。

用钻头钻孔时,要求钻头轴线尽量垂直于被钻孔的端面,以避免钻头折断。

4. 凸台和凹坑

零件上与其他零件的接触面,一般都要进行加工。为减少加工面积并保证零件表面之间有良好的接触,常在铸件上设计出凸台和凹坑。如图 1.3-13(a),(b)所示为螺栓联接的支承面做成凸台和凹坑形式,如图 1.3-13(c),(d)所示为减少加工面积而做成凹槽和凹腔结构。

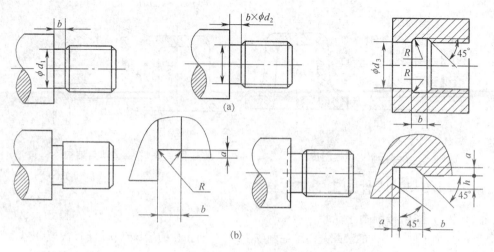

图 1.3-11 退刀槽与砂轮越程槽

(a)退刀槽 (b)砂轮越程槽

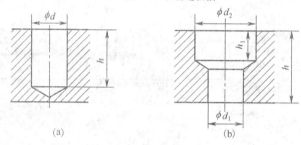

图 1.3-12 钻孔结构

(a)盲孔 (b)阶梯孔

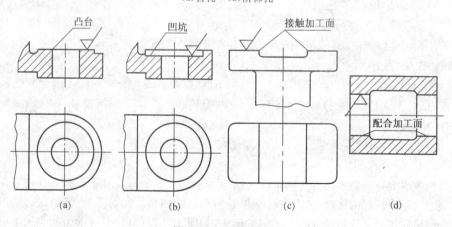

图 1.3-13 凸凹结构

(a)凸台 (b)凹坑 (c)凹槽 (d)凹腔

【任务小结】

对零件上的常见结构以识读为主,在读零件图时能读懂。

对国家标准规定的画法、标记等必须掌握,要学会查表,这样在读零件图时才不会遇到困难。

任务 1.4 认识金属材料及热处理要求

【学习目标】

1. 了解材料的使用性能和工艺性能;

2. 了解钢的热处理知识。

【基本知识】

1.4.1 金属的力学性能

金属的力学性能是金属在力作用下,所显示与弹性和非弹性反应相关或涉及应力—应变关系的特性。它是选择材料的主要依据,也是金属切削时工艺选择的依据。金属的力学性能常用主要判据有强度、硬度、塑性和韧性等。见表 1.4-1。

表 1.4-1 常用力学性能判据及含义

力学性能	性能判据			含义
	名称	代号	单位	
强度	抗拉强度	Rm	MPa	拉伸试样在拉断前所受的最大拉应力
	屈服强度	ReL	MPa	拉伸试样产生屈服现象时的应力
硬度	布氏硬度	HBS(W)	—	试样压痕单位面积上所受载荷
	洛氏硬度	HRC	—	通过测量残余压痕深度增量计算的硬度数值
塑性	断后伸长率	A	—	试样纵向相对伸长变形率
	断面收缩率	Z	—	试样横向相对收缩变形量
韧性	冲击吸收功	A_k	J	试样冲断时单位面积上所做的功

1. 强度

金属材料在载荷(力)作用下所表现出来的抵抗变形或断裂的能力称为强度。强度是零件设计和选材的主要依据。

强度指标一般可通过金属拉伸试验来测定,把标准试样装夹在试验机上,然后对试样逐渐施加拉伸载荷,同时连续测量力的大小和相应的伸长,直至把试样拉断为止,测出材料明显塑性变形和拉断前单位截面积上的内力大小,求出相关的力学性能。

金属材料的强度是用应力来度量的。材料单位截面积上的内力称为应力。常用的强度指标有屈服强度和抗拉强度。

试样材料开始发生明显的塑性变形时的应力值称为屈服强度。屈服强度表征金属发生明显塑性变形的抗力。抗拉强度表示材料抵抗均匀塑性变形的最大能力。

2. 硬度

硬度指材料表面抵抗局部塑性变形的能力,是表征材料软硬程度的一种性能。通常材料硬度越高,耐磨性越好。金属材料硬度质量检验主要用静载压入法进行硬度测试,应用最为广泛的有布氏硬度、洛氏硬度和维氏硬度。

(1)布氏硬度试验法　如图 1.4-1 所示为试验原理图。它是用一定直径的淬火钢球或硬质合金钢球做压头以相应试验力压入被测材料表面,经规定保持时间后卸载,以压痕单位面积上所受试验力的大小来确定被测材料的硬度值,用符号 HB表示。

$$HB = F/S_压 = 0.102 \times 2F/\pi D(D - \sqrt{D^2 - d^2})　\text{(式 1-1)}$$

式中　F——试验力(N);

　　　$S_压$——压痕表面积(mm^2);

　　　D——球体直径(mm);

　　　d——压痕平均直径(mm)。

当试验压头为淬火钢球时,硬度符号为 HBS;当试验压头为硬质合金钢球时,硬度符号为 HBW。HBS 或 HBW 之前数字为硬度值,例如 120HBS,450HBW。

HBS 适于测量布氏硬度值小于 450 的材料,HBW 适于测量布氏硬度值小于 650 的材料。因压痕大,不适宜检验薄件或成品。

(2)洛氏硬度试验法　当被测样品过小或者布氏硬度(HB)大于 450 时,就改用洛氏硬度计量。如图 1.4-2 所示的试验方法,是用一个顶角为 120°的金刚石圆锥体或直径为 1.588mm(1/16″)的钢球,在一定载荷下压入被测材料表面,由压痕深度

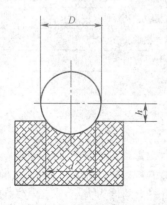

图 1.4-1　布氏硬度试验原理图

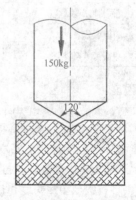

图 1.4-2　洛氏硬度试验原理图

求出材料的硬度。洛氏硬度没有单位,是一个无纲量的力学性能指标,其最常用的硬度标尺有 A,B,C 三种,通常记作 HRA,HRB,HRC,其表示方法为硬度数据＋硬度符号,如 50HRC。不同的硬度标尺,采用不同的方法,适用于不同硬度的材料的测试。

HRA 是采用 60kg 载荷和钻石锥压入器求得的硬度,用于硬度极高的材料。例如硬质合金等。

HRB 是采用 100kg 载荷和直径 1.588mm 淬硬的钢球求得的硬度,用于硬度较低的材料。例如退火钢、铸铁等。

HRC 是采用 150kg 载荷和钻石锥压入器求得的硬度,用于硬度很高的材料。例如淬火钢等。

实践证明,金属材料的各种硬度值之间,硬度值与强度值之间具有近似的相应关系。因为硬度值是由起始塑性变形抗力和继续塑性变形抗力决定的,材料的强度越高,塑性变形抗力越高,硬度值也就越高。但各种材料的换算关系并不一致。

3. 塑性

金属材料在载荷作用下产生塑性变形而不断裂的能力称为塑性,塑性指标也是通过拉伸试验测定的。常用的指标有两个:

(1)断后伸长率 $\qquad A=(L_1-L_0)/L_0\times100\%$ （式 1-2）

式中 L_0,L_1——分别为试样原始标距和被拉断后的标距(mm)。

(2)断面收缩率 $\qquad Z=(S_0-S_1)/S_0\times100\%$ （式 1-3）

式中 S_0,S_1——分别为试样原始截面积和断裂后缩颈处的最小截面积(mm^2)。

在相同规格试样的条件下,A,Z 数值愈大,表明材料的塑性愈好。

4. 冲击韧度

许多机械零件是在冲击载荷下工作的。冲击载荷比静载荷的破坏能力大,对于承受冲击载荷的材料,还必须具备足够的冲击韧度。所谓冲击韧度,是指材料抵抗因冲击载荷作用而破坏的能力,通常用一次摆锤冲击试验来测定。

材料的冲击韧度愈好,受到冲击时愈不易断裂。

1.4.2 了解常用金属材料性能和用途

金属材料通常分为黑色金属和有色金属两大类,黑色金属如钢、铸铁等,有色金属如铜、铝等。

1. 铸铁

铸铁是以铁和碳为主要组成元素,并含有硅、锰、磷和硫等杂质元素的合金。根据碳在铸铁中存在的不同形态,一般可分为白口铸铁、灰口铸铁和麻口铸铁。灰口铸铁按石墨的不同形态可分为灰铸铁、球墨铸铁、蠕墨铸铁和可锻铸铁。工业上最常用的是灰铸铁和球墨铸铁。

(1)灰铸铁 该铸铁中的碳主要以片状石墨存在,其断口呈灰色。这类铸铁铸造性能优良,耐磨、减震,可切削性良好,缺口敏感性低,且价格便宜,是目前工业上应用最广泛的金属材料之一。

灰铸铁的牌号是由"灰铁"两字的汉语拼音字首"HT"及一组数字组成,数字表示其最低抗拉强度。如 HT200,表示最低抗拉强度为 200MPa 的灰铸铁。

(2)球墨铸铁 球墨铸铁是铁液在浇注前经过球化处理,使石墨呈球状分布的铸铁。其强度、塑性、韧性均高于灰铸铁。

球墨铸铁的牌号是由"球铁"两字的汉语拼音字首"QT"和两组数字组成,数字分别表示其最低抗拉强度和断后伸长率。如 QT600—3 表示,最低抗拉强度为 600MPa、最低断后伸长率为 3% 的球墨铸铁。

2. 碳素钢和合金钢

碳素钢是指碳的质量分数小于 2.11%,并含有少量锰、硅、硫和磷等杂质元素的铁碳合金。合金钢是在碳钢的基础上,冶炼时有目的地加入合金元素而得到的复杂钢。

(1)碳素结构钢 具有较好的塑性和韧性,强度和硬度一般,价格低廉,主要用于制造工程结构件和不重要的机械零件,如拉杆,转轴等。最常见的牌号有 Q235—A,牌号中的"Q235"是屈服强度为 235MPa;"A"是质量等级。

(2)优质碳素结构钢 这类钢的质量优于结构钢,有害元素硫和磷的含量低,常用于制造中小型机器零件。牌号用两位数字表示钢中碳的含量,如 45 钢表示碳质量分数为 0.45% 的优质碳素结构钢。

10,15,20 钢属低碳钢,强度和硬度较低,塑性和韧性良好,且具有良好的焊接性能,常用来制造冲压件和焊接件等。这类钢件进行渗碳、淬火和低温回火处理后,可获得表面硬度高和心部韧性良好的特性,适用于要求耐磨,而又承受冲击的零件,如活塞销和齿轮等。

25,35,40,45,50 钢属中碳钢,对其进行调质处理后获得良好的综合力学性能,其中 45 钢应用最为广泛,常用于制造轴、连杆和齿轮等受力复杂的零件。

55,60,65 属中高碳钢,进行淬火和中温回火处理后可获得高的屈服强度和高的弹性,主要用于制造弹簧、钢丝绳和轧辊等。

(3)碳素工具钢 这类钢的牌号用"T"和数字表示,其中"T"表示碳素工具钢,数字表示钢中碳含量的千分之几。如 T12 表示碳的质量分数为 1.2% 的优质碳素工具钢;高级优质钢在牌号末尾加"A",如 T12A 表示碳的质量分数为 1.2% 的高级优质碳素工具钢。这类钢主要用于制造手用切削刀具和不重要的小型模具,如锉刀、手锯条、冲头和錾子等。

(4)常用合金钢 合金钢种类很多,常用的典型合金钢有:

20CrMnTi 是合金渗碳钢,对其进行渗碳、淬火和低温回火处理后,可获得表面硬和心部韧的性能,主要用于制造受冲击的耐磨零件,如汽车变速齿轮等。

40Cr 是合金调质钢,进行调质处理后,可获得优良的综合力学性能,常用于制造重要的轴、连杆和发动机连杆螺栓等。

GCr15 为滚动轴承钢,经淬火和低温回火后可获得 62～64HRC 的硬度值,主要用于制造中、小型滚动轴承的套圈和滚动体,也可用于制造高精度量具和模具等。

4Cr13 为不锈钢,经热处理后具有良好的耐腐蚀性能,并具有一定的强度和硬度,主要用于制造医疗器械,如手术刀等。

3. 有色金属

通常把除了钢铁以外的其他金属材料称为有色金属。有色金属具有特殊的物理、化学性能和其他优良的性能,因此,在工业生产中有特殊的用途。常用的有铜及铜合金、铝及铝合金,如防锈铝 5A05、硬铝 2A11、普通黄铜 H68、锡青铜 QSn4—3 等。

1.4.3　了解钢的热处理知识

热处理是机械零件和工模具制造过程中的重要工序之一。它是将金属材料放在一定的介质内加热、保温和冷却,通过改变材料表面或金相组织结构,来控制其性能的一种金属热加工工艺。大体来说,它可以保证和提高工件的各种性能,如耐磨和耐腐蚀等。还可以改善毛坯的组织和应力状态,以利于进行各种冷、热加工。

钢铁是工业上应用最广的金属,而且钢铁显微组织也最为复杂,因此钢铁热处理工艺种类繁多,主要包括整体热处理、表面热处理和化学热处理等。

1. 整体热处理

整体热处理是对工件整体加热,然后以适当的速度冷却,获得需要的金相组织[1],以改变其整体力学性能的金属热处理工艺。钢铁整体热处理大致有退火、正火、淬火和回火四种基本工艺。

退火是将工件加热到适当温度,根据材料和工件尺寸采用不同的保温时间,然后进行缓慢冷却;目的是使金属内部组织达到或接近平衡状态,获得良好的工艺性能和使用性能,或者为进一步淬火作组织准备。

正火是将工件加热到适宜的温度后在空气中冷却。正火的效果同退火相似,只是得到的组织更细,常用于改善材料的切削性能,也有时用于对一些要求不高的零件作为最终热处理。

淬火是将工件加热保温后,在水、油或其他无机盐、有机水溶液等淬冷介质中快速冷却。淬火后钢件变硬,但同时变脆。

为了降低钢件的脆性,将淬火后的钢件在高于室温而低于 650℃ 的某一适当温度进行长时间的保温,再进行冷却,这种工艺称为回火。

退火、正火、淬火和回火是整体热处理中的"四把火",其中的淬火与回火关系密

[1] 金相是研究金属或合金内部显微结构的科学。金相组织指金属组织中化学成分、晶体结构和物理性能相同的组成。金相组织反映金属金相的具体形态,如马氏体、奥氏体、铁素体和珠光体等。

切,常常配合使用,缺一不可。

"四把火"随着加热温度和冷却方式的不同,又演变出不同的热处理工艺。为了获得一定的强度和韧性,把淬火和高温回火结合起来的工艺,称为调质。某些合金淬火形成过饱和固溶体后,将其置于室温或稍高的适当温度下保持较长时间,以提高合金的硬度、强度或电性、磁性等。这样的热处理工艺称为时效处理。

把压力加工形变与热处理有效而紧密地结合起来进行,使工件获得很好的强度、韧性配合的方法称为形变热处理;在负压气氛或真空中进行的热处理称为真空热处理,它不仅能使工件不氧化,不脱碳,保持处理后工件表面光洁,提高工件的性能,还可以通入渗剂进行化学热处理。

2. 表面热处理

表面热处理是只加热工件表层,以改变其表层力学性能的金属热处理工艺。为了只加热工件表层而不使过多的热量传入工件内部,使用的热源须具有高的能量密度,即在单位面积的工件上给予较大的热能,使工件表层或局部能短时或瞬时达到高温。表面热处理的主要方法有火焰淬火和感应加热热处理,常用的热源有氧乙炔或氧丙烷等火焰、感应电流、激光和电子束等。

3. 化学热处理

化学热处理是通过改变工件表层化学成分、组织和性能的金属热处理工艺。化学热处理与表面热处理不同之处是前者改变了工件表层的化学成分。化学热处理的主要方法有渗碳、渗氮和渗金属,是将工件放在含碳、氮或其他合金元素的介质(气体、液体、固体)中加热,保温较长时间,从而使工件表层渗入碳、氮、硼和铬等元素。渗入元素后,有时还要进行其他热处理工艺如淬火及回火。

4. 预备热处理和最终热处理

按照热处理的目的不同,热处理工艺又可分为预备热处理和最终热处理两大类。

预备热处理的目的是改善加工性能、消除内应力或为最终热处理准备良好的金相组织,其热处理工艺有退火、正火、时效和调质等。

最终热处理的目的是提高硬度、耐磨性和强度等力学性能。处理主要有淬火、渗碳淬火和渗氮处理等。

1.4.4 了解材料的切削加工性

1. 材料切削加工性的概念

不同材料切削加工的难易程度不同,了解金属切削加工难易度,对制定加工工艺有重要的意义。

在一定的切削条件下,工件材料在进行切削加工时表现出的加工难易程度被称为材料的切削加工性。切削加工性是一个相对概念,在生产实践中,通常采用相对加工性来衡量材料的切削加工性。即以强度为 $Rm=0.637GPa$ 的45钢的切削加工性为基准,记作U_{60j},其他切削材料的切削加工性U_{60}与之相比的数值,称为相对加工性,记作K_v:

$$K_v = U_{60}/U_{60j} \qquad\qquad (式1-4)$$

常用材料的切削加工性按相对加工性可分为8级,见表1.4-2。

表1.4-2　常用工件材料的相对加工性及分级

切削加工性等级	名称及种类		相对加工性系数 K_v	代表性材料
1	很容易切削材料	一般有色金属	>3.0	铜合金、铝合金、锌合金
2	易切削材料	易切削钢	2.5～3.0	15Cr 退火($Rm=380～450$MPa) Y12($Rm=400～500$MPa)
3		较易切削钢	1.6～2.5	正火 30 钢($450～560$MPa)
4	普通材料	一般钢及铸铁	1.0～1.6	45 钢、灰铸铁
5		稍难切削材料	0.65～1.0	2Cr13 调质($Rm=850$MPa) 85 热轧钢($Rm=900$MPa)
6	难切削材料	较难切削材料	0.5～0.65	40Cr 调质
7		难切削材料	0.15～0.5	50CrV 调质,1Cr18Ni9Ti 未淬火,工业纯铁,某些钛合金
8		很难切削材料	<0.15	某些钛合金,铸造镍基高温合金,Mn13 高锰钢

2. 金属的力学性能对切削加工性的影响

金属的力学性能影响材料切削加工性。最主要的影响因素是材料的硬度,其次是该材料的金相组织相关因素,再次是工件材料的塑性和韧性。

一般情况下,加工硬度高的工件材料,刀具容易磨损和崩刃。工件材料的硬度越高,所允许的切削速度也越低。

工件材料的强度越高,所需的切削力也越大,切削温度也相应增高,刀具磨损变大。材料的切削加工性是随着材料的强度增大而降低。

在强度相同时,塑性大的材料所需切削力大,产生的切削温度也高,另外还容易发生黏结现象,切削变形大,因而刀具磨损较大,已加工表面质量较差,材料的切削加工性也较低。

材料的韧性对材料加工性的影响与塑性类似。韧性大的工件材料所需切削力较大,刀具易磨损,而且材料的韧性越高,断屑越困难。

3. 热处理对金属切削加工性的改善

通过热处理能改变材料的金相组织和力学性能,从而达到改善金属切削加工性目的。

高碳钢和工具钢硬度高,含有较多网状和片装渗碳体组织,难切削。通过球化退火,得到球状渗碳体组织,降低了材料硬度,改善了切削加工性。

低碳钢塑性高,切削加工性也差。通过冷拔和正火处理,可以降低其塑性,提高硬度,使其切削加工性得到改善。奥氏体不锈钢塑性也较高,一般通过调质处理(用在不锈钢则称为固溶处理),降低塑性,提高其加工性。

热轧状态的中碳钢,由于组织不均匀,有些表面有硬皮,所以难切削。通过正火处理或退火处理,均匀材料的组织和硬度,可以提高材料切削加工性。

铸铁一般通过退火处理,可消除内应力和降低表面硬度,以改善切削加工性。

【任务小结】

本次任务我们了解了金属材料的性能,了解钢的热处理知识。对于金属切削加工工人,这些知识是必要的,因为金属材料的性能关系到材料的使用性能和切削加工性能,金属热处理又可以改变使用性能和切削加工性能。只有对加工对象金属材料及热处理情况的熟悉,我们才能找到适当的加工方法。

【思考与练习】

1. 金属的力学性能常用哪些指标评判?

2. 金属的力学性能对材料切削加工性有何影响?

3. 简述钢铁热处理退火、正火、淬火和回火的方法和目的。

4. 思考热处理如何改善金属切削加工性。

任务1.5　认识机件的精度要求

【学习目标】

1. 能读懂尺寸公差和配合;

2. 了解几何公差;

3. 能读懂表面粗糙度的标注。

【基本知识】

1.5.1　零件的互换性

在日常生活中,自行车或汽车的零件坏了,通常买个新的换上,新的零件也能很好地满足使用要求。其所以能这样方便,就因为这些零件具有互换性。

所谓零件的互换性是指:同一规格的任一零件在装配时不经选择或修配,就达到预期的配合性质,满足使用要求。要满足零件的互换性,就要求有配合关系的尺寸在一个允许的范围内变动,并且在制造上又是经济合理的。零件具有互换性,不但给装配、修理机器带来方便,还可用专用设备生产,提高产品数量和质量,同时降低产品的成本。现代化的机械工业,要求机械零件具有互换性,这就必须合理地保证零件的表面粗糙度、尺寸精度以及形状和位置精度。

1.5.2 零件尺寸的公差与配合

1. 公差的有关术语

在加工过程中,不可能把零件的尺寸做得绝对准确。为了保证互换性,必须将零件尺寸的加工误差限制在一定的范围内,规定出加工尺寸的可变动量。下面用图1.5-1、图1.5-2来说明公差的有关术语。

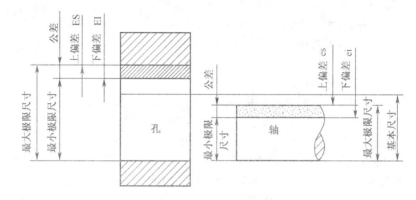

图 1.5-1 术语图

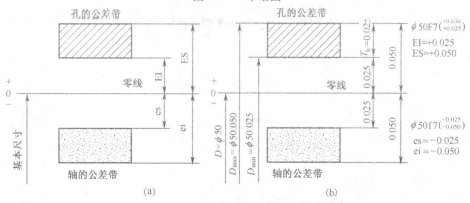

图 1.5-2 公差带图

(1)基本尺寸 根据零件强度、结构和工艺性要求,设计确定的尺寸。如图 1.5-2(b)所示,孔、轴的基本尺寸是"$\phi 50$"。

(2)实际尺寸 通过测量所得到的尺寸。如用测量工具实际量得某孔的加工尺寸为"$\phi 50.036$"。

(3)极限尺寸 允许尺寸变化的两个界限值,它以基本尺寸为基数来确定。两个界限值中较大的一个称为最大极限尺寸,较小的一个称为最小极限尺寸。如图 1.5-2(b)所示,孔的最大极限尺寸是"$\phi 50.050$",孔的最小极限尺寸是"$\phi 50.025$"。

（4）尺寸偏差（简称偏差）　某一尺寸减其相应的基本尺寸所得的代数差。尺寸偏差有：

$$上偏差＝最大极限尺寸－基本尺寸$$
$$下偏差＝最小极限尺寸－基本尺寸$$

上、下偏差统称极限偏差。上、下偏差可以是正值、负值或零。

国家标准规定：孔的上偏差代号为 ES，孔的下偏差代号为 EI；轴的上偏差代号为 es，轴的下偏差代号为 ei。如图 1.5-2(b)所示：

孔上偏差 ES＝50.050－50＝＋0.050，孔下偏差 EI＝50.025－50＝＋0.025

（5）尺寸公差（简称公差）　是允许实际尺寸的变动量。

$$尺寸公差＝最大极限尺寸－最小极限尺寸＝上偏差－下偏差$$

如图 1.5-2(b)所示，孔尺寸公差 T_h＝50.050－50.025＝＋0.050－(＋0.025)＝0.025

因为最大极限尺寸总是大于最小极限尺寸，所以尺寸公差一定为正值。

（6）公差带和公差带图　如图 1.5-2 所示，我们可用公差带形象地表示实际尺寸允许的变动范围，变动范围像"带子"，"带子"表示公差大小和相对于零线位置的一个区域。零线是确定偏差的一条基准线，通常以零线表示基本尺寸。为了便于分析，一般将尺寸公差与基本尺寸的关系，按放大比例画成简图，称为公差带图。

（7）公差等级　确定尺寸精确程度的等级。国家标准将公差等级分为 20 级：IT01，IT0，IT1～IT18，精度等级依次降低。"IT"表示标准公差，公差等级的代号用阿拉伯数字表示。对于一定的基本尺寸，公差等级愈高，标准公差值愈小，尺寸的精确程度愈高[1]。

如基本尺寸为 50mm 时，IT1 表示公差值是 0.0015mm，IT6 表示公差值是 0.016mm，IT7 表示公差值是 0.025mm，IT11 表示公差值是 0.160mm，IT12 表示公差值是 0.25mm，IT18 表示公差值是 3.9mm。

（8）基本偏差　用以确定公差带相对于零线位置的上偏差或下偏差。一般是指靠近零线的那个偏差，如图 1.5-3 所示。根据实际需要，国家标准分别对孔和轴各规定了 28 个不同的基本偏差[2]。

从图 1.5-3 可知：

基本偏差用拉丁字母表示，大写字母代表孔，小写字母代表轴。

轴的基本偏差从 a～h 为上偏差，从 j～zc 为下偏差，js 的公差带对称分布在零线的两侧，在基本偏差表中写成±IT/2。

孔的基本偏差从 A～H 为下偏差，从 J～ZC 为上偏差。JS 的公差带对称分布在零线的两侧，在基本偏差表中写成±IT/2。

轴和孔的另一偏差可根据轴和孔的基本偏差和标准公差，按以下代数式计算。

---

[1] 标准公差数值，参见 GB/T 1800.3—1998。

[2] 孔轴基本偏差数值，参见 GB/T 1800.3—1998。

轴的上偏差(或下偏差)

$$es=ei+IT \quad 或 \quad ei=es-IT \quad\quad\quad (式1-5)$$

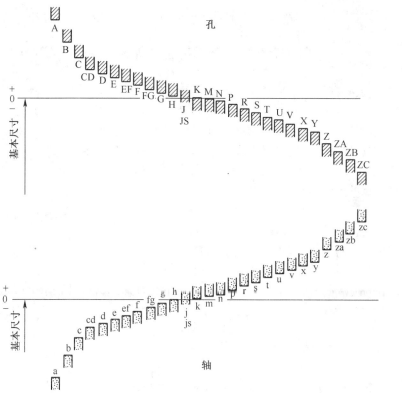

图 1.5-3　基本偏差系列图

孔的另一偏差(或下偏差)

$$ES=EI+IT \quad 或 \quad EI=ES-IT$$

$$(式1-6)$$

(9)孔、轴的公差带代号　由基本偏差与公差等级代号组成,并且要用同一字号书写。

例如 $\phi50F7$, $\phi50f7$ 的含义如图 1.5-4 所示。孔、轴的公差带代号实际表达尺寸精度允许范围。

如"$\phi50F7$","F"表示的基本偏差是下偏差 EI,根据 GB/T 1800.3—1998 表,查得 $EI=+0.025$,公差等级 $IT7=0.025$,则

$$ES=+0.025+0.025=+0.050$$

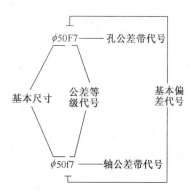

图 1.5-4　孔、轴的公差带代号

$\varnothing 50F7$ 表示的尺寸公差是 $\phi 50^{+0.050}_{+0.025}$。

2. 配合的有关术语

在机器装配中,将基本尺寸相同的、相互结合的孔和轴公差带之间的关系,称为配合。

(1)配合种类 根据机器的设计要求和生产实际的需要,国家标准将配合分为三类:

①间隙配合。孔的公差带完全在轴的公差带之上,任取其中一对轴和孔相配都成为具有间隙的配合(包括最小间隙为零),如图 1.5-5(a)所示。

②过盈配合。孔的公差带完全在轴的公差带之下,任取其中一对轴和孔相配都成为具有过盈的配合(包括最小过盈为零),如图 1.5-5(b)所示。

③过渡配合。孔和轴的公差带相互交叠,任取其中一对孔和轴相配合,可能具有间隙,也可能具有过盈的配合,如图 1.5-5(c)所示。

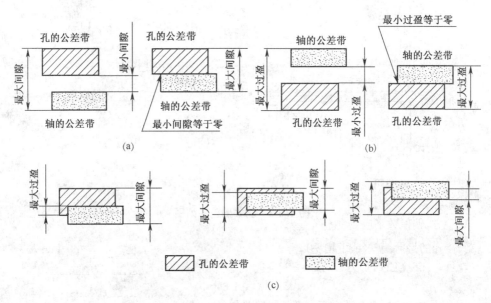

图 1.5-5 配合的种类
(a)间隙配合 (b)过盈配合 (c)过渡配合

(2)配合的基准制 国家标准规定了两种基准制:

①基孔制。基本偏差为一定的孔的公差带,与不同基本偏差的轴的公差带构成各种配合的一种制度称为基孔制。这种制度在同一基本尺寸的配合中,是将孔的公差带位置固定,通过变动轴的公差带位置,得到各种不同的配合,如图 1.5-6(a)所示。

基孔制的孔称为基准孔。国标规定基准孔的下偏差为零,"H"为基准孔的基本

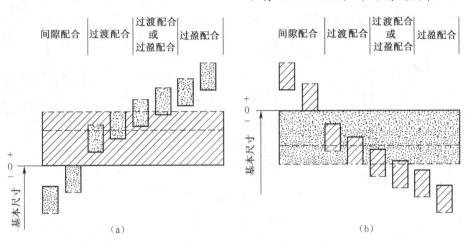

图 1.5-6 配合的基准制

(a)基孔制 (b)基轴制

偏差。

②基轴制。基本偏差为一定的轴的公差带与不同基本偏差的孔的公差带构成各种配合的一种制度称为基轴制。这种制度在同一基本尺寸的配合中,是将轴的公差带位置固定,通过变动孔的公差带位置,得到各种不同的配合,如图 1.5-6(b)所示。

基轴制的轴称为基准轴。国家标准规定基准轴的上偏差为零,"h"为基轴制的基本偏差。

3. 公差与配合的标注

标注公差带代号和数值,如图 1.5-7 所示。上(下)偏差注在基本尺寸的右上(下)方,偏差数字应比基本尺寸数字小 1 号。当上(下)偏差数值为零时,可简写为"0",另一偏差仍标在原来的位置上。

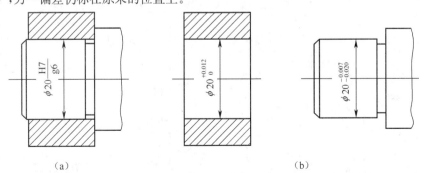

(a) (b)

图 1.5-7 标注公差带代号和数值

(a)标注公差带代号 (b)标注公差数值

公差带代号和偏差数值一起标注,如图 1.5-8 所示。

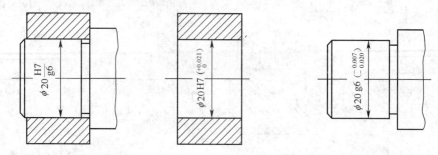

图 1.5-8　公差带代号和偏差数值一起标注

1.5.3　几何公差

1. 几何公差概念

零件在加工过程中,由于机床、工件及装夹、刀具系统存在几何误差,以及加工中出现受力变形、热变形、振动和磨损等影响,使被加工零件的几何要素不可避免地产生误差。零件图应按照零件的功能要求,同时考虑制造和检测的要求,给定工件上的特定部位,如点、线、面等几何要素的公差。几何公差是对零件几何要素(点、线、面)相对于理想形状或理想位置所允许变动量的限定。

几何公差限制的各几何特征项目符号如表 1.5-1。几何公差包括形状公差、方

表 1.5-1　几何公差项目符号

公差类型	几何特征	符号	有无基准	公差类型	几何特征	符　号	有无基准
形状公差	直线度	——	无	位置公差	位置度	⊕	有或无
	平面度	▱	无		同心度(用于中心点)	◎	有
	圆度	○	无		同轴度(用于轴线)	◎	有
	圆柱度	⌭	无		对称度	=	有
	线轮廓度	⌒	无		线轮廓度	⌒	有
	面轮廓度	⌓	无		面轮廓度	⌓	有
方向公差	平行度	//	有				
	垂直度	⊥	有	跳动公差	圆跳动	↗	有
	倾斜度	∠	有				
	线轮廓度	⌒	有				
	面轮廓度	⌓	有		全跳动	⌁	有

向公差、位置公差、跳动公差。具体测量项目有直线度、平面度、圆度、圆柱度、线轮廓度、面轮廓度、平行度、垂直度、倾斜度、同轴度、位置度、对称度、圆跳动、全跳动等。

对几何要素规定的几何公差确定了公差带,限定几何要素的变动量在公差带内。公差带的主要形状如下:

一个圆内的区域;一个圆柱面内的区域;一个球面内的区域;两个同心圆间的区域;两等距线或两个平行直线间的区域;两个同轴圆柱面的区域;两等距面或两个平行平面间的区域。

2. 标注几何公差的方法

(1)公差框格的表达　标注几何公差时,标准中规定应用公差框格标注。公差要求注写在划分为两格或多格矩形框格中。公差框格用细实线画出,可画成水平的或垂直的,框格高度是图样中尺寸数字高度的两倍,它的长度视需要而定。框格中的数字、字母、符号与图样中的数字等高。如图 1.5-9 所示,各框格自左向右顺序标注以下内容:

①几何特征符号;

②公差值以线性尺寸单位表示的量值,如"0.1"是公差值的大小,单位是 mm。如果公差带为圆形或圆柱形,公差值前应加注符号"ϕ"[如图 1.5-9(c)所示],如果公差带为圆球形,公差值前应加注符号"$S\phi$"[如图 1.5-9(d)所示];

③基准,用一个字母表示单个基准,或用几个字母表示基准体系或公共基准,如图 1.5-9(b)、(c)、(d)和(e)所示。

当某公差应用于几个相同要素时,应在公差框格的上方,被测要素的尺寸前注明要素的个数,并在两者间加上符号"×",如图 1.5-9(f)、(g)所示。

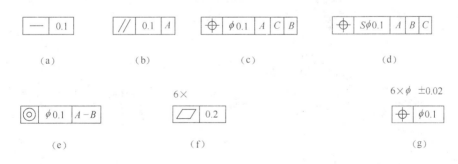

图 1.5-9　公差框格

(2)被测要素的指示　工件上的被几何公差限定的点、线、面等几何要素称为被测要素。

如图 1.5-10 所示,标注几何公差时,用带箭头的指引线将被测要素与公差框格一端相连,指引线引自框格的任意一端,终端带一箭头。指引线箭头所指部位可有:

①当公差涉及轮廓线或轮廓面时,指引线箭头应指向该要素的轮廓线或其延长线上,并应明显地与尺寸线错开,如图 1.5-10(a),(b)所示;箭头也可指向引出线的水平线,引出线引自被测面,如图 1.5-10(c)所示。

②当被测要素为中心线、中心面或中心时,指引线箭头应位于尺寸线的延长线上,如图 1.5-10(d),(e)所示。

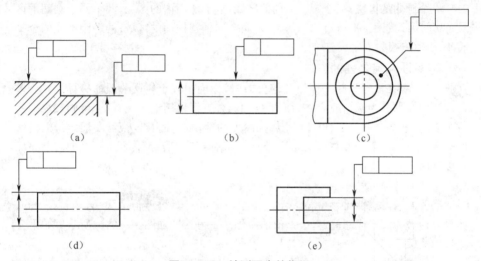

(a)   (b)   (c)

(d)   (e)

图 1.5-10 被测要素的指示

(3)基准要素的指示 一些公差项目的测量需要相对一个基准。作为测量基准,用来确定被测要素方向或位置误差的几何要素称为基准要素。

如图 1.5-11(a)所示,与被测要素相关的基准用一个大写字母表示,字母标在基准方格内,与一个涂黑的或空白的三角形相连以表示基准,表示基准的字母应标注

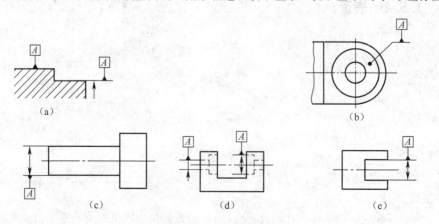

(a)   (b)

(c)   (d)   (e)

图 1.5-11 基准要素的指示

在公差框格内,涂黑的或空白的三角形含义相同。

带基准字母的基准三角形应按如下规定放置:

①当基准要素为轮廓线或轮廓面时,基准三角形放置应在要素的轮廓线或延长线上,并应明显地与尺寸线错开,如图 1.5-11(a)所示;基准三角形也可放置在该轮廓面引出线的水平线上,如图 1.5-11(b)所示;

②当基准是尺寸要素确定的轴线,中心平面或中心点时,基准三角形放置在该尺寸线的延长线上,如图 1.5-11(c),(d),(e)所示;如果没有足够的位置标注基准要素,尺寸标注的两个箭头之一可用基准三角形代替,如图 1.5-11(d)所示。

(4)几何公差标注实例 如图 1.5-12 所示是在一张零件图上几何公差标注的实例。

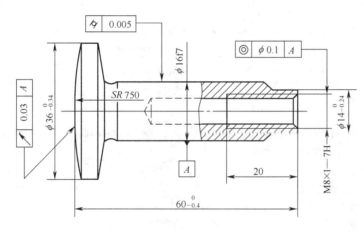

图 1.5-12 几何公差标注实例

1.5.4 表面粗糙度

1. 表面粗糙度的概念

零件的各个表面,不管加工得多么光滑,置于显微镜下观察,都可以看到峰谷不平的情况,如图 1.5-13(a)所示。加工表面上具有较小间距的峰谷所组成的微观几

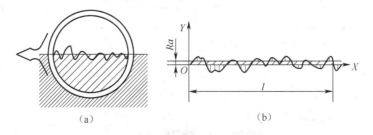

(a)　　　　　　　　　　　　　(b)

图 1.5-13 微观几何形状特征

何形状特征称为表面粗糙度。一般来说,不同的表面粗糙度是由不同的加工方法形成的。

2. 表面粗糙的评定参数

表面粗糙度是衡量零件质量的标志之一,它对零件的配合、耐磨性、抗腐蚀性、接触刚度、抗疲劳强度、密封性和外观都有影响。目前在生产中评定零件表面质量的主要参数是轮廓算术平均偏差。它是在取样长度 l 内,轮廓偏距 y 绝对值的算术平均值,用 Ra 表示,如图 1.5-13(b)所示。用公式可表示为:

$$Ra \approx \frac{1}{n} \sum_{i=1}^{n} |y_i| \qquad\qquad (式 1\text{-}7)$$

Ra 用电动轮廓仪测量,运算过程由仪器自动完成的。Ra 的测量单位是 μm,如"$Ra\ 3.2$"表示轮廓算术平均偏差为 $3.2\mu m$。

3. 表面粗糙度符号及其参数值的标注方法

(1)表面粗糙度符号　表面粗糙度的符号及其意义见表 1.5-2。

表 1.5-2　表面粗糙度符号

符　号	意　　义	符　号　尺　寸
	基本图形符号,仅用于简化代号标注,没有补充说明时不能单独使用	
	要求去除材料的扩展图形符号,在基本图形符号上加一短横,表示指定表面是用去除材料的方法获得,如通过机械加工获得的表面	
	不允许去除材料的扩展图形符号,在基本图形符号上加一个圆圈,表示指定表面是用不去除材料的方法获得	

(2)表面粗糙度 Ra 值的标注　表面粗糙度参数值 Ra 的标注见表 1.5-3。

表 1.5-3　表面粗糙度 Ra 值的标注

序号	代　号	意　　义
1		表示用任何方法获得的表面,Ra 的上限值为 $3.2\mu m$
2		表示用去除材料方法获得的表面,Ra 的上限值为 $3.2\mu m$
3		表示用不去除材料方法获得的表面,Ra 的上限值为 $3.2\mu m$

（3）表面粗糙度符号在图样上的标注方法

①表面粗糙度符号应注在可见轮廓线、尺寸线或其延长线上，如图1.5-14、图1.5-15所示，符号的尖端必须从材料外指向表面；

②表面粗糙度符号及数字的注写方向按如图1.5-14所示的标注；

③在同一图样上，每一表面一般只标注一次符号，并尽可能靠近有关的尺寸线，必要时可以引出标注；

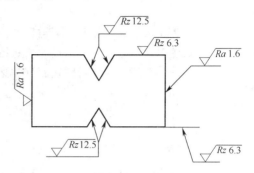

图 1.5-14　表面粗糙度的标注方法之一

④当零件的大部分表面具有相同的表面粗糙度要求时，对其中使用最多的一种符号可以统一标注在图样的右下角，如图1.5-15所示；

⑤键槽工作面、倒角、圆角的表面粗糙度代号，可以简化标注，如图1.5-15所示。

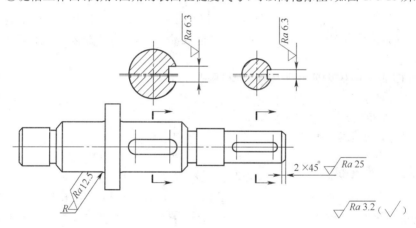

图 1.5-15　表面粗糙度的标注方法之二

【任务小结】

我们通常是这样来表达机件的精度要求的：零件在加工中的尺寸误差，根据使用要求用尺寸公差加以限制。加工中对零件的几何形状和相对几何要素的位置误差则由形状和位置公差加以限制，零件加工面的微观不平程度则由表面粗糙度加以限制。极限与配合、形状和位置公差、表面粗糙度共同成为评定产品质量的重要技术指标。我国制定了相应的国家标准，本次任务学习的是国家标准《极限与配合》、《几何公差》和《表面结构》中表面粗糙度的主要内容。

【思考与练习】

1. 零件具有互换性的意义，零件的互换性与精度要求有什么关系？

2. 如何用基本尺寸、公差等级、基本偏差表达公差带？公差带如何体现尺寸精度要求？

3. 什么是表面粗糙度？为什么对零件的表面要有粗糙度要求？

4. 分析如图 1.5-12 所示零件的尺寸公差要求和几何公差要求。

5. 分析如图 1.5-15 所示零件的表面粗糙度要求。

任务 1.6　识读零件图

【学习目标】

1. 了解零件图的表达内容；

2. 学会识读适合车削加工的零件图样。

【基本知识】

1.6.1　零件图的内容和识读方法

零件图用来表达零件的设计要求；对于零件制造人员，它表达了零件的制造要求，是用于指导生产的图样。作为机械制造技术工人，必须具备熟练识读零件图的能力。

1. 零件图的内容

零件图是制造和检验零件的重要技术文件。如图 1.6-1 所示连接盘的零件图，一张完整的零件图应包括下列基本内容：

（1）一组图形　用视图、剖视、断面及其他规定画法来正确、完整、清晰地表达零件的各部分形状和结构。

（2）尺寸　正确、完整、清晰、合理地标注零件的全部尺寸。

（3）技术要求　用符号或文字来说明零件在制造、检验等过程中应达到的一些技术要求，如表面粗糙度、尺寸公差、形状和位置公差、热处理要求等。技术要求的文字一般注写在标题栏上方图纸空白处。

（4）标题栏　标题栏位于图纸的右下角，应填写零件的名称、材料、数量、图的比例以及设计、制图、审核人的签字等各项内容。

2. 零件图的识读方法

零件图对于机械制造工人来说是生产的指令，是表达设计意图的载体，加工人员读图上的差错将影响零件加工工艺设计的质量。下面从加工制造人员的视角谈谈零件图识读的方法。

（1）概括了解　从零件的标题栏给出的信息，可以了解零件的名称、材料、比例和用途等。

（2）分析视图　看懂一组视图，想象出零件结构、形状是读懂零件图的关键。

先看主视图，分析表达方法，如视图、剖视图、断面图等，看懂投射方向、剖切位

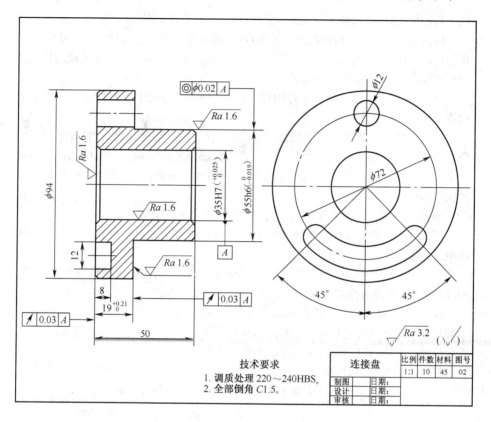

图 1.6-1　连接盘的零件图

置等。如图 1.6-1 所示主视图采用全剖视图，大致反映了回转体的内外结构。

再结合其他视图，运用形体分析法等方法，分析各图投影间的对应关系，想象出零件的主要结构形状。如图 1.6-1 所示，结合主、左视图容易分析出零件主体结构是两个直径不同的同轴圆柱，在圆柱中心轴线上有大孔结构，在左端面上有小孔和槽结构。

然后分析细节，分析零件的辅助结构，如倒角、退刀槽、中心孔、起模斜度、铸造圆角等，设法理解这些结构存在的理由、用途。如图 1.6-1 所示，零件的辅助结构是 C1.5 的倒角。

（3）分析尺寸标注　工件图样用尺寸标注确定零件形状、结构大小和位置要求，是正确理解工件加工要求的主要的依据之一。

首先找出各方向的尺寸基准，了解各部分的定形尺寸，定位尺寸和总体尺寸。轴类零件的轴向尺寸，往往以重要的端面为基准，径向尺寸以中心轴线为基准。如图 1.6-1 所示，零件的轴向尺寸基准是左端面，径向尺寸以中心轴线为基准。

其次是要分析图样中加工轮廓的几何元素是否充分，当发现有错、漏、矛盾、模糊不清的情况时,应向技术管理人员及时反映。

以图 1.6-1 所示的槽结构尺寸分析为例,其加工位置在左端面上,以 $\phi72,45°$ 定位槽的径向位置,槽宽 12,槽深 8,槽长由两个 45° 和 $\phi72$ 共同限定。因此槽结构的加工尺寸信息是充分的、唯一确定的。

(4)分析公差要求　分析零件图样上的公差要求,是确定控制精度加工工艺的前提。

从工件加工工艺的角度来解读尺寸公差,它是生产的命令之一,它规定加工中所有加工因素引起加工误差大小的总和必须在该公差范围内。由机床、夹具、刀具和工件所组成的统一体称为"工艺系统",工艺系统的种种误差,是零件产生加工尺寸误差的根源。

如图 1.6-1 所示,具有精度要求的尺寸有 $\phi55h6,\phi35H7,19^{+0.21}_{0}$。

零件的形状和位置误差主要受机床主运动和进给运动机械运动副几何精度的影响。

如图 1.6-1 所示,尺寸 $19^{+0.21}_{0}$ 两端面有相对中心轴线的圆跳动位置公差要求,$\phi55h6$ 的中心轴线有相对于 $\phi35H7$ 孔轴线的同轴度要求。

(5)表面粗糙度要求　表面粗糙度是保证零件表面微观精度的重要要求,也是合理选择加工方法的重要依据。如图 1.6-1 所示的连接盘的重要表面有 $Ra\ 1.6$ 的表面粗糙度要求,其他面有 $Ra\ 3.2$ 的表面粗糙度要求。

常用表面粗糙度 Ra 的数值与加工方法见表 1.6-1。

表 1.6-1　常用表面粗糙度 Ra 的数值与加工方法

表 面 特 征	表面粗糙度 Ra 数值	加工方法举例
明显可见刀痕	$Ra\ 100,Ra\ 50,Ra\ 25$	粗车、粗刨、粗铣、钻孔
微见刀痕	$Ra\ 12.5,Ra\ 6.3,Ra\ 3.2$	精车、精刨、精铣、粗铰、粗磨
看不见加工痕迹,微辨加工方向	$Ra\ 1.6,Ra\ 0.8,Ra\ 0.4$	精车、精磨、精铰、研磨
暗光泽面	$Ra\ 0.2,Ra\ 0.1,Ra\ 0.05$	研磨、珩磨、超精磨、抛光

(6)材料与热处理要求　从零件材料的力学性能、化学性能,可分析出工件的切削加工性能,反映用切削工具对金属材料进行切削加工(例如车削、铣削、刨削、磨削等)的难易程度。是选择刀具(材料、几何参数及使用寿命)和选择机床型号及确定有关切削用量等的重要依据。

如图 1.6-1 所示的连接盘的材料是 45 钢,是优质的碳素结构用钢,硬度不高,易切削加工;给出的热处理要求是调质处理到硬度 220～240HBS。

1.6.2　典型的车削零件图识读

1. 轴套零件的特点

如图 1.6-2 所示的是典型的轴套类零件,主要结构形状是回转体,一般在车床上加工。轴套类零件要按形状和加工位置确定主视图,一般只画一个主视图。对于零件上的键槽、孔等,可作出移出断面图;砂轮越程槽、退刀槽、中心孔等可用局部放大图表达。

这类零件的尺寸主要是轴向和径向尺寸,径向尺寸的主要基准是轴线,轴向尺寸的主要基准是端面。主要形体是同轴的,可省去定位尺寸。

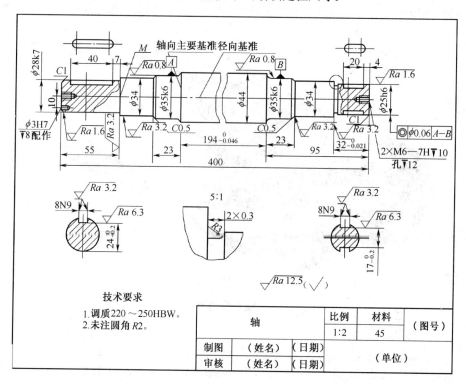

图1.6-2 铣刀头轴零件图

2. 典型的轴类零件图识读

下面以图1.6-2所示的铣刀头轴零件图的识读为例,学习零件图的识读方法。

(1)看标题栏 通过看标题栏概括了解零件。零件材料为45钢,比例为1:2。有条件时,我们还根据图样提供的图号,找到装配体的装配图,了解零件在装配体中的作用,这对我们认识零件结构带来了很多方便。

如图1.6-3所示,我们在铣刀头的装配体中了解轴的左端通过平键与带轮装配在一起,右端通过两个平键与铣刀头连接,中间有两个安装轴承的轴段。

(2)视图表达 如图1.6-2所示,主视图采用断开缩短画法,左右端采用局部剖视图,表达轴的两端分别有一个和两个键槽,中心处有2×M6—7H螺孔。由于轴类零件为圆形结构,采用一个主视图基本能够表达清楚轴的形状,省去左视图和俯视图。

此外,采用二个移出断面图,表达轴的键槽处的宽度和深度;选用一个局部放大图表达阶梯过渡处越程槽的结构。

(3)尺寸标注　该轴最大直径为44,最小和次最小直径在两端,分别为25和28,长度为400。轴的径向尺寸以中心线为基准;长度尺寸以ϕ44轴段的一端面为主要基准,轴的左、右端面为辅助基准。

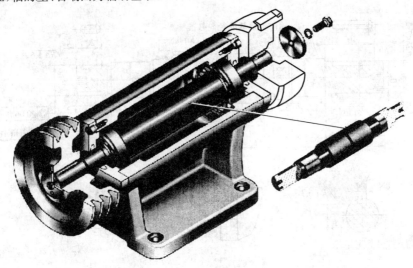

图 1.6-3　铣刀头轴的应用图

(4)技术要求

①极限配合要求。该轴两端有键和轴上零件连接,选用 k7 和 h6 的基孔制配合的轴;而中间两处 ϕ35 选用 k6 的公差,要安装滚动轴承,支承轴的转动。

②几何公差。该轴右端 ϕ25 处的轴段的轴线对 ϕ35 处轴段的两个支承轴线有同轴度的要求,公差为 ϕ0.06。

③表面粗糙度。该轴的表面粗糙度值最小在 ϕ35 处,为 *Ra* 0.8;两端安装零件的 ϕ28k7,ϕ25h6 轴段的表面粗糙度值都为 *Ra* 1.6;其余非连接部分表面质量要求较低,要求最低处为 *Ra* 12.5。

④其他要求。该轴左端 ϕ28 处的端面上有一 ϕ3H7 的小孔,深度为 8,需要与其连接的零件配作。阶梯处及端面分别有倒角,其值分别为 C0.5 和 C1 不等。

3. 轮盘类零件

图 1.6-1 所示的连接盘属于轮盘类零件,轴承盖以及各种轮子、法兰盘、端盖等属于此类零件。其主要形体是回转体,径向尺寸一般大于轴向尺寸。

(1)轮盘类零件视图特点

①这类零件的毛坯有铸件或锻件,机械加工以车削为主,主视图一般按加工位

置水平放置;但有些较复杂的盘盖,因加工工序较多,主视图也可按工作位置画出。

②一般需要两个以上基本视图。

③根据结构特点,视图具有对称面时,可作半剖视;无对称面时,可作全剖或局部剖视。其他结构形状如轮辐和肋板等可用移出断面或重合断面,也可用简化画法。

(2)轮盘类零件尺寸标注特点

①此类零件的尺寸一般为两大类:轴向及径向尺寸,径向尺寸的主要基准是回转轴线,轴向尺寸的主要基准是重要的端面。

②定形和定位尺寸都较明显,尤其是在圆周上分布的小孔的定位圆直径是这类零件的典型定位尺寸,多个小孔一般采用如"3×ϕ5 EQS"形式标注,EQS即等分圆周,角度定位尺寸就不必标注了。

请读者对图1.6-1所示的连接盘图样进行识读。

【任务小结】

读零件图的方法和步骤:

1. 先读标题栏,了解零件的名称、材料、比例等。

2. 读图形,判断各图的表达方法,利用投影规律,分析零件的各部分结构。

3. 读尺寸,分析尺寸基准,明确各结构定形、定位尺寸。

4. 读尺寸公差、形位公差、表面粗糙度、热处理等技术要求,结合尺寸精度高的表面,确定各结构的加工精度要求等,为确定零件加工方案、装夹方案提供准确的要求。

【思考与练习】

分析如图1.6-4所示的输出轴零件图,回答下列问题:

1. 该零件名称:_____,所选用的材料:_____,图样所采用的比例:_____。

2. 该零件图上共用了____个图形表达,一个是_____图,另两个图形的名称是_____。

3. 零件上有2处槽的尺寸2×0.5,其中宽度为____,深度为_____。

4. 该零件的总长为_____,表面质量要求最高的轴段之一为_____,尺寸要求最高的表面为_____。

5. 在轴左端有一个键槽,其长度为____,宽度为_____,深度为____,键槽两侧表面粗糙度代号为_____,在轴右端的键槽中18表示_____尺寸,2表示_____尺寸。

6. $\phi16^{+0.012}_{-0.011}$的基本尺寸是_____+0.012和−0.011分别表示_____、_____,最大极限尺寸是_____,最小极限尺寸是_____,公差是_____。

7. $\phi15\pm0.0055$圆柱面的表面粗糙度代号为_____,$\phi20$轴段左端面的表面粗糙度代号为_____,两者比较表面粗糙度要求较高的是_____。

8. 该零件两端倒角 C1 表示尺寸_____,未注表面粗糙度代号的表面,其 Ra 值是_____。

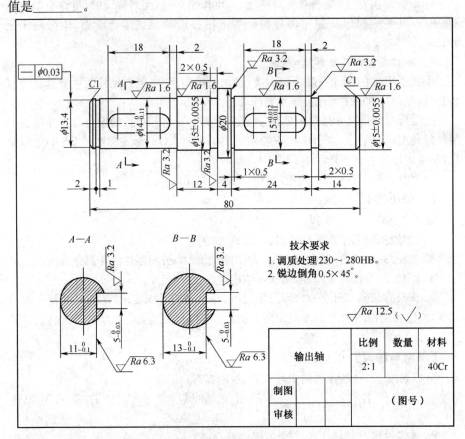

图 1.6-4　输出轴零件图

单元一　总结及练习

总　结

图样是指导生产的重要技术文件,是进行技术交流的工具,技术工人应能看懂图样。

零件图样是对零件设计要求的准确表达,图样表达技术主要有三个方面:一是用平面视图表达空间形状结构,二是用尺寸标注准确描述空间形状结构的大小和位置,三是用尺寸公差、几何公差、表面粗糙度等表达技术要求。

在空间立体转化为平面视图和平面视图转化为空间立体的认识、思维活动中，初学者存在一定困难，具有空间想象力是识图的关键，同学们要注意画图与看图相结合，物体与图样相结合，多画多看，在视图中找到物体的上、下、左、右、前、后的位置，逐步培养空间想象力。另外，理解投影原理和规律，熟悉视图、剖视图和断面图的表达方法，熟悉制图的标准，这些基本能力要求是必须的。

对于零件的加工工人，在看懂视图，认识零件的加工结构的基础上，我们还要看懂尺寸标注，确定加工结构准确的空间位置和形状大小，并且看懂位置和大小允许的误差范围，加工面的表面质量要求，熟悉零件的材料使用性能和加工性能。

只有在明确加工内容、加工要求和加工条件的前提下，我们才有可能寻找到适当的零件加工方法。

综 合 练 习

一、判断

（   ）1. 当零件大部分表面具有相同的表面粗糙度要求时，可把这些表面的表面粗糙度要求进行集中标注，表面粗糙度符号标在右上角，并标注"其余"两字。

（   ）2. 六视图中，主视图、左视图、右视图和后视图高平齐，左视图、右视图与俯视图、仰视图宽相等。

（   ）3. 剖视图主要用于表达机件上倾斜部分的实形。

（   ）4. 机件的真实大小应以图样上所注的尺寸数值为依据，与图形大小及绘图的准确度无关。

（   ）5. 机件的定形、定位尺寸，一般只标注一次，并应标注在反映该结构最清晰的图形上。

（   ）6. 内、外螺纹能够旋合的条件是：内、外螺纹的牙型，大径，旋向，线数和螺距五要素必须相同。

（   ）7. 为便于砂轮可稍微越过加工面，常在待加工面的末端先车出砂轮越程槽。

（   ）8. 对于尺寸一定的基本尺寸，公差等级愈高，标准公差值愈大，尺寸的精确程度愈低。

（   ）9. 位置误差是指实际形状对理想形状的变动量。

（   ）10. 轴类零件的轴向尺寸，往往以重要的端面为基准，径向尺寸以中心轴线为基准。

二、选择

1. 在正面上所得视图称为主视图，是立体由（   ）投射得到的。
A. 由前向后 B. 由上向下 C. 由左向右 D. 由后向前
2. 视图的可见轮廓线用（   ）绘制。

A. 粗实线   B. 虚线   C. 细实线   D. 粗点画线

3. 下列螺纹种类不用作联接螺纹的是(   )。

A. 粗牙普通螺纹   B. 细牙普通螺纹   C. 梯形螺纹   D. 管螺纹

4. 下列关于公差尺寸计算不正确的是(   )。

A. 上偏差＝最大极限尺寸－基本尺寸   B. 下偏差＝最小极限尺寸－基本尺寸

C. 最大极限尺寸－最小极限尺寸＝公差

D. 公差＝最小极限尺寸－基本尺寸

5. 用任何方法获得的表面，Ra 的上限值为 $3.2\mu m$ 的表面粗糙度符号是(   )。

A. $\sqrt{Ra\,3.2}$ B. $\sqrt{Ra\,3.2}$ C. $\sqrt{Ra\,3.2}$ D. $\sqrt{\ }$

6. 下列不是几何公差的测量项目是(   )。

A. 平面度   B. 圆度   C. 线轮廓度   D. 对称度

7. 金属材料在力作用下所表现出来的抵抗变形或断裂的能力称为(   )。

A. 强度   B. 韧性   C. 硬度   D. 塑性

8. (   )是将工件加热保温后，在水、油或其他无机盐、有机水溶液等淬冷介质中快速冷却；它使钢件变硬，但同时变脆。

A. 正火   B. 退火   C. 淬火   D. 回火

9. 关于表面粗糙度对零件使用性能的影响，下列说法中错误的是(   )。

A. 零件表面越粗糙，表面间的实际接触面积就越小

B. 零件表面越粗糙，单位面积受力就越大

C. 零件表面越粗糙，峰顶处的塑性变形会减小

D. 零件表面粗糙，会降低接触刚度

10. 粗牙普通螺纹大径 20mm，螺距 2.5mm，中径、顶径公差带代号 5g，螺纹标记为(   )。

A. $M20 \times 2.5 - 5g$ B. $M20 - 5g$

C. $M20 \times 2.5 - 5g5g$ D. $M20 - 5g5g$

11. 常用表面粗糙度评定参数中，轮廓算术平均偏差的代号是(   )。

A. Rz B. Ry C. Rx D. Ra

12. 图样中所标注的尺寸是(   )。

A. 所示机件的最后完工尺寸   B. 是绘制图样的尺寸，与比例有关

C. 以毫米为单位时，必须标注计量单位的代号或名称

D. 只确定机件的大小

三、读主轴零件图(单元一练习图 1)，回答问题

1. 主轴零件的基本形体是＿＿＿＿＿＿体，属于＿＿＿＿＿＿类零件。

2. 用符号▼指出径向和轴向的主要基准。

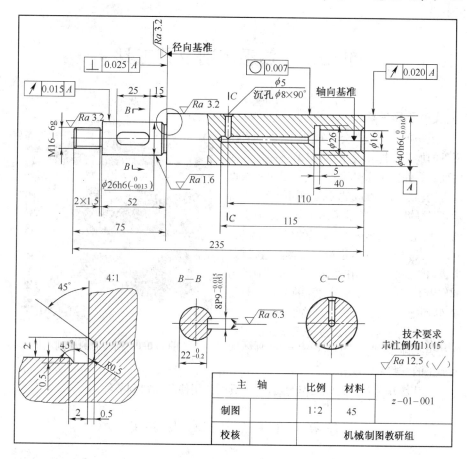

单元一练习图1

3. 该零件的表达方法：主视图采用＿＿＿＿剖视图，另外三图是＿＿＿＿＿图、＿＿＿＿＿图和＿＿＿＿图。

4. 轴上键槽的长度是＿＿，宽度是＿＿＿＿，其定位尺寸是＿＿。

5. 沉孔的定形尺寸是＿＿＿＿＿，定位尺寸是＿＿＿。

6. 2×1.5 表示＿＿＿＿＿＿＿＿。

7. 轴上 $\phi40h6$ 外圆长度是＿＿＿＿，其表面粗糙度是＿＿＿＿。

8. 轴上 $\phi40h6$ 表示其基本尺寸是＿＿＿，上偏差是＿＿，下偏差是＿＿＿＿，最大极限尺寸是＿＿＿，最小极限尺寸是＿＿＿＿＿，公差是＿＿＿＿。

单元二　熟悉车削及其工具

【单元导学】

　　上一单元我们学会了如何通过图样看懂零件的加工结构和要求,认识了一些具有回转面的零件。在几何学上回转面是由一条母线围绕轴线回转而成的表面。如图 2.0-1 所示,零件的回转面通常是用车削方法加工出的。车削就是在车床上,让工件绕主轴旋转,同时刀具相对工件做进给运动,运动轨迹是形成回转面的母线;在车床提供的切削动力的作用下,刀具把回转面之外的多余材料切除,从而把工件加工成符合图纸的要求。

图 2.0-1　回转面的车削

　　在本单元,我们将通过普通车床加工操作认识车削,熟悉车削加工的工具,学会车削加工的一些基本操作。

　　工具是方便人们完成工作的器具,工具的使用使劳动得到节约。

任务 2.1　认识车削与车床

【学习目标】

1. 初步认识车床切削;
2. 以 CA6140 普通卧式车床为例,熟悉普通车床的基本组成;
3. 以 CA6140 普通卧式车床操作为例,熟悉普通车床的基本操作。

【基本知识】

2.1.1　认识车削加工

1. 认识车床切削

　　金属切削加工,一般是在机床上正确安装好刀具与工件,使机床、刀具、工件形成一个切削加工的工艺系统,由机床提供运动动力,让刀具与工件之间产生相互运动、相互作用,从而使刀具从工件表面上切去多余金属,最终工件符合零件图的要求。

　　车削是最基本、最常见的切削加工方法。车削是在车床上进行的切削加工。如图 2.1-1 所示,车削利用工件的旋转运动和刀具相对工件的移动来改变毛坯的形状、尺寸,把它加工成符合图纸的要求。其中工件的旋转为主运动,刀具的移动为进给运动。

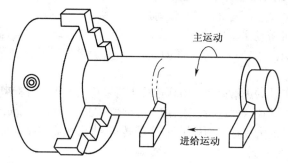

图 2.1-1 车削运动

古代的车床是靠手拉或脚踏,通过绳索使工件旋转,实现主运动,并手持刀具在工件表面移动而进行车削的。1797 年,英国机械发明家莫兹利创制了用丝杠传动刀架的现代车床,并于 1800 年采用交换齿轮,可改变进给速度和被加工螺纹的螺距。20 世纪初出现了由单独电动机驱动的带有齿轮变速箱的普通车床。

近年来,计算机技术被广泛运用到机床制造业,随之出现了数控车床、车削加工中心等由计算机自动控制加工的车床。

车削主要适于加工轴、盘、套和其他工件的回转表面,如内外圆柱面、内外圆锥面、端面、沟槽、螺纹和回转成形面等;还可用钻头、扩孔钻、铰刀、丝锥、滚花工具等进行相应的加工。如图 2.1-2 所示是普通车床所能加工的典型表面。

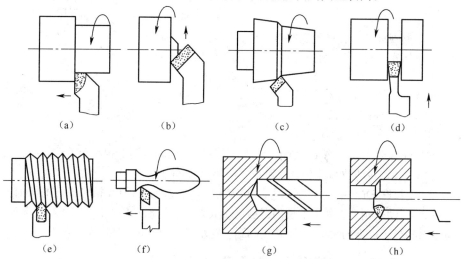

图 2.1-2 普通车床所能加工的典型表面
(a)车外圆柱面 (b)车端面 (c)车圆锥面 (d)车沟槽
(e)车螺纹 (f)车成型面 (g)钻孔 (h)车内孔

2. 认识车削运动及车削用量

车削运动主要是主运动和进给运动。

车床电动机带动主轴旋转，主轴又带动工件旋转实现主运动，提供切削多余材料(切屑)的力矩。主轴的旋转速度即主轴转速，用每分钟转速表示，单位为 r/min (转/分)。

刀具相对工件的进给运动不断地把被切削层投入切削，以逐渐切削出整个工件表面。进给运动的速度即进给速度，用每分钟位移表示，单位为 mm/min(毫米/分)。

车削运动量的大小称为切削用量，主轴转速、进给速度并不能准确、直接地反映切削量的大小，它们更大程度上反映切削运动的快慢。

如图 2.1-3 所示，切削用量用切削速度、进给量、切削深度三个要素来表示更为准确。

(1)切削速度(v_c)　切削刃相对于工件在主运动方向上的瞬时线速度，称为切削速度，单位 m/min(米/分钟)。切削速度与刀具的切削直径和主轴转速相关。

$$v_c = \pi d n / 1000 \qquad (式 2\text{-}1)$$

式中　d——切削刃处于的回转直径 (mm)；

　　　n——工件或刀具的转速(r/min)。

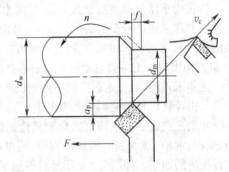

图 2.1-3　切削用量示意图

(2)切削深度　已加工表面与待加工表面之间的距离，单位为 mm。如图 2.1-3 所示，外圆车削时，其切削深度 a_p 可由下式计算：

$$a_p = \frac{d_w - d_m}{2} \qquad (式 2\text{-}2)$$

式中　d_w——待加工表面直径(mm)；

　　　d_m——已加工表面直径(mm)。

(3)进给量　如图 2.1-3 所示，车削刀具在进给运动方向上相对于工件的位移量 f，可用工件每转的位移量来表达和测量，单位为 mm/r。

切削深度、进给量越大则切屑越大，所用的切削力越大；刀具相对工件的切削速度越大，运动越剧烈。如果把切削运动比作成人背负包袱在路上跑，那么切削深度、进给量相当于包袱的大小，切削速度相当于跑步速度。'

2.1.2　熟悉普通卧式车床及基本组成

人们根据不同的加工需要，制造出各种结构、用途不同的车床，如卧式车床、立式车床、转塔车床、单轴自动车床、多轴自动和半自动车床、仿形车床、多刀车床、各种专门化车床。所有车床中,以卧式车床应用最为广泛;其中,CA6140 型卧式车床是生产中常见的、典型的通用普通车床。下面以 CA6140 型卧式车床为例认识普通车床。

如图 2.1-4 所示,普通卧式车床主要组成部件有:主轴箱、进给箱、溜板箱、刀架、尾架、光杠、丝杠和床身。

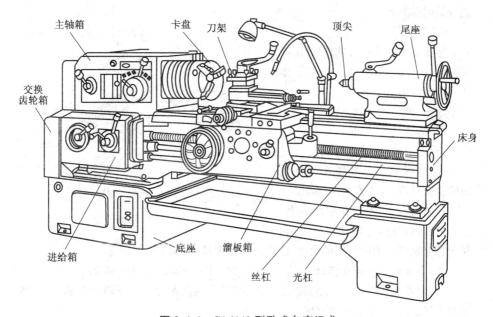

图 2.1-4　CA6140 型卧式车床组成

1. 床身

它是车床的基础件,用来支撑连接各主要部件,并保证各部件在运动时有正确的相对位置。在床身上有供溜板箱和尾座移动用的导轨。

2. 主轴箱

主轴箱又称床头箱,内装主轴和变速机构。车床的电动机带动主轴旋转做主运动。通过改变设在主轴箱外面的手柄位置,调整其变速机构,可使主轴获得多种不同的转速。主轴通过卡盘等附件带动工件旋转,传递切削动力。

3. 交换齿轮箱(又称挂轮箱)

交换齿轮箱把主轴箱的转动传递给进给箱。通过更换箱内齿轮,配合进给箱内的变速机构,可以得到车削各种螺距螺纹(或蜗杆)的进给运动,并满足车削时对不同纵、横向进给量的需求。

4. 进给箱(又称走刀箱)

进给箱中装有进给运动的变速机构,通过控制手柄调整其变速机构,可得到所需的进给量或螺距,通过光杠或丝杠将运动传至刀架以进行进给运动。

5. 溜板箱

溜板箱是进给运动的操纵机构。溜板箱接受光杠或丝杠传递的运动,以驱动床鞍和中、小滑板及刀架实现车刀的纵、横向进给运动。其上还装有一些手柄及按钮,可以很方便地操纵车床来选择进给运动的方式,诸如机动、手动、车螺纹及快速移动等进给运动方式。

6. 刀架部分

如图 2.1-5 所示,刀架部分由两层滑板(中、小滑板)、床鞍与刀架体共同组成。用于安装车刀并带动车刀作纵向、横向或斜向运动。

(1)床鞍　它与溜板箱牢固相连,可沿床身导轨作纵向移动。

(2)中滑板　它装置在床鞍顶面的横向导轨上,可作横向移动。

(3)转盘　它固定在中滑板上,松开紧固螺母后,可转动转盘,使它

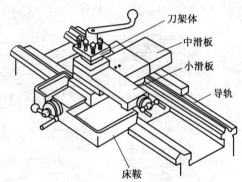

图 2.1-5　刀架部分的组成

和床身导轨成一个所需要的角度,而后再拧紧螺母,以加工圆锥面等。

(4)小滑板　它装在转盘上面的燕尾槽内,可作短距离的进给移动。

(5)方刀架　它固定在小滑板上,可同时装夹四把车刀。松开锁紧手柄,即可转动方刀架,把所需要的车刀更换到工作位置上。

(6)尾座　尾座安装在床身导轨上,并沿此导轨纵向移动,以调整其工作位置。尾座主要用来安装后顶尖,以支撑较长工件,也可安装钻头、铰刀等进行孔加工。

(7)床脚　前后两个床脚分别与床身前后两端下部联为一体,用以支撑安装在床身上的各个部件。

2.1.3　CA6140 车床的传动系统简介

CA6140 型卧式车床进行切削加工时,机床的主运动是工件的旋转运动,进给运动是刀具的直线移动。

如图 2.1-6 所示,主运动是通过电动机 1 驱动带 2,把运动输入到主轴箱 4。通过变速机构 5 变速,使主轴得到不同的转速。再经卡盘 6(或夹具)带动工件旋转。而进给运动则是由主轴箱把旋转运动输出到交换齿轮箱 3,再通过走刀箱 13 变速后由丝杠 11 或光杠 12 驱动溜板箱 9、床鞍 10、滑板 8、刀架 7,从而控制车刀的运动轨迹完成车削各种表面的工作。

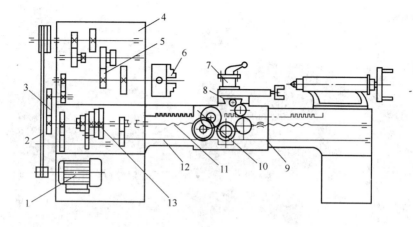

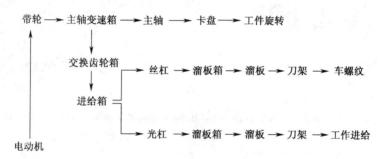

图 2.1-6 CA6140 车床的传动系统

【任务实践】

2.1.4 熟悉 CA6140 普通卧式车床的操作

CA6140 普通卧式车床的操纵按钮或手柄如图 2.1-7 所示,普通卧式车床有如下操作。

1. 车床的起动操作

在起动车床之前必须检查车床各变速手柄是否处于空挡位置、离合器是否处于正确位置、操纵杆是否处于停止状态等,在确定无误后,方可合上"车床电源总开关",开始操作车床。

先按下床鞍上的"启动按钮(绿色)"使电动机启动,接着将溜板箱右侧"操纵杆手柄"向上提起,主轴便逆时针方向旋转(即正转)。"操纵杆手柄"有向上、中间、向下三个挡位,可分别实现主轴的正转、停止和反转。若需较长时间停止主轴转动,必须按下床鞍上的"红色停止按钮",使电动机停止转动。若下班,则需关闭"车床电源总开关",并切断车床电源闸刀开关。

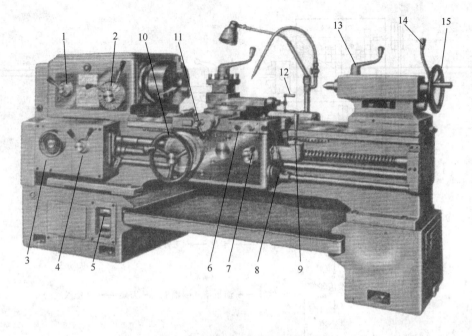

图 2.1-7　CA6140 操纵按钮或手柄

1. 螺距及旋向选择手柄　2. 主轴变速选择叠套手柄　3. 进给箱八挡位选择手轮
4. 进给箱叠装手柄　5. 机床电源开关　6. 电动机启动、停止按钮　7. 开合螺母操作手柄
8. 主轴操纵杆　9. 机动进给操纵手柄　10. 大手轮　11. 中滑板手柄　12. 小滑板手柄
13. 尾座套筒固定手柄　14. 尾座快速紧固手柄　15. 尾座手轮

2. 主轴箱的变速操作训练

不同型号、不同厂家生产的车床其主轴变速操作不尽相同,可参考相关的车床说明书。下面介绍 CA6140 型车床的主轴变速操作法。

CA6140 型车床主轴变速通过改变主轴箱正右侧"两个叠套手柄"的位置来控制。前面的手柄有六个挡位,每个挡位有四级转速,若要选择其中某一转速,可通过调动后面的手柄来选择。后面的手柄除有两个空挡外,尚有四个挡位,只要将手柄位置拨到其所显示的颜色与前面手柄所处挡位上的转速数字所标示的颜色相同的挡位即可。

主轴箱正面左侧的手柄是加大螺距及螺纹左、右旋向变换的操作机构。它有四个挡位,左上挡位为车削右旋螺纹,右上挡位为车削左旋螺纹,左下挡位为车削右旋加大螺距螺纹,右下挡位为车削左旋加大螺距螺纹。

3. 进给箱操作训练

如图 2.1-8 所示,车床进给箱正面左侧有一个"八挡位手轮"。右侧有"前后叠装两手柄"，前面的手柄有 A,B,C, D 四个挡位，是丝杠、光杠变换手柄[1]；后面的手柄有 Ⅰ,Ⅱ, Ⅲ,Ⅳ四个挡位，与有八个挡位的手轮相配合，用以调整螺距及进给量。实际操作应根据加工要求，查找进给箱油池盖上的螺纹和进给量调配表来确定手轮和手柄的具体位置。当后手柄处于正上方时是第Ⅴ挡，此时齿轮箱的运动不经进给箱变速，而与丝杠直接相连。

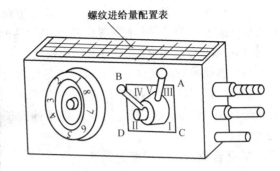

螺纹进给量配置表

图 2.1-8 进给箱操作机构

4. 溜板部分的操作训练

①床鞍的纵向移动由溜板箱正面左侧的"大手轮"控制，当顺时针转动手轮时，床鞍向右运动；逆时针转动手轮时，床鞍向左运动。

②"中滑板手柄"控制中滑板的横向移动和横向进刀量。当顺时针转动手柄时，中滑板向远离操作者的方向移动，即横向进刀；逆时针转动手柄时，中滑板向靠近操作者的方向移动，即横向退刀。

③小滑板可作短距离的纵向移动。"小滑板手柄"顺时针转动，小滑板向左移动；逆时针转动小滑板手柄，小滑板向右移动。

5. 刻度盘及分度盘的操作训练

①溜板箱正面的大手轮轴上的刻度盘分为 300 格，每转过 1 格，表示床鞍纵向移动 1mm。

②中滑板丝杠上的刻度盘分为 100 格，每转过 1 格，表示刀架横向移动 0.05mm。

③小滑板丝杠上的刻度盘分为 100 格，每转过 1 格，表示刀架纵向移动 0.05mm。

④小滑板上的分度盘在刀架需斜向进刀加工短锥体时，可顺时针或逆时针地在 90°范围内转过某一角度。使用时，先松开锁紧螺母，转动小滑板至所需要角度后，再锁紧螺母以固定小滑板。

6. 自动进给的操作训练

溜板箱右侧有一个带十字槽的扳动手柄，是"机动进给操纵手柄"，控制刀架实现纵、横向机动进给和快速移动。该手柄的顶部有一个快进按钮，是控制接通快速电动机的按钮，当按下此钮时，快速电动机工作，放开按钮时，快速电动机停止转动。

---

[1] 手柄指向 A 选择"公制走刀"方式，指向 B 选择"公制螺纹"方式，指向 C 选择"英制螺纹"方式，指向 D 选择"英制走刀"方式。

该手柄扳动方向与刀架运动的方向一致,操作方便。当手柄返至纵向进给位置,且按下快进按钮时,则床鞍作快速纵向移动;当手柄扳至横向进给位置,且按下快进按钮时,则中滑板带动小滑板和刀架作横向快速进给。

当床鞍快速行进到离主轴箱或尾座足够近时,应立即放开快进按钮,停止快进,以避免床鞍撞击主轴箱或尾座;当中滑板前、后伸出床鞍足够远时,应立即放开快进按钮,停止快进,避免因中滑板悬伸太长而使燕尾导轨受损,影响运动精度。

7. 开合螺母操作手柄的训练

在溜板箱正面右侧有一开合螺母操作手柄,专门控制丝杠与溜板箱之间的联系。一般情况下,车削非螺纹表面时,丝杠与溜板箱间无运动联系,开合螺母处于开启状态,该手柄位于上方。当需要车削螺纹时,扳下开合螺母操作手柄,将丝杠运动通过开合螺母的闭合而传递给溜板箱,并使溜板箱按一定的螺距(或导程)作纵向进给。车完螺纹后,又将该手柄扳回原位。

8. 刀架的操作

方刀架相对于小滑板的转位和锁紧,依靠刀架上的手柄控制刀架定位、锁紧元件来实现。逆时针转动刀架手柄,刀架可以逆时针转动,以调换车刀;顺时针转动刀架手柄时,刀架则被锁紧。

当刀架上装有车刀时,转动刀架时其上的车刀也随同转动,注意避免车刀与工件或卡盘相撞。必要时,在刀架转位前可将中滑板向远离工件的方向退出适当距离。

9. 尾座的操作训练

①尾座可在床身内侧的山形导轨和平导轨上沿纵向移动,并依靠尾座架上的两个锁紧螺母使尾座固定在床身上的任一位置。

②尾座架上有左、右两个长把手柄。左边为"尾座套筒固定手柄",顺时针扳动此手柄,可使尾座套筒固定在某一位置;右边为"尾座快速紧固手柄",逆时针扳动此手柄可使尾座快速地固定于床身的某一位置。

③松开尾座架左边长把手柄(即逆时针转动手柄),转动"尾座右端的手轮",可使尾座套筒作进、退移动。

【任务小结】

本次任务初步认识车床切削,以 CA6140 普通卧式车床为例,认识了车床。车床的实质是便于在其上安装工件、刀具,并驱动工件、刀具产生主运动、进给运动(车削运动)的工具。车削操作主要是用机床的卡盘、顶尖等装夹工件,在刀架安装刀具,操作机床的主运动和进给运动。

数控车床是以普通车床为基础发展起来的,通过认识普通车床,方便我们认识数控车床。

【思考与练习】

1. 通过观察CA6140,说说车床的主要组成部分。

2. 说说车削加工的用途和基本原理。

3. 在CA6140上操作主运动和进给运动,说说这些运动的作用。

4. 切削运动量的大小用什么体现?

任务2.2　熟悉车削刀具及选用

【学习目标】

1. 熟悉车削加工选用刀具考虑的因素;

2. 熟悉刀具几何参数对刀具性能影响;

3. 熟悉各种刀具材料的性能特点;

4. 初步学会车刀的刃磨、车刀的安装;

5. 了解可转位车刀。

【基本知识】

由机床、刀具、夹具和工件组成的切削加工工艺系统中,刀具是一个活跃的因素。切削加工生产率和刀具寿命的长短、加工成本的高低、加工精度和加工表面质量的优劣等,在很大程度上取决于刀具类型、刀具材料、刀具结构及其他因素的合理选择。

2.2.1　认识车削刀具类型及选用

1. 针对不同加工结构的车刀类型

车刀针对不同的加工结构和加工方法,设计成不同的刀具类型。车刀按用途分为外圆车刀、端面车刀、内孔车刀、切断刀、切槽刀等多种形式。常用车刀种类及用途如图2.2-1所示。

2. 整体车刀、焊接车刀、机夹车刀

从车刀的刀体与刀片的连接情况看,可分为整体车刀、焊接车刀和机械夹固式车刀,如图2.2-2所示,其结构特点及适用场合见表2.2-1。

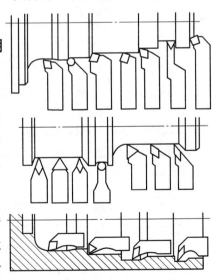

图2.2-1　各种加工用途的车削刀具

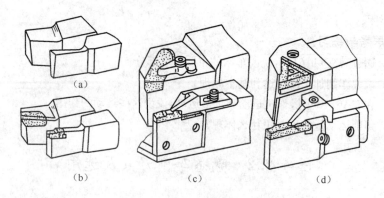

图 2.2-2 车刀的刀体与刀片的连接

(a)整体车刀 (b)焊接车刀 (c)机夹车刀 (d)可转位式

表 2.2-1 车刀结构类型特点及适用场合

名 称	特 点	适用场合
整体式	用整体高速钢制造,刃口可磨得较锋利	小型车床或加工非铁金属
焊接式	焊接硬质合金或高速钢刀片,结构紧凑,使用灵活	各类车刀特别是小刀具
机夹式	避免了焊接产生的应力、裂纹等缺陷,刀杆利用率高;刀片可集中刃磨获得所需参数,使用灵活方便	外圆、端面、镗孔、切断、螺纹车刀等
可转位式	避免了焊接刀的缺点,刀片可快换转位,生产率高,断屑稳定,可使用涂层刀片	大中型车床加工外圆、端面、镗孔,特别适用于自动线、数控机床

2.2.2 熟悉刀具基本几何参数及选用

1. 车刀的几何形状

外圆车刀的切削部分可作为其他各类刀具切削部分的基本形态;其他各类刀具就其切削部分而言,都可以看成是外圆车刀切削部分的演变。因此,通常以外圆车刀切削部分为例,来确定刀具几何参数的有关定义。

外圆车刀切削部分可用三面、二刃、一尖来描述,即一点二线三面,如图 2.2-3 所示。

(1)前刀面 切削时,切屑流出所经过的表面;

(2)主后刀面 切削时,与工件加工表面相对的表面;

(3)副后刀面 切削时,与工件已加工表面相对的表面;

(4)主切削刃 前刀面与主后刀面的交线,它可以是直线或曲线,担负着主要的切削工作;

(5)副切削刃 前刀面与副后刀面的交线,一般只担负少量的切削工作;

(6)刀尖　主切削刃与副切削刃的相交部分;为了强化刀尖,常磨成圆弧形或成一小段直线称过渡刃。

外圆车刀切削部分的名称和刀具几何角度如图 2.2-3 所示。

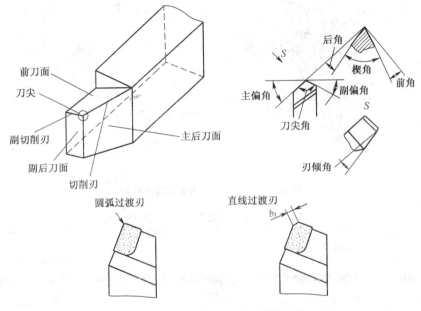

图 2.2-3　外圆车刀切削部分的名称

2. 确定车刀角度的辅助平面

如图 2.2-4 所示,为了确定和测量车刀的几何角度,通常假设三个辅助平面作为测量基准,即基面、切削平面和截面。

(1)基面　通过切削刃选定点垂直于主运动方向的平面;对于车刀,其基面平行于刀具的底面;

(2)切削平面　通过切削刃选定点与工件过渡表面相切并垂直于基面的平面;切削刃可能是主切削刃,或者是副切削刃;

(3)截面　通过切削刃选定点并同时垂直于基面和切削平面的平面;截面有主截面和副截面之分,通过主切削刃选定点同时垂直于基面和过该点切削平面的平面为主截面,通过副切削刃选定点同时垂直于基面和过该点切削平面的平面为副截面。

3. 车刀主要几何参数规定

合理选择刀具切削部的几何参数,是指在保证质量的前提下,选择有利于提高生产率和降低生产成本的几何参数。表 2.2-2 为几个主要角度的定义和作用。下面介绍主要几何参数选用的基本方法。

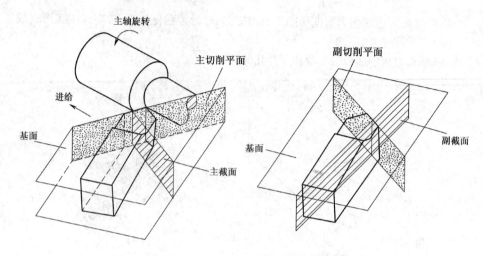

图 2.2-4 确定车刀角度的辅助平面

表 2.2-2 几个主要角度的定义和作用

名 称	定 义	作 用
前角	前刀面与基面间的夹角	影响切削力、刀具寿命和切削刃强度。前角大使刃口锋利,利于切下切屑,减少切削变形和刀-屑间摩擦
后角	后刀面与切削平面间的夹角	增大后角将减少刀具后刀面和工件加工表面间的摩擦。后角影响刀具刃口的锐利和强度
主偏角	主切削刃在基面上的投影与进给运动方向间夹角	适应系统刚度和零件外形需要,改变刀具散热情况,涉及刀具寿命
副偏角	副切削刃在基面上的投影与背离进给运动方向间夹角	减小副切削刃与工件间的摩擦,影响工件表面粗糙度和刀具散热情况
刃倾角	主切削刃与基面间的夹角	能改变切屑流出的方向,影响刀具强度和刃口锋利性

(1)前角 前角可分为正、负、零,前刀面在基面之下则前角为正值,反之为负值,相重合为零。增大前角,可使切刃锋利、切削力低、切削温度低、刀具磨损小、表面加工质量高;但过大的前角会使刃口强度降低,容易造成刃口损坏。

用硬质合金车刀加工钢件(塑性材料等),刀具宜锋利,前角要大,一般选取 $\gamma_0=10°\sim20°$;加工灰口铸铁(脆性材料等),刀具强度要大,一般选取 $\gamma_0=5°\sim15°$。精加工时,可取较大的前角,粗加工应取较小的前角。工件材料的强度和硬度大时,前角取较小值,有时甚至取负值。

(2)后角 表示主后刀面的倾斜程度。一般后角可取 6°~8°。

（3）**主偏角**　主偏角影响切削刃的工作长度、切深抗力、刀尖强度和散热条件。主偏角越小，则切削刃工作长度越长，散热条件越好，但切深抗力越大。工件粗大、刚性好时，可取较小值；车细长轴时，为了减少径向力而引起工件弯曲变形，宜选取较大值。

（4）**副偏角**　减小副偏角可使已加工表面光洁。副偏角一般选取 $5°\sim15°$，精车时可取 $5°\sim10°$，粗车时取 $10°\sim15°$。

（5）**刃倾角**　如图 2.2-5（a）所示，刀尖为主切削刃最高点时，刃倾角为正值，切屑流向待加工表面；如图 2.2-5（b）所示，主切削刃与基面平行，刃倾角为零，切屑沿着垂直于主切削刃的方向流出；如图 2.2-5（c）所示，刀尖为主切削刃最低点时，刃倾角为负值，切屑流向已加工表面。

粗加工时，刃倾角常取负值，虽切屑流向已加工表面无妨，但保证了主切削刃的强度好。精加工常取正值，使切屑流向待加工表面，从而不会划伤已加工表面的质量。

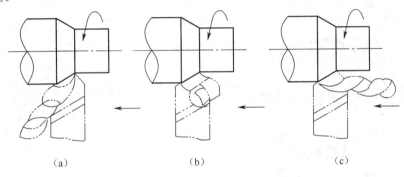

图 2.2-5　刃倾角对切屑流向的影响
(a)刀尖为主切削刃最高点　(b)主切削刃与基面平行　(c)刀尖为主切削刃最低点

2.2.3　熟悉刀具材料选择

1. 刀具材料应具备基本性能

刀具材料的选择对刀具寿命、加工效率、加工质量和加工成本等的影响很大。刀具切削时要承受高压、高温、摩擦、冲击和振动等作用，因此，刀具材料应具备如下一些基本性能：

（1）**硬度和耐磨性**　刀具材料的硬度必须高于工件材料的硬度，一般要求在 60HRC 以上。刀具材料的硬度越高，耐磨性就越好。

（2）**强度和韧性**　刀具材料应具备较高的强度和韧性，以便承受切削力、冲击和振动，防止刀具脆性断裂和崩刃。

（3）**耐热性**　刀具材料的耐热性要好，能承受高的切削温度，具备良好的抗氧化能力。

（4）工艺性能和经济性　刀具材料应具备好的锻造性能、热处理性能、焊接性能、磨削加工性能等，而且要追求高的性能价格比。

2. 车刀切削部分的常用材料

（1）高速钢　是一种含钨、铬、钒、钼等元素较多的高合金工具钢。常用的牌号为：W18Cr4V，W6Cr5Mo4V2，W9Cr4V2 等。这种材料强度高、韧性好，能承受较大的冲击力，工艺性好，易磨削成形，刃口锋利，常用于一般切削速度下的精车。但因其耐热性较差，故不适于高速切削。

（2）硬质合金　由硬度和熔点均很高的碳化钨、碳化钛和胶结金属钴（Co）用粉末冶金方法制成。其硬度、耐磨性均很好，红硬性也很高，故其切削速度比高速钢高出几倍，甚至十几倍，能加工高速钢无法加工的难切削材料。但抗弯强度和抗冲击韧性比高速钢差很多。制造形状复杂刀具时，工艺上要比高速钢困难。由于其综合性能好，硬质合金是目前应用最为广泛的一种车刀材料。

（3）陶瓷　用氧化铝（Al_2O_3）微粉在高温下烧结而成的陶瓷材料刀片，其硬度、耐磨性和耐热性均比硬质合金高。因此可采用比硬质合金高几倍的切削速度，并能使工件获得较高的表面粗糙度和较好的尺寸稳定性。但陶瓷材料刀片最大的缺点是性脆，抗弯强度低、易崩刃。陶瓷材料刀片主要用于连续表面的车削场合。

此外，还有一些高性能的刀具材料得到应用，如：聚晶人造金刚石、立方氮化硼等。

2.2.4 认识可转位车刀

1. 可转位刀具的概念

可转位刀具是将具有数个切削刃的多边形刀片，用夹紧元件、刀垫，以机械夹固方法，将刀片夹紧在刀体上。当刀片的一个切削刃用钝以后，只要把夹紧元件松开，将刀片转一个角度，换另一个新切削刃，并重新夹紧就可以继续使用。当所有切削刃用钝后，换一块新刀片即可继续切削，不需要更换刀体。如图2.2-6 所示为可转位刀具。

可转位刀具的刀体可重复使用，节约了钢材和制造费用，因此其经济性

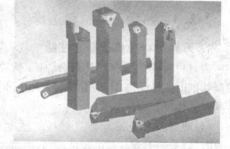

图2.2-6　可转位刀具

好。由于可转位刀片是标准化和集中生产的，刀片几何参数易于一致，换另一个新切削刃或新的刀片后，切削刃空间位置相对刀体固定不变，节省了换刀、对刀等所需的辅助时间，提高了机床的利用率。

2. 可转位刀片的型号及表示方法

可转位刀片是可转位刀具的切削部分,也是可转位刀具最关键的零件。

我国硬质合金可转位刀片的国家标准采用的是 ISO 国际标准,产品型号的表示方法、品种规格、尺寸系列、制造公差以及尺寸测量方法等,都与 ISO 标准相同。GB/T 2076—1987《切削刀具用可转位刀片型号表示规则》中,可转位刀片的型号由代表一给定意义的字母和数字代号按一定顺序排列所组成,共有 10 个号位,其格式举例见表 2.2-3,如图 2.2-7 所示为该可转位车刀片型号的含义。

表 2.2-3 可转位刀片的型号格式举例

号 位	特定字母	1	2	3	4	5	6	7	8	9	10
车削用刀片型号		T	N	M	G	22	04	08	E	N	—V2

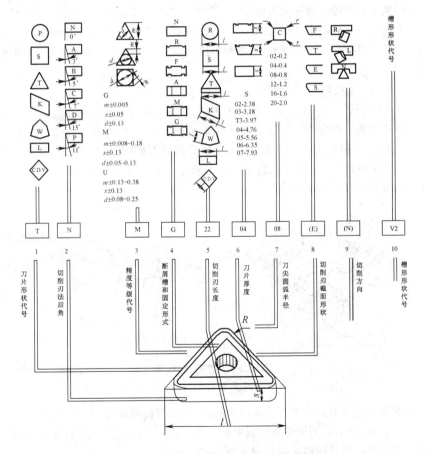

图 2.2-7 可转位车刀片表示规则示意图

【任务实践】

2.2.5　车刀刃磨

在车床上主要依靠工件的旋转主运动和刀具的进给运动来完成切削工作。因此,车刀角度的选择是否合理,车刀刃磨的角度是否正确,都会直接影响工件的加工质量和切削效率。

车刀的刃磨分机械刃磨和手工刃磨两种。机械刃磨效率高、质量好,操作方便。但目前中小型工厂仍普遍采用手工刃磨。因此,车工必须掌握手工刃磨车刀的技术。

1. 砂轮的选用

常用的砂轮有氧化铝和碳化硅两类,刃磨时必须根据刀具材料来选定。

(1)氧化铝砂轮　也称刚玉砂轮,多呈白色,其砂粒韧性好,比较锋利,但硬度稍低(指磨粒容易从砂轮上脱落),适于刃磨高速钢车刀和硬质合金的刀柄部分。

(2)碳化硅砂轮　多呈绿色,其砂粒硬度高,切削性能好,但较脆,适于刃磨硬质合金车刀。

2. 车刀刃磨的方法和步骤

现以90°硬质合金(YT15)外圆车刀为例,介绍手工刃磨车刀的方法。

(1)选用氧化铝砂轮　先磨去车刀前面、后面上的焊渣,并将车刀底面磨平。

(2)粗磨后面(图2.2-8)　先粗磨主、副后面的刀柄部分,以形成后隙角。刃磨时,在略高于砂轮中心的水平位置处将车刀翘起一个比刀体上的后角大2°~3°的角度,以便再刃磨刀体上的主后角和副后角。

图 2.2-8　磨主、副后面
(a)磨主后面　(b)磨副后面

再把车刀已磨好的后隙面靠在砂轮的外圆上,以接近砂轮中心的水平位置为刃磨的起始位置,然后使刃磨位置继续向砂轮靠近,并作左右缓慢移动,当砂轮磨至刀刃处即可结束。这样可磨出偏角和后角。

(3)磨前面(图2.2-9)　以砂轮的端面磨出车刀的前面,并在磨前面的同时磨出前角。

　　(4)精磨主后面和副后面(图 2.2-10)　选用杯形绿色碳化硅砂轮或金刚石砂轮,保持砂轮平稳旋转,刃磨时将车刀底平面靠在调整好角度的托架上,使切削刃轻轻地靠住砂轮的端面上,并沿砂轮端面缓慢地左右移动,使砂轮磨损均匀、车刀刃口平直。

　　(5)车刀的手工研磨(图 2.2-11)　在砂轮上刃磨的车刀,其切削刃有时不够平滑光洁。手工刃磨的车刀还应用细油石研磨其刀刃。研磨时,手持油石在刀刃上来回移动,要求动作平稳、用力均匀。

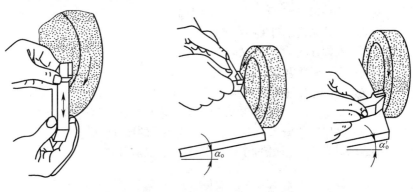

图 2.2-9　磨前面　　　　　　　　图 2.2-10　精磨主后面和副后面

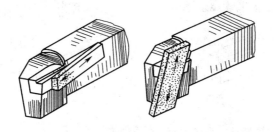

图 2.2-11　油石手工研磨

3. 磨刀安全知识

　　①刃磨刀具前,应首先检查砂轮有无裂纹,砂轮轴螺母是否拧紧,并经试转后使用,以免砂轮碎裂或飞出伤人;

　　②刃磨刀具不能用力过大,否则会因打滑而使手触及砂轮面,造成工伤事故;

　　③磨刀时应戴防护眼镜,以免砂砾和铁屑飞入眼中;

　　④磨刀时不要正对砂轮的旋转方向站立,以防意外。

　　刃磨时要控制好刀具的温度,刃磨的温度过高会降低刀具的硬度而影响其切削性能。手工刃磨刀具就是要靠手的感觉来控制温度,因而不要用布包着刀具刃磨。

刃磨高速钢刀具可用水冷却,以防止刀头过热;但刃磨硬质合金刀具,不得淬火冷却,以免突然冷却而使刀片受热不均产生裂纹。

2.2.6　车刀安装

1. 车刀在方刀架上装夹

按下列步骤进行车刀夹持:

①旋松刀架上的方头螺栓;

②放入车刀;

③调整刀头伸出长度;

④加减垫刀片来调整刀尖的高度;

⑤旋紧方头螺栓。

2. 安装刀具注意事项

在装夹车刀时必须注意下列事项:

①如图 2.2-12 所示,车刀装夹在刀架上的伸出部分应尽量短,以增强其刚性;伸出长度约为刀柄厚度的 1~1.5 倍。车刀下面垫片的数量要尽量少,一般为 1~2 片,并与刀架边缘对齐,且至少用两个螺钉平整压紧,以防振动。

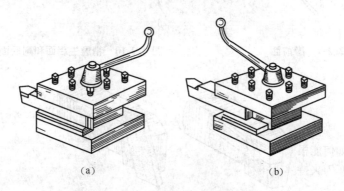

（a）　　　　　　　　　　　（b）

图 2.2-12　在方刀架装夹车刀

（a）正确　　（b）不正确

②如图 2.2-13（b）所示,车刀刀尖应与工件中心等高。如图 2.2-13（a）所示,若车刀刀尖高于工件轴线,会使车刀的实际后角减小,车刀后面与工件之间的摩擦增大;如图 2.2-13（c）所示,车刀刀尖低于工件轴线,会使车刀的实际前角减小,切削阻力增大。

如图 2.2-13（d）,（e）所示,刀尖不对中心,在车至端面中心时会留有凸头。使用硬质合金车刀时,若忽视此点,车到中心处会使刀尖崩碎。

为使车刀刀尖对准工件中心,可以用尾架顶尖高度作为参照来调整刀尖的高低。

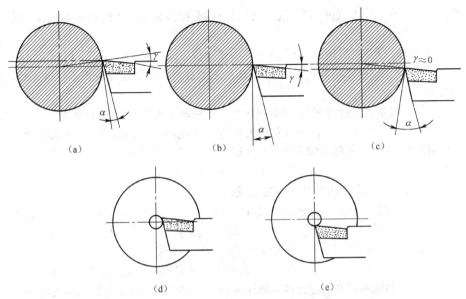

图 2.2-13 车刀刀尖应与工件中心等高

【任务小结】

如何选用一把合适的车刀？首先应针对不同的加工结构和加工方法,选用合适的刀具类型。应选用与加工对象匹配的刀具材料,注意刀具的力学性能、物理性能和化学性能,应针对不同的加工条件、加工要求合理选择刀具几何参数,应注意合理安装、连接刀具。

【思考与练习】

1. 说说刀具几何参数、刀具材料如何影响到刀具的性能?

2. 讨论如何能根据加工情况选用一把合适的车刀?

3. 讨论车刀夹持的操作要点,练习将90°车刀装夹在刀架上,并评论安装优劣。

任务2.3 熟悉车削装夹及操作

【学习目标】

1. 理解掌握车床装夹特点;

2. 了解常用车床通用夹具,能够正确使用常见的车床夹具。

【基本知识】

2.3.1 车削装夹特点

1. 车床夹具和数控车削夹具要求

在机床加工前,应预先确定工件在机床上的位置,并固定好,以接受加工或检

测。将工件在机床上或夹具中定位、夹紧的过程,称为装夹。工件的装夹包含了两个方面的内容:

(1)定位 确定工件在机床上或夹具中正确位置的过程,称为定位;

(2)夹紧 工件定位后将其固定,使其在加工过程中保持定位位置不变的操作,称为夹紧。

工件安装是否正确可靠,直接影响生产效率和加工质量,应该十分重视。

在车床上用于装夹工件的装置称为车床夹具,车床夹具用来定位、夹紧被加工工件,并带动工件一起随主轴旋转。车床通用夹具有三爪卡盘,四爪卡盘,弹簧卡套和顶尖等。

2. 车床工件设计基准与加工定位基准

适合车削的工件结构一般为回转体结构,回转面直径方向设计基准是其中心轴线,轴向设计基准通常设置在工件的某一端面。由于工件形状、大小的差异和加工精度及数量的不同,在加工时应分别采用不同的安装方法。

在车削加工中,较短轴类零件的定位方式通常采用一端圆柱面固定,即用三爪卡盘,四爪卡盘或弹簧套固定工件的圆柱表面。此定位方式对工件的悬伸长度有一定限制,工件悬伸过长,装夹刚度差,工件在切削过程中容易产生变形,增大加工误差,甚至脱落。

对于切削长度较长的轴类零件可以采用一夹一顶,或两顶尖定位。

2.3.2 典型卡盘夹具及装夹

在车床加工中,大多数情况是使用工件或毛坯的外圆定位,以下几种夹具就是靠圆周来定位的夹具。

1. 三爪卡盘(图 2.3-1)

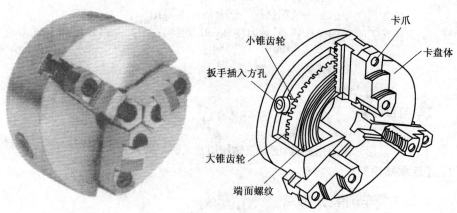

图 2.3-1 三爪卡盘

(1)三爪卡盘特点 三爪卡盘是最常用的车床通用夹具。三爪卡盘是由一个大锥齿轮,三个小锥齿轮,三个卡爪组成。三个小锥齿轮和大锥齿轮啮合,大锥齿轮的背面有平面螺纹结构,三个卡爪等分安装在平面螺纹上。当用扳手扳动小锥齿轮时,大锥齿轮便转动,它背面的平面螺纹就使三个卡爪同时向中心靠近或退出。因为平面矩形螺纹的螺距相等,所以三爪运动距离相等,有自动定心的作用。

三爪卡盘最大的优点是可以自动定心,夹持范围大,装夹速度快,但定心精度存在误差,不适于同轴度要求高的工件的二次装夹。

为了防止车削时因工件变形和振动影响加工质量,工件在三爪卡盘中装夹时,其悬伸长度不宜过长,避免工件被车刀顶弯、顶落,造成打刀甚至人身事故。一般工件直径≤30mm,其悬伸长度应不大于直径的 3 倍;若工件直径>30mm,其悬伸长度应不大于直径的 4 倍。

(2)卡爪 CNC 车床有两种常用的标准卡盘卡爪,是硬卡爪和软卡爪,如图 2.3-2 所示。

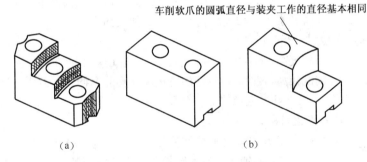

车削软爪的圆弧直径与装夹工作的直径基本相同

(a)   (b)

图 2.3-2 三爪卡盘的硬卡爪和软卡爪
(a)硬爪   (b)软爪

当卡爪夹持在未加工面上,如铸件或粗糙棒料表面,需要大的夹紧力时,使用硬卡爪。通常为保证刚度和耐磨性,硬卡爪要进行热处理,硬度较高。

当需要减小两个或多个零件直径跳动偏差,以及在已加工表面不希望有夹痕时,则应使用软卡爪。软卡爪通常用低碳钢制造。软爪在使用前,为配合被夹持工件,要进行镗孔加工。

软爪装夹的最大特点是工件虽经多次装夹仍能保持一定的位置精度,大大缩短了工件的装夹校正时间。

2. 可调卡爪式四爪卡盘(图 2.3-3)

可调卡爪式四爪卡盘的四个基体卡座上的卡爪,可通过 4 个螺杆手动旋转移动径向位置,能单独调整各卡爪的位置使零件夹紧、定位。加工前,要把工件加工面中心对中到卡盘(主轴)中心,由于其装夹后不能自动定心,因此需要用更多的时间来夹紧和对正零件。

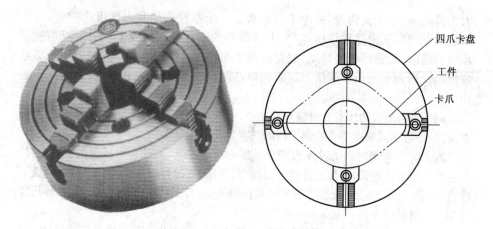

四爪卡盘

工件

卡爪

图 2.3-3 可调卡爪式四爪卡盘

可调卡爪式四爪卡盘适合装夹形状比较复杂的非回转体,如方形、长方形等。一般用于定位、夹紧不同轴或结构对称的零件表面。

3. 弹簧卡盘(图 2.3-4)

弹簧卡盘定心精度高,装夹工件快捷方便,常用于精加工的外圆表面定位。它特别适用于尺寸精度较高,表面质量较好的冷拔圆棒料的夹持。它夹持工件的内孔是规定的标准系列,并非任意直径的工件都可以进行夹持。

4. 液压动力卡盘(图 2.3-5)

三爪卡盘常见的夹紧方式有机械式和液压式两种。液压卡盘,能自动松开夹紧,动作灵敏、装夹迅速、方便,能实现较大压紧力,提高生产率和减轻劳动强度。但夹持范围变化小,尺寸变化大时需重新调整卡爪位置。

图 2.3-4 弹簧卡盘

图 2.3-5 液压式三爪卡盘

自动化程度高的数控车床经常使用液压卡盘,尤其适用于批量加工。

液压动力卡盘夹紧力的大小可通过调整液压系统的油压进行控制,以适应棒料、盘类零件和薄壁套筒零件的装夹。

2.3.3 轴类零件中心孔定位装夹

中心孔定位夹具在两顶尖间安装工件。对于长度尺寸较大或加工工序较多的轴类零件，为保证每次装夹时的装夹精度，可用两顶尖装夹。中心孔定位的优点是定心正确可靠，安装方便，主要用于精度要求较高的零件加工。

1. 中心孔

中心孔是轴类零件在顶尖上安装的常用定位基准。中心孔的形状应正确，表面粗糙度应适当。中心孔的形状通常有四种：A 型（不带护锥）、B 型（带护锥）、C 型（带螺纹孔）和 R 型（带弧型）。

（1）A 型中心孔　由圆柱部分和圆锥部分组成。圆锥孔的圆锥角为 60°，与顶尖锥面配合，因此锥面表面质量要求较高。一般适用于不需要多次装夹或不保留中心孔的工件，如图 2.3-6(a) 所示。

（2）B 型中心孔　是在 A 型中心孔的端部多一个 120° 的圆锥面，目的是保护 60° 锥面，不让其拉毛碰伤。一般应用于多次装夹的工件，如图 2.3-6(b) 所示。

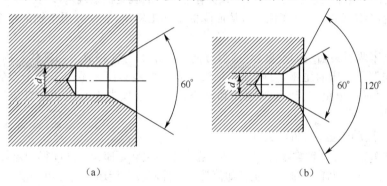

（a）　　　　　　　　　　　（b）

图 2.3-6　A 型、B 型中心孔

(a)A 型中心孔　(b)B 型中心孔

（3）C 型中心孔　外端形似 B 型中心孔，里端有一个比圆柱孔还要小的内螺纹，它可以将其他零件轴向固定在轴上，或将零件吊挂放置。

（4）R 型中心孔　是将 A 型中心孔的圆锥母线改为圆弧线，以减少中心孔与顶尖的接触面积，减少摩擦力，提高定位精度。

这四种中心孔的圆柱形孔部分作用是：储存油脂，避免顶尖触及工件，使顶尖与 60° 圆锥面配合贴紧。

2. 顶尖

工件装在主轴顶尖和尾座顶尖之间，顶尖作用是进行工件的定位，并承受工件的重量和切削力。如图 2.3-7 所示为常见的各种顶尖。

顶尖一般可分为普通顶尖（死顶尖）和回转顶尖（活顶尖）两种。

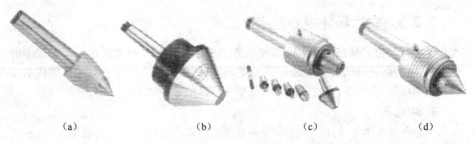

（a） （b） （c） （d）

图 2.3-7 各种顶尖

（a）普通顶尖 （b）伞形顶尖 （c）可替换顶尖 （d）可注油回转顶尖

普通顶尖刚性好，定位准确，但与工件中心孔之间因产生滑动摩擦而发热过多，容易将中心孔或顶尖"烧坏"，因此，尾架上是死顶尖，则轴的右中心孔应涂上黄油，以减小摩擦。死顶尖适用于低速加工精度要求较高的工件。

活顶尖将顶尖与工件中心孔之间的滑动摩擦改成顶尖内部轴承的滚动摩擦，能在很高的转速下正常地工作。但活顶尖存在一定的装配积累误差，以及当滚动轴承磨损后，会使顶尖产生径向摆动，从而降低了加工精度，故一般用于轴的粗车或半精车。

车床两顶尖轴线如不重合（前后方向），车削的工件将成为圆锥体。因此，必须横向调节车床的尾座，使两顶尖轴线重合。尾座套筒在不与车刀干涉的前提下，应尽量伸出短些，以增加刚性和减小振动。两顶尖中心孔的配合应该松紧适当。

3. 拨动卡盘、拨齿顶尖

在车床上加工轴类零件时，工件装在主轴顶尖和尾座顶尖之间得到定位；但另外一个问题必须解决，那就是主轴如何带动工件旋转以传递切削力矩。带动工件旋转的方法通常有：在主轴上安装拨动卡盘和拨齿顶尖，用平行对分夹头或鸡心夹头带动工件旋转。

自动夹紧拨动卡盘的结构如图 2.3-8 所示。工件安装在顶尖和车床的尾座顶尖之间。当旋转车床尾座螺杆并向主轴方向顶紧工件时，顶尖也同时顶压起着自动复位作用的弹簧，最终触动拨动触头夹紧工件，并将机床主轴的转矩传给工件。

车削加工中常用的拨动顶尖有内、外拨动顶尖和端面拨动顶尖两种。内、外拨动顶尖的锥面带齿，能嵌入工件，拨动工件旋转。端面拨动顶尖利用端面拨爪带动工件旋转。

如图 2.3-9 所示为拨齿顶尖结构。壳体可通过标准变径套或直接与车床主轴孔连接，拨齿套通过螺钉与壳体连接。

如图 2.3-10 所示，用平行对分夹头或鸡心夹头夹紧工件一端的适当部位，拨杆伸出贴近卡盘卡爪或插入拨盘的凹槽中，通过主轴上卡盘或拨盘带动工件旋转。

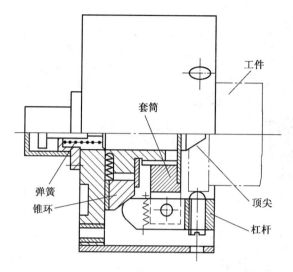

图 2.3-8　自动夹紧拨动卡盘结构

4. 卡盘与顶尖一夹一顶装夹

　　用两顶尖装夹车削轴类工件的优点虽然很多,但其刚性较差,尤其对粗大笨重工件安装时的稳定性不够,切削用量的选择受到限制。这时通常选用一端用卡盘夹住另一端用顶尖支撑来安装工件,即一夹一顶安装工件,如图 2.3-11 所示。一夹一顶安装工件比较安全、可靠,能承受较大的轴向切削力,因此它是车工常用的装夹方法。但这

图 2.3-9　拨齿顶尖结构

种方法对于相互位置精度要求较高的工件,在调头车削时校正较困难。

　　为了防止工件由于切削力的作用而产生轴向位移,必须在卡盘内装一限位支承〔图 2.3-11(a)〕,或利用工件的台阶限位〔图 2.3-11(b)〕,这样能承受较大的轴向切削力,轴向定位准确。

【实践操作】

2.3.4　在三爪卡盘上安装工件

1. 三爪卡盘装夹工件步骤

按以下步骤用三爪卡盘装夹工件:

　　①将卡盘扳手的方榫插入卡盘外圆壳的一个方孔,逆时针旋转,松开卡爪;

　　②工件在卡爪间放正,注意工件放入深度和伸出长度的合理性,伸出长度不影响车削;

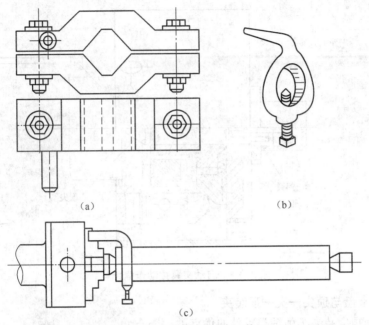

(a)　　　　　　　　　　　　　　　　　　(b)

(c)

图 2.3-10　用夹头装夹工件
(a)平行对分夹头　(b)鸡心夹头　(c)用鸡心夹头装夹工件

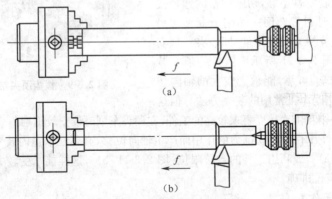

(a)

(b)

图 2.3-11　一夹一顶安装工件
(a)用限位支承　(b)用工件台阶限位

③轻轻夹紧，开动机床，使主轴低速旋转，检查工件有无偏摆，若有偏摆应停车，用小锤轻敲校正；

④顺时针旋转卡盘扳手，使三爪夹紧工件；

⑤工件夹紧后，必须取下卡盘扳手，放在规定的地方。

2. 三爪卡盘装夹找正

三爪卡盘的三个卡爪是同步运动的，能自动定心；但在安装较长的工件时，工件离卡盘夹持部分较远处的旋转中心不一定与车床主轴中心重合,这时必须找正。对于精度要求较高的工件在加工余量较小的情况下,外圆和端面的校正必须同时兼顾。

(1)轴类零件的装夹外圆找正

①用划针校正。粗加工时,常用目测或划针校正毛坯表面。划针校正方法是先用卡盘轻轻夹住工件,将划线盘放置在适当位置,将划针尖端触向工件悬伸端处圆柱表面,如图2.3-12(a)所示。用手轻拨卡盘使其缓慢转动,观察划针尖与工件表面接触情况,并用铜锤轻击工件悬伸端,直至全圆周划针与工件表面间隙均匀一致,校正结束,夹紧工件。

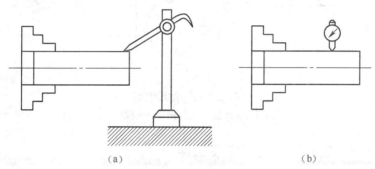

图 2.3-12 外圆找正

(a)用划针校正 (b)用百分表校正

②用百分表校正。精加工时,用百分表校正。其方法是先用卡盘轻轻夹住工件,用划针盘校正(方法同上),将磁性表座吸在车床固定不动的表面(如导轨面)上,调整表架位置使百分表触头垂直指向工件悬伸端外圆柱表面,如图2.3-12(b)所示,使百分表接头预先压下1~2mm。然后将主轴箱变速手柄置于空挡位置,用手扳动卡盘缓慢转动,观察百分表变化情况;找出百分表读数最大位量,说明工件外圆偏向这个方向,应用铜锤轻击工件悬伸端;如果百分表读数没有变化,则应松开卡爪,在百分表读数最大位置的卡爪上垫铜皮(垫铜皮厚度为1.5倍偏心量)。工件旋转一周,百分表读数在圆周上各个位置达到工件精度要求为止校正结束,最后夹紧工件。

(2)盘套类零件的装夹

①用圆头铜棒校正。在刀架上装夹一圆头铜棒,再轻轻夹紧工件,然后使卡盘低速带动工件转动;移动床鞍,使刀架上的圆头棒轻轻接触和挤压工件端面的外缘(工件端面已粗加工),观察工件端面大致与轴线垂直后退出铜棒,停止旋转,并夹紧工件,如图2.3-13(a)所示。

②用百分表校正。首先,用卡盘轻轻夹住工件,调整表架位置使百分表触头垂直指向工件,可将百分表触头垂直指向工件端面的外缘处,使百分表接头预先压下0.5~1mm;然后,扳动卡盘缓慢转动,并校正工件至每转中百分表读数的最大差值

在 0.03mm 以内(或达到工件精度要求),夹紧工件,如图 2.3-13(b)所示。

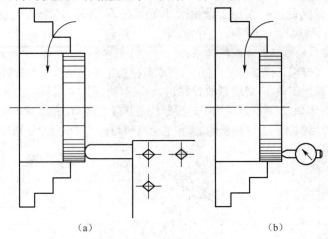

（a）　　　　　　　　　　　　　　　（b）

图 2.3-13　校正端面

(a)圆头铜棒校正　　(b)用百分表校正端面

2.3.5　在两顶尖之间安装工件

1. 加工中心孔

两顶尖安装工件前必须在工件的两端面钻出合适的中心孔。中心孔必须圆整、光洁、角度正确,而且轴两端中心孔轴线必须同轴。

中心孔的尺寸以圆柱孔直径 D 为基本尺寸,它是选取中心钻的依据。直径在 $\phi6.3$mm 以下的中心孔常用高速钢制成的中心钻直接钻出。钻中心孔的步骤:

(1)在钻夹头上安装中心钻　如图 2.3-14 所示,用钻夹头钥匙逆时针方向旋转钻夹头的外套,使钻夹头的三个爪张开,然后将中心钻插入三个夹爪中间,再用钻夹头钥匙顺时针方向转动钻夹头外套,通过三个夹爪将中心钻夹紧。

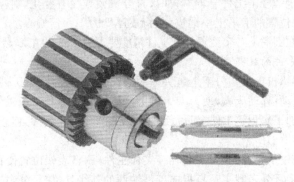

图 2.3-14　用钻夹头安装中心钻

（2）**钻夹头在尾座锥孔中安装**　先擦净钻夹头柄部和尾座锥孔,然后用左手握钻夹头,沿尾座套轴线方向将钻夹头锥柄部用力插入尾座套锥孔中。

（3）**校正尾座中心**　工件装夹在卡盘上,启动车床、移动尾座,使中心钻接近工件端面,观察中心钻钻头是否与工件旋转中心一致,并校正尾座中心使之一致,然后紧固尾座。

（4）**转速的选择和钻削**　由于中心钻直径小,钻削时应取较高的转速,进给量应小而均匀,切勿用力过猛。当中心钻钻入工件后应及时加切削液冷却润滑。钻毕时,中心钻在孔中应稍作停留,然后退出,以修光中心孔,提高中心孔的形状精度和表面质量。

2. 尾座的设置

尾座可以沿 Z 轴滑动并支撑工件,尾座可以紧固在床身上。尾座的一般设置过程是:

①松开锁紧螺钉;

②将尾座滑动到需要的位置。套筒尽量伸出短些,以减小振动;

③允许尾座轴回缩,装、卸工件;

④拧紧尾座锁紧螺钉;

⑤检验主轴顶尖是否对中。

3. 两顶尖间的工件装夹

两顶尖间的工件装夹的一般步骤是:

①先分别安装前、后顶尖,然后向床头方向移动尾座,对准前、后顶尖中心,根据工件的长度调整好尾座位置并紧固;

②用鸡心夹头或平行对分夹头夹紧工件一端的适当部位,拨杆伸出轴端;

③用左手托起工件将夹有鸡心夹头的一端中心孔放置在前顶尖上,并使拨杆贴近卡盘卡爪或插入拨盘的凹槽中,以通过卡盘(或拨盘)来带动工件旋转;

④右手转动尾座手轮,使后顶尖顶入工件尾端中心孔,其松紧程度以工件可以灵活转动又没有轴向窜动为宜;如果后顶尖用固定顶尖支顶,应加润滑脂;然后将尾座套筒的锁紧手柄压紧。

【任务小结】

通过本任务的学习我们知道,车削装夹时要求工件回转面中心与主轴同轴,端面要与主轴垂直且轴向位置确定。各种卡盘,适用于盘类零件和短轴类零件加工的装夹;中心孔、顶尖定位安装工件的夹具,适用于长度尺寸较大或加工工序较多的轴类零件装夹。

【思考练习】

1. 总结车削装夹特点。

2. 思考卡盘夹具特点和装夹要点。

3. 对轴类零件中心孔定位装夹的认识。

4. 机床上练习三爪卡盘自定心装夹操作、一夹一顶的安装操作。

任务 2.4　熟悉常用量具及应用

【学习目标】

1. 初步认识车削加工中使用的常用量具；

2. 学会用卡尺、百分尺、百分表对工件进行测量。

【学习内容】

2.4.1　认识游标卡尺，学会使用

游标卡尺是车工应用最多的通用量具。其测量精度有 0.02mm 和 0.05mm 两个等级。游标卡尺的式样较多，现以常用的游标卡尺为例来说明它的结构。

1. 游标卡尺的结构

两用游标卡尺主要由尺身 3 和游标 5 组成，如图 2.4-1 所示。旋松固定游标用的螺钉 4 即可移动游标调节内外量爪开口大小进行测量。下量爪 1 用来测量工件的外径和长度，内量爪 2 可以测量孔径或槽宽及孔距，深度尺 6 可用来测量工件的深度和台阶的长度。

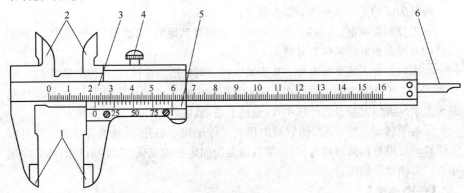

图 2.4-1　两用游标卡尺
1. 下量爪　2. 内量爪　3. 尺身　4. 螺钉　5. 游标　6. 深度尺

双面游标卡尺的结构如图 2.4-2 所示。与两用游标卡尺相比，在其游标 3 上增加微调装置 5。拧紧固定微调装置的螺钉 4，松开螺钉 2，用手指转动螺母 6，通过小螺杆 7 即可微调游标。上量爪 1 用以测量外沟槽的直径或工件的孔距，内、外量爪 8 用来测量工件的外径和孔径。测量孔径时，游标尺的读数值必须加内、外量爪的厚度 b（通常 $b=10mm$）。

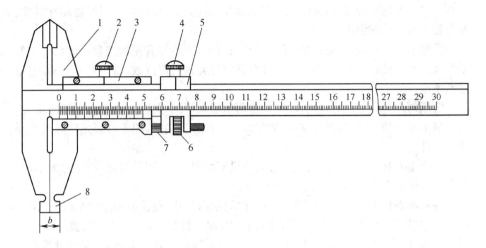

图 2.4-2　双面游标卡尺

1. 上量爪　2,4. 螺钉　3. 游标　5. 微调　6. 螺母　7. 螺杆　8. 内外量爪

2. 游标卡尺的使用方法（图 2.4-3）

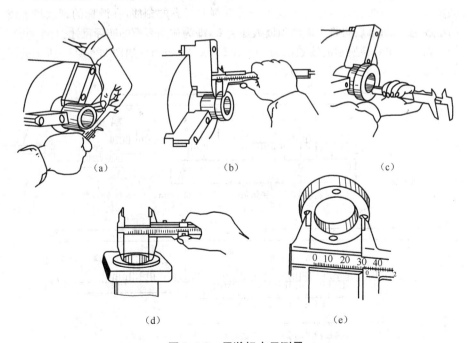

（a）　　　　　　　（b）　　　　　　　（c）

（d）　　　　　　　　　（e）

图 2.4-3　用游标卡尺测量

①测量前应把卡尺揩干净,检查卡尺的两个测量面和测量刃口是否平直无损,

把两个量爪紧密贴合时,应无明显的间隙,同时游标和主尺的零位刻线要相互对准。这个过程称为校对游标卡尺的零位。

②移动尺框时,活动要自如,不应过松或过紧,更不能有晃动现象。量爪与工件被测表面保持良好接触,取得尺寸后最好把螺钉旋紧后再读数,以防尺寸变动,使得读数不准。

③用两用游标卡尺测量内尺寸时,将两爪插入所测部位,如图 2.4-3(d)所示,这时尺身不动,将游标作适当调整,使测量面与工件轻轻接触,切不可预先调好尺寸硬去卡工件。

④测量力要适当。测量力太大会造成尺框倾斜,产生测量误差;测量力太小,卡尺与工件接触不良,使测量尺寸不准确。

⑤双面游标卡尺用下量爪的外测量面测量内尺寸,在读取测量结果时,一定要把量爪的厚度加上去。即游标卡尺上的读数,加上量爪的厚度,才是被测零件的内尺寸。测量范围在 500mm 以下的游标卡尺,量爪厚度一般为 10mm。但当量爪磨损和修理后,量爪厚度就要小于 10mm,读数时这个修正值也要考虑进去。

3. 游标卡尺识读

读数前应明确所用游标尺的测量精度。读数时先读出游标零线左边在尺身上的整数毫米值;接着在游标尺上找到与尺身刻线对齐的刻线,在游标的刻度尺上读出小数毫米值;然后再将上面两项读数加起来,即为被测表面的实际尺寸。

如图 2.4-4(a)所示的读数值为:$0+0.22=0.22$(mm);如图 2.4-4(b)所示的读数值为:$60+0.48=60.48$(mm)。

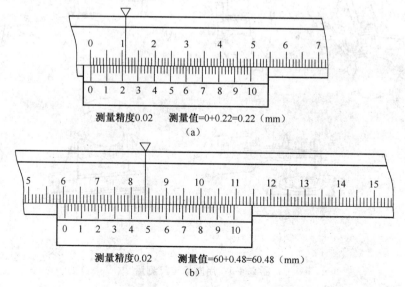

图 2.4-4 游标卡尺测量示例

2.4.2　认识百分尺，学会应用

应用螺旋测微原理制成的量具，称为螺旋测微量具。它们的测量精度比游标卡尺高，并且测量比较灵活，因此，当加工精度要求较高时多被应用。常用的螺旋读数量具有百分尺和千分尺。百分尺的读数值为 0.01mm，千分尺的读数值为 0.001mm。工厂习惯上把百分尺和千分尺统称为百分尺或分厘卡。目前车间里大量用的是百分尺。

百分尺的种类很多，按用途可分为外径百分尺、内径百分尺、深度百分尺、内测百分尺、螺纹百分尺和壁厚百分尺等。

由于测微螺杆的长度受到制造上的限制，其移动量通常为25mm，所以外径百分尺等的测量范围分别为 0～25mm，25～50mm，50～75mm，75～100mm，…，每隔25mm 为一挡规格。

1. 外径百分尺的结构

各种百分尺的结构大同小异，常用外径百分尺是用以测量或检验零件的外径、凸肩厚度以及板厚或壁厚等（测量孔壁厚度的百分尺，其量面呈球弧形）。百分尺由尺架、测微头、测力装置和制动器等组成。如图 2.4-5 所示是外径百分尺。尺架的一端装着固定量杆头，另一端装着测微螺杆。固定量杆头和测微螺杆的测量面上都镶有硬质合金，以提高测量面的使用寿命。尺架的两侧面覆盖着绝热板，使用百分尺时，手拿在绝热板上，防止人体的热量影响百分尺的测量精度。

图 2.4-5　外径百分尺
1. 尺架　2. 锁紧装置　3. 测力装置　4. 微分筒　5. 测微螺杆　6. 固定量杆

2. 外径百分尺的读数方法

百分尺以测微螺杆的运动对零件进行测量，螺杆的螺距为 0.5mm，当微分筒转一周时，螺杆移动 0.5mm，固定套筒刻线每格 0.5mm；微分筒斜圆锥面周围共刻 50 格，当微分筒转一格，测微螺杆就移动 0.5÷50＝0.01(mm)。读数步骤：

①读出微分筒左面固定套筒上露出的刻线整数及半毫米值；

②找出微分筒上哪条刻线与固定套筒上的轴向基准线对准,读出尺寸的毫米小数值;

③把固定套筒上读出的毫米整数值与微分筒上读出的毫米小数值相加,即为测得的实际尺寸,如图 2.4-6 所示。

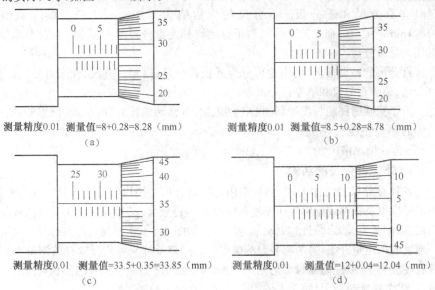

测量精度0.01　测量值=8+0.28=8.28（mm）
（a）

测量精度0.01　测量值=8.5+0.28=8.78（mm）
（b）

测量精度0.01　测量值=33.5+0.35=33.85（mm）
（c）

测量精度0.01　测量值=12+0.04=12.04（mm）
（d）

图 2.4-6　百分尺测量值识读

3. 外径百分尺的使用方法

①用百分尺测量工件尺寸之前,应检查百分尺的"零位",即检查微分筒上的零线和固定套筒上的零线基准是否对齐,如图 2.4-7 所示,测量值中要考虑零位不准的示值误差,并加以校正。

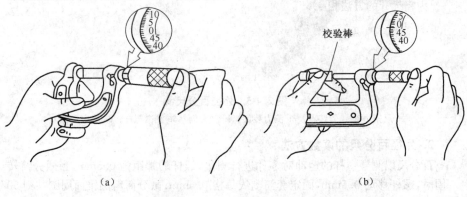

校验棒

（a）　　　　　　　　　　　　　　　　（b）

图 2.4-7　百分尺的零位检查
(a)0~25mm百分尺的零位检查　(b)大尺寸百分尺的零位检查

②使用前,应把百分尺的两个测砧面揩干净;转动测力装置时,微分筒应能自由灵活地沿着固定套筒活动,没有任何轧卡和不灵活的现象。

③用百分尺测量零件时,百分尺可单手握,如图 2.4-8(a)所示;或双手握,如图 2.4-8(b)所示。测量时,要使测微螺杆与零件被测量的尺寸方向一致;如测量外径时,测微螺杆要与零件的轴线垂直,不要歪斜。

④用百分尺测量零件时,应当手握测力装置的转帽来转动测微螺杆,使测砧表面保持标准的测量压力,即听到嘎嘎的声音,表示压力合适,并可开始读数。要避免因测量压力不等而产生测量误差。

⑤用百分尺测量零件时,最好在零件上进行读数,放松后取出百分尺,这样可减少测砧面的磨损。如果必须取下读数时,应用制动器锁紧测微螺杆后,再轻轻滑出零件,因这样做不但易使测量面过早磨损,甚至会使测微螺杆或尺架发生变形而失去精度。

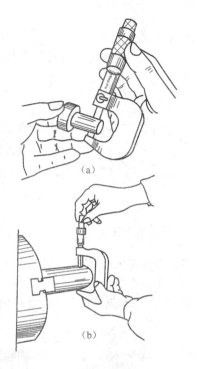

图 2.4-8　百分尺的使用方法
(a)单手使用　(b)双手使用

4. 内测百分尺及使用

内测百分尺是内径百分尺的一种特殊形式,使用方法如图 2.4-9 所示。这种百分尺的刻线方向与外径百分尺相反,当顺时针旋转微分筒时,活动爪向右移动,测量值增大,可用于测量 5～30mm 的孔径。使用方法与使用游标卡尺的内外量爪测量内径尺寸的方法相同。分度值为 0.01mm。

2.4.3　认识百分表及使用

1. 百分表简介

百分表和千分表,都是用来校正零件或夹具的安装位置,检验零件的形状精度或相互位置精度的。它们的结构原理没有什么大的不同,就是千分表的读数精度比较高,即千分的读数值为 0.001mm,而百分表的读数值为 0.01mm。车间里经常使用的是百分表。

钟表式百分表的外形如图 2.4-10 所示。表盘上刻有 100 个等分格,其刻度值(即读数值)为 0.01mm。当指针转一圈时,小指针即转动一小格,转数指示盘的刻度值为 1mm。百分表和千分表的测量杆是作直线移动的,可用来测量长度尺寸,百分表的测量范围(即测量杆的最大移动量),通常有 0～3mm,0～5mm,0～10mm 的三

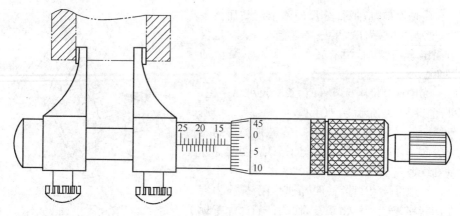

图 2.4-9　内测百分尺及使用

种。钟表式百分表在测量时其量杆必须垂直于被测量的工件表面。

如图 2.4-10 所示,还有一种杠杆式百分表,它是利用杠杆齿轮放大原理制成,其球面测杆可根据测量需要转动测头位置。

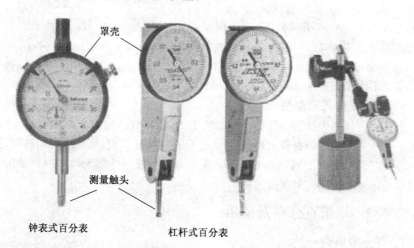

罩壳

测量触头

钟表式百分表　　　杠杆式百分表

图 2.4-10　百分表

百分表在使用前,应通过转动罩壳,使长指针对准"0"位。

2. 百分表的应用举例(图 2.4-11)

(1)径向圆跳动的测量　将工件支撑在车床上的两顶尖之间,百分表的测量头与工件被测部分的外圆接触,并预先将测头压下 1mm 以消除间隙,当工件转过一圈,百分表读数的最大差值就是该测量面上的径向圆跳动误差。按上述方法测量若干个截面,各截面上测得圆跳动量中的最大值就是该工件的径向圆跳动。

　　（2）端面圆跳动的测量
若将百分表测量触头与所需测
量的端面接触，并预先使测头
压下 1mm，当工件转过一圈，百
分表读数的最大差值即为该直
径测量面上的端面圆跳动误
差。按上述方法在端面的若干
直径处测量，其端面圆跳动量
最大值为该工件的端面圆跳动
误差。

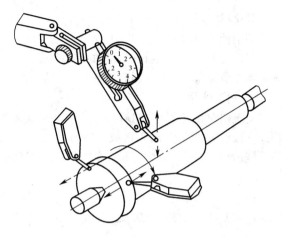

图 2.4-11　用百分表测量圆跳动

【任务小结】

　　本次任务主要认识了游标
卡尺、百分尺、百分表等常用量
具，对量具结构的熟悉和对测量原理的了解，是正确使用量具的前提，在量具使用时
要注意测量方法、识读方法，力求提高测量精度。

【思考与练习】

　　1. 研究一下游标卡尺、百分尺，说说它们相对直尺能提高测量精度的原因。

　　2. 总结一下游标卡尺、百分尺、百分表使用要点和测量值的读数方法。

　　3. 用游标卡尺、百分尺对一个典型的套类零件进行内径、外径、长度、深度的测
量练习，并在同学间进行测量结果比对。

任务 2.5　了解切削液的应用

【学习目标】

　　1. 初步认识切削液的作用；

　　2. 了解几种切削液的特性及其选用。

【基本知识】

2.5.1　切削液的作用

　　切削液又称冷却润滑液，是在车削过程中为了改善切削效果而使用的液体。在
车削过程中，金属切削层发生了变形，在切屑与刀具间、刀具与加工表面间存在着剧
烈的摩擦。这些都会产生很大的切削力和大量的切削热。若在车削过程中合理地
使用冷却润滑液，不仅能改善表面粗糙度，减小 15%～30% 的切削力，而且还会使切
削温度降低 100～150℃，从而提高了刀具的使用寿命、劳动生产率和产品质量。切
削液有以下三方面的作用：

1. 冷却作用

切削液能吸收并带走切削区域大量的切削热,能有效地改善散热条件、降低刀具和工件的温度,从而延长了刀具的使用寿命,防止工件因热变形而产生的误差,为提高加工质量和生产效率创造了极为有利的条件。

2. 润滑作用

由于切削液能渗透到切屑、刀具与工件的接触面之间,并黏附在金属表面上,而形成一层极薄的润滑膜,则可减小切屑、刀具与工件间的摩擦,降低切削力和切削热,减缓刀具的磨损,因此有利于保持车刀刃口锋利,提高工件表面加工质量。

3. 冲洗作用

在车削过程中,加注有一定压力和充足流量的切削液,能有效地冲走黏附在加工表面和刀具上的微小切屑及杂质,减少刀具磨损,提高工件表面粗糙度。

2.5.2 了解切削液的种类

切削液按油品化学组成分为非水溶性液(油基)和水溶性液(水基)两大类。

1. 水基的切削液

水基的切削液可分为乳化液、半化学合成切削液和全化学合成切削液。

乳化液的成分:矿物油 50%～80%,脂肪酸 0～30%,乳化剂 15%～25%,防锈剂 0～5%,防腐剂<2%,消泡剂<1%。

车间常用的乳化液由乳化油加 15～20 倍的水稀释而成。乳化油是由基础油加入适量的防锈剂、乳化剂等而制得的一种产品。油基外观在常温下为棕黄色至浅褐色半透明均匀油体。乳化油与水按一定比例混合,调制成乳化液,具有防锈、清洗、极压性能,适用于金属加工、切削等过程中作为冷却液使用。

半化学合成切削液的成分:矿物油 0～30%,脂肪酸 5%～30%,极压剂 0～20%,表面活性剂 0～5%,防锈剂 0～10%。

全化学合成切削液的成分:表面活性剂 0～5%,氨基醇 10%～40%,防锈剂 0～40%。

2. 非水溶性液(油基)

非水溶性液(油基),又称切削油,主要成分是矿物油,少数采用动物油或植物油。

常用的切削油是黏度较低的矿物油,如 10 号、20 号机油和轻柴油、煤油等。由于纯矿物油的润滑效果不理想,通常在其中加入一定量的添加剂和防锈剂,以提高其润滑性能和防锈性能。

动、植物油作切削油虽然能形成较牢固的润滑膜,润滑效果较好,但因容易变质,而使其应用受到限制。

3. 油基切削液和水基切削液的区别

油基切削液的润滑性能较好,冷却效果较差;水基切削液与油基切削液相比润滑性能相对较差,冷却效果较好。慢速切削要求切削液的润滑性要强,一般来说,切削速度低于 30m/min 时使用切削油。

含有极压添加剂的切削油,不论对任何材料的切削加工,当切削速度不超过 60m/min 时都是有效的。在高速切削时,由于发热量大,油基切削液的传热效果差,会使切削区的温度过高,导致切削油产生烟雾、起火等现象,并且由于工件温度过高产生热变形,影响工件加工精度,故多用水基切削液。

乳化液把油的润滑性和防锈性与水的极好冷却性结合起来,同时具备较好的润滑冷却性,因而对于大量热生成的高速低压力的金属切削加工很有效。与油基切削液相比,乳化液的优点在于较大的散热性,清洗性,用水稀释使用而带来的经济性以及有利于操作者的卫生和安全而使他们乐于使用。实际上除特别难加工的材料外,乳化液几乎可以用于所有的轻、中等负荷的切削加工及大部分重负荷加工,乳化液还可用于除螺纹磨削、槽沟磨削等复杂磨削外的所有磨削加工,乳化液的缺点是容易使细菌、霉菌繁殖,使乳化液中的有效成分产生化学分解而发臭、变质,所以一般都应加入毒性小的有机杀菌剂。

化学合成切削液的优点在于经济、散热快、清洗性强和极好的工件可见性,易于控制加工尺寸,其稳定性和抗腐败能力比乳化液强;但润滑性欠佳,这将引起机床活动部件的黏着和磨损,而且化学合成留下的黏稠状残留物会影响机器零件的运动,还会使这些零件的重叠面产生锈蚀。

2.5.3　切削液的应用

切削液的种类繁多,性能各异,在车削过程中应根据加工性质、工艺特点、工件和刀具材料等具体条件来合理选用。

1. 根据加工性质选用切削液

①粗加工为降低切削温度、延长刀具寿命,应选择冷却作用为主的乳化液。

②精加工为了减少切屑、工件与刀具间的摩擦,保证工件的加工精度和表面质量,应选用润滑性能较好的极压切削油或高浓度极压乳化液。

③半封闭式加工如钻孔、铰孔和深孔加工时,刀具处于半封闭状态,排屑、散热条件均非常差。这样不仅使刀具容易退火、刀刃硬度下降、刀刃磨损严重,还严重地拉毛了加工表面。为此,须选用黏度较小的极压乳化液或极压切削油,并加大切削液的压力和流量,这样,一方面进行冷却、润滑,另一方面可将部分切屑冲刷出来。

2. 根据工件材料选用切削液

①一般钢件,粗车时选乳化液,精车时选硫化油。

②车削铸铁、铸铝等脆性金属,为了避免细小切屑堵塞冷却系统或黏附在机床上难以清除,一般不用切削液;但在精车时,为提高工件表面加工质量,可选用润滑性好、黏度小的煤油或 7%～10% 的乳化液。

③车削有色金属或铜合金时,不宜采用含硫的切削液,以免腐蚀工件。

④车削镁合金时,不能用切削液,以免燃烧起火。必要时,可用压缩空气冷却。

⑤车削难加工材料,如不锈钢、耐热钢等,应选用极压切削油或极压乳化液。

3. 根据刀具材料影响选用切削液

(1)高速钢刀具　这种材料的刀具允许的最高温度可达 600℃,强度、韧度高。使用高速钢刀具进行低速和中速切削时,建议采用油基切削液或乳化液;在高速切削时,由于发热量大,以采用水基切削液为宜。若使用油基切削液会产生较多油雾,污染环境,而且容易造成工件烧伤,加工质量下降,刀具磨损增大。

(2)硬质合金刀具　硬质合金的硬度大大超过高速钢,最高允许工作温度可达 1000℃,具有优良的耐磨性能,但强度、韧度不及高速钢。

在选用切削液时,要考虑硬质合金对骤热的敏感性,尽可能使刀具均匀受热,否则会导致崩刃。在加工一般的材料时,经常采用干切削。但同时要顾虑的是,干切削时,工件因温升较高易产生热变形,影响加工精度;且在没有润滑的条件下切削,阻力大导致功耗增大,刀具磨损快。

一般油基切削液的热传导性能较差,使刀具产生骤冷的危险性要比水基切削液小,所以在选用切削液时,一般选用含有抗磨添加剂的油基切削液为宜。在使用冷却液进行切削时,要注意均匀地冷却刀具,在开始切削之前,最好预先用切削液冷却刀具。对于高速切削,要用大流量切削液喷淋切削区,以免造成刀具受热不均匀而产生崩刃,亦可减少由于温度过高产生蒸发而形成的油烟污染。

(3)陶瓷刀具、金刚石刀具　陶瓷刀具的高温耐磨性比硬质合金还要好。金刚石刀具具有极高的硬度。

陶瓷刀具、金刚石刀具一般采用干切削,但考虑到均匀的冷却和避免温度过高,也常使用水基切削液。

4. 使用切削液的注意事项

切削一开始,就应供给切削液,并要求连续使用。加注切削液的流量应充分,平均流量为 10~20L/min。切削液应浇注在过渡表面、切屑和前刀面接触的区域,因为此处产生的热量最多,最需要冷却润滑。

如下的一些场合应考虑选用油基切削液:当刀具的耐用度对切削的经济性占有较大比重时(如刀具价格昂贵、刃磨刀具困难、装卸辅助时间长等),高精密机床不允许有水混入的场合,机床的润滑系统和冷却系统容易串通的场合,不具备废液处理设备和条件的场合。

【任务小结】

本任务主要了解切削液的作用、种类和应用三个内容。如何利用好切削液以改善切削效果,是在理解切削液的特性、切削加工特性的基础上做出的合理决定。

【思考练习】

1. 思考切削液在切削加工中所起的作用。

2. 通过查阅资料和车间现场观察、访问,了解常用切削液的特性。

3. 思考合理应用切削液应考虑的因素。

任务2.6 用普通车床车削简单工件

【学习目标】

1. 熟悉车削加工操作,初步掌握刀具、夹具和量具等工具的应用;
2. 认识切削运动,体会切削用量的选用。

【基本知识】

2.6.1 应用刻度盘控制切削位置

车削工件时,为了准确和迅速地掌握切削深度,通常用中滑板或小滑板上的刻度盘来做进刀的参考依据。

中滑板的刻度盘装在横向进给丝杠端头上,当摇动横向进给丝杠一圈时,刻度盘也随之转一圈,这时固定在中滑板上的螺母就带动中滑板、刀架及车刀一起移动一个螺距。如果中滑板丝杠螺距为5mm,刻度盘分为100格,当手柄摇转一周时,中滑板就移动5mm;当刻度盘每转过一格时,中滑板移动量则为:

$$5 \div 100 = 0.05(\text{mm})$$

小滑板的刻度盘可以用来控制车刀短距离的纵向移动,其刻度原理与中滑板的刻度盘相同。

转动中滑板丝杠时,由于丝杠与螺母之间的配合存在间隙,滑板会产生空行程(即丝杠带动刻度盘已转动,而滑板并未立即移动)。所以使用刻度盘时要反向转动适当角度,消除配合间隙,然后再慢慢转动刻度盘到所需的格数,如图2.6-1(a)所示;如果多转动了几格,绝不能简单地退回,如图2.6-1(b)所示,而必须向相反方向退回全部空行程,再转到所需要的刻度位置,如图2.6-1(c)所示。

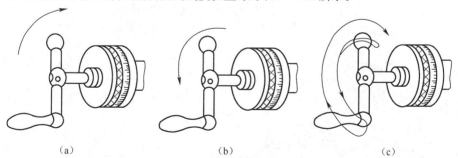

| (a) | (b) | (c) |

图2.6-1 消除刻度盘空行程的方法

由于工件是旋转的,用中滑板刻度盘指示的切削深度,实现横向进刀后,直径上被切除的金属层是切削深度的2倍。因此,当已知工件外圆还剩余加工余量时,中滑板刻度控制的切削深度不能超过此时加工余量的1/2;而小滑板刻度盘的刻度值,则直接表示工件长度方向的切除量。

2.6.2 车外圆的基本操作方法

将工件安装在卡盘上做旋转运动,车刀安装在刀架上使之接触工件并作相对纵向进给运动,便可车出外圆。车外圆的步骤:

(1)准备 根据图样检查工件的加工余量,做到车削前心中有数,大致确定分几次进行纵向进给。

(2)对刀 启动车床使工件旋转。左手摇动床鞍手轮,右手摇动中滑板手柄,使车刀刀尖靠近并轻轻地接触工件待加工表面,以此作为确定切削深度的零点位置。反向摇动床鞍手轮(此时中滑板手柄不动),使车刀向右离开工件3～5mm。

(3)进刀 摇动中滑板手柄,使车刀横向进给,其进给量为切削深度。

(4)试切削 试切削的目的是为了控制切削深度,保证工件的加工尺寸。车刀进刀后作纵向移动2mm左右时,纵向快退,停车测量。如尺寸符合要求,就可继续切削;如尺寸还大,可加大切削深度;若尺寸还小,则应减小切削深度。

(5)正常车削 通过试切削调节好切削深度便可正常车削。此时,可选择机动或手动纵向进给。当车削到所需部位时,退出车刀,停车测量。如此多次进给,直到被加工表面达到图样要求为止。

2.6.3 车端面和台阶的基本操作方法

1. 车端面

开动机床使工件旋转,移动小滑板或床鞍,控制切削深度,然后锁紧床鞍,如图2.6-2所示;摇动中滑板手柄作横向进给,由工件外缘向中心车削,如图2.6-3所示。

粗车时,一般选 $a_p = 2 \sim 5mm$, $f = 0.3 \sim 0.7mm/r$;精车时,一般选 $a_p = 0.2 \sim 1mm$, $f = 0.1 \sim 0.3mm/r$。车端面时的切削速度随着工件直径的减小而减小,计算时必须按端面的最大直径计算。

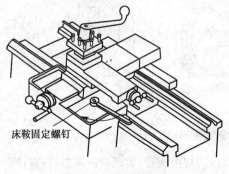

床鞍固定螺钉

图2.6-2 锁紧床鞍定位

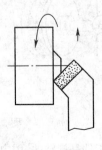

图2.6-3 端面车削

2. 车台阶

车台阶时,不仅要车削外圆,还要车削环形端面。因此,车削时既要保证外圆及台阶面长度尺寸,又要保证台阶平面与工件轴线的垂直度要求。

车台阶时,通常选用90°外圆偏刀。车刀的安装应根据粗、精车和余量的多少来调整。

粗车时为了增加切削深度,减少刀尖的压力,车刀安装时主偏角可小于90°;精车时为了保证台阶端面和轴线的垂直度,应取主偏角大于90°。

车削台阶工件,一般分粗、精车。粗车时要注意留下台阶面的精车余量。精车时,通常在机动进给精车外圆至近台阶处时,以手动进给代替机动进给;当车到台阶面时,应变纵向进给为横向进给,移动中滑板由里向外慢慢精车,以确保台阶端面对轴线的垂直度。

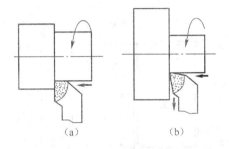

车削低台阶时,由于相邻两直径相差不大,可选90°偏刀,按图2.6-4(a)所示进给方式车削。车削高台阶时,由于相邻两直径相差较大,可选主偏角大于90°的偏刀,或主偏角约为93°安装,按图2.6-4(b)所示进给方式分多次进给。

图 2.6-4　台阶的车削方法
(a)车削低台阶　(b)车削高台阶

车削台阶时,准确掌握台阶长度是一个关键。对单件生产可先用钢直尺或样板量出台阶的长度尺寸,再用车刀刀尖在台阶的所在位置处车出细线,然后再车削。

另外,还可用床鞍纵向进给刻度盘控制台阶长度。如CA6140型车床,床鞍进给刻度盘一格等于1mm,据此,可根据台阶长度计算出床鞍进给时刻度盘手柄应转动的格数。

2.6.4　简单工件车削操作实践

1. 手动车削外圆、端面和倒角(图2.6-5)

毛坯是ϕ80mm×95mm棒料,用45°弯头刀车削外圆端面、外圆。加工步骤:

①用三爪自定心卡盘夹住工件外圆长20左右,找正并夹紧;

②粗、精车端面,外圆粗车至ϕ72$^{+0.6}_{+0.2}$;

③精车外圆至ϕ72±0.1,表面粗糙度 Ra 6.3,倒角2×45°;

④调头夹外圆并找正;粗、精车端面并保证总长90,外圆粗车至ϕ68$^{+0.6}_{+0.2}$,长45;

⑤精车外圆至ϕ68±0.1,表面粗糙度 Ra 6.3,两处倒角达到图样要求;

⑥检查外径和长度达到要求后取下工件。

2. 车台阶工件(图2.6-6)

毛坯是ϕ55mm×90mm棒料,参考如图2.6-4所示的台阶的车削方法,进行台阶车

削。加工步骤:

①用三爪自定心卡盘夹持外圆长 15 左右,并找正、夹紧;

②粗车端面,粗车外圆 $\phi50$ 和 $\phi40$,长 45,留精车单边余量 0.2;

③精车端面及外圆 $\phi40_{-0.1}^{0}$,长 45,并倒角 $2\times45°$,表面粗糙度 Ra 3.2;

④调头垫铜皮夹持 $\phi40_{-0.1}^{0}$ 外圆,找正卡爪处外圆、台阶及端面,粗、精车端面及外圆 $\phi50_{-0.1}^{0}$,使总长达到要求,表面粗糙度 Ra 3.2;

⑤倒角 $2\times45°$;

⑥检查尺寸,合格后取下工件。

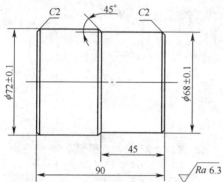

图 2.6-5 手动车削外圆、端面和倒角　　图 2.6-6 台阶工件图

【任务小结】

本次任务主要熟悉普通车床的车削操作,在操作实践中进一步掌握车床操作、工件装夹、刀具安装、工件测量等应会操作,在操作实践中进一步认识切削运动,体会切削用量。

【思考练习】

1. 思考应用刻度盘控制切削位置的方法。

2. 总结车外圆的基本操作要点。

3. 总结车端面和台阶的基本操作要点。

单元二　总结及练习

总　结

本单元我们认识了车削加工。车削是通过工件旋转与车刀进给合成切削运动,去除材料,加工回转面。加工前,要通过图纸看懂工件加工结构及要求;然后,通过卡盘或顶尖等夹具把工件定位夹紧在机床上。根据加工结构要求选择合适的刀具,并把它正确安装在刀架上。通过操纵机床,按合适的切削用量进行运动;同时,选择合适的切削液改善切削条件。对加工的结果用量具进行检测。

车床、车削刀具、夹具、量具的使用是本单元的学习重点,是数控车削加工操作的基础,读者要反复实践练习,务必学会。

综 合 练 习

一、判断

(　　)1. 普通车床主轴箱的功用是改变箱内齿轮啮合位置,使主轴获得不同的转速。

(　　)2. 进给箱的功用是改变箱内齿轮的啮合位置,使光杠、丝杠获得不同的转速,以满足车削螺纹和机动进给的需要。

(　　)3. 顺时针转动卡盘扳手工件被夹紧,逆时针转动卡盘扳手工件被松开。

(　　)4. 三爪自定心卡盘比四爪单动卡盘夹紧力要大。

(　　)5. 应使用卡盘的反爪夹持较小轴类工件,使用卡盘正爪夹持较大轴类工件。

(　　)6. 高速钢车刀比硬质合金车刀的冲击韧性好,故可承受较大的冲击力。

(　　)7. 高速钢车刀最大的特点是适宜高速切削。

(　　)8. 硬质合金车刀虽然比高速钢车刀的硬度高、耐磨性好,但不能承受较大的冲击力。

(　　)9. W18Cr4V牌号的高速钢车刀属钨系高速钢。

(　　)10. 粗车时一般选择较大的切削用量,但又不能使切削用量三要素同时增大。

(　　)11. 与工件过渡表面相对的车刀刀面称为前刀面。

(　　)12. 前刀面与主后刀面相交的部位是副切削刃。

(　　)13. 后刀面与切削平面之间的夹角称为后角。

(　　)14. 副切削刃在基面上的投影与背离走刀方向的夹角称为刃倾角。

(　　)15. 增大车刀前角可使车刀锋利,减小切削力,使工件的表面粗糙度值增大。

(　　)16. 减小后角不仅能使车刀刃口锋利,还能增加刀头强度。

(　　)17. 精车时应选择正值刃倾角,使切屑排向待加工表面。

(　　)18. 当刀尖位于主切削刃最低点时,刃倾角为正值。

(　　)19. 负值刃倾角有保护刀尖的作用。

(　　)20. 负前角能增大切削刃的强度,并能承受较大的冲击力。

(　　)21. 碳化硅砂轮硬度高、切削性能好,适应高速钢车刀的刃磨。

(　　)22. 刃磨硬质合金车刀时,应及时用水冷却,以防刀刃退火。

(　　)23. 使用切削液,不仅能降低切削温度,还能减小工件表面粗糙度值和延长刀具寿命。

(　　)24. 禁止在乳化液中加硫、氯等添加剂和防锈剂,以免降低润滑效果和防锈能力。

（ ）25. 粗车一般钢件时,应加乳化液。

（ ）26. 用高速钢车刀粗车时最好加乳化液,精车钢件时,可选用极压切削油或浓度较高的极压乳化液。

（ ）27. 使用硬质合金车刀,当车削温度高时加乳化液冷却,车削温度低时可以不加。

（ ）28. B型中心孔带120°的保护锥。

（ ）29. 由于中心钻的直径小,所以钻中心孔时,应取较低的转速。

（ ）30. 测量外圆直径,精度要求较低时选用游标卡尺,精度要求较高时选用百分尺。

（ ）31. 当端面圆跳动误差为零时,垂直度误差也一定为零。

（ ）32. 当工件需要多次调头装夹时,采用两顶尖间装夹比一夹一顶装夹容易保证加工精度。

（ ）33. 车削外圆时,若前、后顶尖不对正,则会出现锥度误差。

（ ）34. 车端面时的切削深度也是待加工表面与已加工表面之间的垂直距离。

（ ）35. 安装在刀架上的外圆车刀,刀尖高于工件中心切削时,前角增大、后角减少。

（ ）36. 使用游标卡尺时,要擦净尺身测量面和工件被测表面。

（ ）37. 车刀歪斜装夹,会影响车刀前角和后角的大小。

（ ）38. 钟表式百分表是利用杠杆齿轮放大原理制成的。

（ ）39. 工序较多,加工精度要求较高的工件,应采用B型中心孔。

（ ）40. 使用回转顶尖比使用固定顶尖车出的工件精度高。

二、选择

1. 车床的( )能把主轴箱的运动传递给进给箱。

A. 光杠、丝杠　　　B. 交换齿轮箱　　　C. 溜板箱

2. 切削用量中衡量主运动大小的参量是( )。

A. 切削深度　　　B. 进给量　　　C. 切削速度

3. 普通车床车削工件外圆时,切削速度是( )的。

A. 逐渐增大　　　B. 逐渐减小　　　C. 不变

4. 普通车床车削工件端面时,切削速度是( )的。

A. 逐渐增大　　　B. 逐渐减小　　　C. 不变

5. 用高速钢车刀进行精车时,应选择( )切削速度。

A. 较低的　　　B. 中等的　　　C. 较高的

6. 切削平面、基面和主截面之间有( )的关系。

A. 互相平行　　　B. 互相垂直　　　C. 互相倾斜

7. 前角为负值时,前刀面和切削平面之间的夹角(　　)0。

    A. 大于　　　　　　　　B. 小于　　　　　　　　C. 等于

8. 刃倾角为正值时切屑流向工件(　　)表面。

    A. 已加工　　　　　　　B. 待加工　　　　　　　C. 过渡

9. 精加工时车刀应取(　　)值的刃倾角。

    A. 零度　　　　　　　　B. 负　　　　　　　　　C. 正

10. 车削较软材料时,应选择(　　)的前角。

    A. 较大　　　　　　　　B. 较小　　　　　　　　C. 负值

11. 车削塑性材料时,应选择(　　)的前角。

    A. 较大　　　　　　　　B. 较小　　　　　　　　C. 零度值

12. 主偏角的大小影响切削分力比值,增大主偏角时,径向分力(　　),轴向分力(　　)。

    A. 增大　　　　　　　　B. 减小　　　　　　　　C. 不变

13. 在切削平面内测量的角度是(　　)。

    A. 主偏角、副偏角　　B. 前角、后角　　　　　C. 刃倾角

14. 当车刀刃倾角等于零度时,切屑向(　　)排出。

    A. 待加工表面　　　　B. 垂直主切削刃向上

    C. 已加工表面

15. 车削时,切屑排向待加工表面的车刀刀尖,位于主切削刃的(　　)点。

    A. 中　　　　　　　　　B. 最高　　　　　　　　C. 最低

16. 减小车刀的(　　)角对减小工件表面粗糙度值影响最大。

    A. 刀尖　　　　　　　　B. 主偏　　　　　　　　C. 副偏

17. 用90°车刀车削外圆时,主切削力(　　)轴向分力。

    A. 大于　　　　　　　　B. 等于　　　　　　　　C. 小于

18. 车削镁或镁合金时,一般不需加注切削液,如果需要只能使用(　　)。

    A. 乳化液　　　　　　　B. 切削油　　　　　　　C. 压缩空气

19. 车削铸铁时一般不加切削液,特殊情况需要加注时,只能加(　　)。

    A. 20 号机油　　　　　B. 10 号机油　　　　　C. 煤油

20. 中心孔内的圆锥角多数是(　　)。

    A. 45°　　　　　　　　　B. 60°　　　　　　　　　C. 120°

21. 用游标卡尺测量孔径,若量爪测量线不通过孔中心,则读数值比实际尺寸(　　)。

    A. 大　　　　　　　　　B. 小　　　　　　　　　C. 相等

22. 在机械加工时,机床、夹具、刀具和工件构成了一个完整的系统称为(　　)。

    A. 计算系统　　　　　B. 设计系统　　　　　C. 工艺系统　　　　　D. 测量系统

23. 乳化液是将(　　)加水稀释而成的。

A. 切削油　　　　B. 润滑油　　　　C. 动物油　　　　D. 乳化油

24. 工件以外圆表面在三爪卡盘上定位,车削内孔和端面,若三爪卡盘定位面与车床主轴回转轴线不同轴将会造成(　　)。

A. 被加工孔的圆度误差　　　　　　B. 被加工端面平面度误差

C. 孔与端面的垂直度误差　　　　　D. 被加工孔与外圆的同轴度误差

单元三　数控车床操作与维护

【单元导学】

　　数控车床是目前使用最广泛的数控机床之一,是一种高质、高效、自动化车削的加工设备。数控车床是如何实现自动加工的? 相对传统机床加工,数控车床的加工操作有什么不同的特点呢?

　　数控车削加工如图 3.0-1 所示。在单元三,我们将熟悉数控车床功能、结构、特点,熟悉数控车床的坐标位置追踪测量功能,熟悉数控车床手动操作方法。

图 3.0-1　数控车削加工

任务 3.1　认识数控车床,看懂技术参数

【学习目标】

　　1. 熟悉数控车床的基本组成;

　　2. 熟悉数控车削特点;

　　3. 认识典型数控车床结构、主要规格。

【基本知识】

3.1.1　数控车床简述

　　如图 3.1-1 所示为数控车床。数控车床是目前使用最广泛的数控机床之一,通过计算机按给定规律控制机床加工运动,能自动完成内外圆柱面、圆锥面、成形表

面、螺纹和端面等工序的切削加工,并能进行车槽、钻孔、扩孔、铰孔等工作。

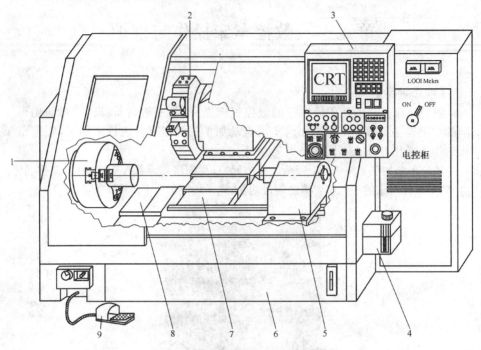

图 3.1-1 全功能数控车床结构

1. 主轴、卡盘、工件 2. 刀架、刀具 3. CNC 控制 4. 导轨润滑油杯 5. 尾座
6. 冷却液池 7. X 向导轨 8. Z 向导轨 9. 脚踏卡盘开关

1. 各种功能的数控车床

随着数控机床制造技术的不断发展,为了满足不同用户的加工需要,数控车床的品种规格繁多,功能愈来愈强,从数控系统控制功能看,数控车床可分为以下几种。

(1)经济型数控车床 早期的经济型数控车床是在普通车床基础上改造而来,功能较简单。现在的经济型数控车床的功能有了较大的提高。出于经济因素考虑,经济型数控车床并不过于追求先进的功能,而以便于手动加工,具有一定程度的自动加工功能为目标。

(2)全功能型数控车床 全功能型数控车床相对经济型数控车床的自动化水平更高,更适合于自动加工,主运动和进给运动的控制能力更强,人机交互更为方便,机床主体刚度及制造精度较经济型数控车床高。具有自动化、高刚度、高精度、高效率等优点。

(3)车削中心 车削中心是以全功能型数控车床为主体,并配置刀库、换刀装置、分度装置、铣削动力头和机械手等,能实现多工序复合加工的机床。车削中心与全功能型数控车床的主要区别是,车削中心具有动力刀架和主轴回转进给功能,可在一次装夹中完成更多的加工工序,提高集中加工能力和生产效率。

(4) FMC 车床　它是一种由数控车床、机械手或机器人等构成的柔性加工单元。它能实现工件搬运、装卸的自动化和加工调整准备的自动化。

2. 立、卧式数控车床

数控车床有立、卧式之分,数控卧式车床应用更为普遍。

(1) 卧式数控车床　卧式数控车床的主轴轴线处于水平位置,它的床身和导轨有多种布局形式,是应用最广泛的数控车床。如图 3.1-1 所示的是全功能卧式数控车床。

(2) 立式数控车床　立式数控车床的主轴垂直于水平面,并有一个直径很大的圆形工作台,供装夹工件用。这类数控机床主要用于加工径向尺寸较大、轴向尺寸较小的大型复杂零件。如图 3.1-2 所示的立式数控车床。

3.1.2　数控车床基本组成

下面以图 3.1-1 所示的数控车床为例简介数控车床的组成。如图可见,数控车床的主要组成部分有 CNC 系统、床身、主轴箱、进给运动装置、刀架、卡盘与卡爪、尾座、电源控制箱等设置。

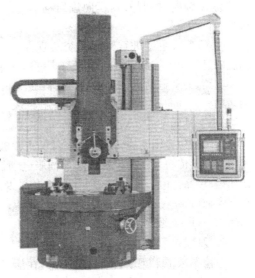

图 3.1-2　立式数控车床

1. CNC 系统

CNC 是 "Computer numerical control"的简称,意即"计算机数字控制",CNC 系统(计算机控制系统)相当于数控车床的大脑,它接受人编写的、表达车床加工方法过程的加工程序,并处理成控制机床运动的指令,自动控制车床主运动、进给运动、辅助运动机构按加工程序给定的规律进行运动,使加工结果符合人的加工意图。CNC 系统用于处理输入的加工程序等信息,实现各种控制功能。

计算机数控可通俗地理解成:人把加工意图告诉计算机,计算机代替人自动控制车床加工。因此,人与计算机必须能方便地交流。人机交流的装置包括 CRT 显示屏、控制面板、MDI 键盘,它允许操作员输入加工程序,并能方便、直观地访问 CNC 程序和机床信息。

如图 3.1-3 所示,通过 MDI 键盘,操作员可以输入加工程序。通过 CRT,操作员可以浏览 CNC 程序、活动代码、刀具偏置和工件偏置、车床位置、报警信息、错误消息、主轴转速(RPM)及功率。操作员通过控制器面板上的控制开关、按键、按钮对车床手动操控。

2. 进给运动装置

CNC 车床的进给运动主要有两个方向：平行于主轴线的纵向导轨方向，数控车床上称为 Z 轴向，Z 轴运动是纵向拖板沿导轨在长度方向的移动。横向溜板沿横导轨的运动方向，即主轴直径方向，数控车床上称为 X 轴向，控制刀具横向进给移动，改变工件的直径。

CNC 车床通过进给伺服系统实现高精度的进给运动控制。进给伺服系统包括驱动电路、驱动电动机、传动装置、导轨、进给运动。各轴向运动控制分别采用单独的驱动电动机、滚珠丝杠、导轨。

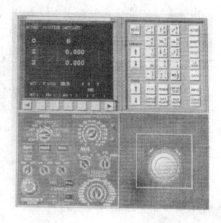

图 3.1-3　FANUC 数控车床控制系统

3. 主轴箱

主轴箱包含用于旋转卡盘和工件的主轴，以及传递齿轮或皮带。数控车床的主传动与进给传动采用了各自独立的伺服电动机，主轴电动机驱动主轴，主运动传动链简单、可靠。由于采用了高性能的主传动及主轴部件，CNC 车床主运动具有传递功率大、刚度高、抗振性好及热变形小的优点。全功能 CNC 车床主轴实现无级变速控制，具有恒线速度、同步运行等控制功能。

4. 刀架

数控车床都采用了自动回转刀架，在加工过程中可自动换刀，连续完成多道工序的加工，大大提高了加工精度和加工效率。

刀架是用于安放刀具的部件。当 CNC 程序需要某一把刀具时，必须将它转位到切削位置。因此，其基本功能是夹持刀具并实现刀具的快速转位，实现换刀功能。

如图 3.1-4 所示，数控车床多采用自动回转刀架来夹持各种不同用途的刀具，它们可能是外圆加工刀具，也可能是内孔加工刀具，转塔刀架可以夹持 4 把、6 把、8 把、12 把以至更多的刀具。回转刀架上的工位数越多，加工的工艺范围越大，但同时刀位之间的夹角越小，则在加工过程中刀具与工件的干涉越大。

5. 卡盘与卡爪

卡盘安装在主轴上，并配备有一套卡爪来

图 3.1-4　数控车床的自动回转刀架

夹持工件。可以将卡盘设计成有两个卡爪、3 个卡爪、4 个卡爪、6 个卡爪形式。

三爪卡盘一般通过卡爪沿径向自定心对正零件,各卡爪同时夹紧和松开,可以自动找工件轴心与主轴线对齐;四个卡爪卡盘装夹工件时,通常要手动找正工件,各卡爪可以单独控制,分别实现夹紧和松开,适用于不规则零件的夹持。

采用了液压卡盘的数控车床,夹紧力调整方便可靠,同时也降低了操作工人的劳动强度。

6. 尾座

如图 3.1-5 所示,尾座用于支撑刚性较低的工件,如轴、长的空心铸件及小型零件等。尾座可以设计成手动操作或由 CNC 程序命令操作。尾座一般利用顶尖来支撑工件的一端。车床顶尖有多种样式,以适用于各种车削加工的需要。最常用的顶尖是活动顶尖,它可以在轴承中旋转,从而能够减小摩擦。

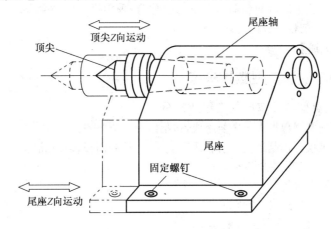

图 3.1-5 CNC 车床尾座

尾座可以沿 Z 轴滑动并支撑工件。尾座可以由操作员手动或自动定位并紧固在床身上。顶尖是单独的部件,它要锁紧到尾座轴中。

7. 床身

床身用于支撑和对正车床的 X 轴、Z 轴及刀具部件。此外,床身可以吸收由于金属切削而引起的冲击与振动。床身的设计有两种方式,即平床身或斜床身。如图 3.1-1 所示,大多数全功能 CNC 车床采用斜床身设计,这种设计有利于切屑和冷却液从切削区落到切屑传送带。

8. 电源控制箱

电源控制箱上通常安装有电源开关及各种电器元件,其中包括保险和复位按钮。为安全起见,这些元件均安装在电器控制柜内部。通常要对电源控制箱加锁,以防止未得到授权的人员操作。如果需要进行电器方面的维护,需要与取得授权的人员联系。

3.1.3 数控车削加工对象

(1)精度要求高的零件 由于数控车床刚性好,制造精度高,并且能方便地进行人工补偿和自动补偿,能加工精度要求较高、表面粗糙度小的零件,甚至可以以车代磨。数控车床的恒线速度切削功能,就可选用最佳线速度来切削端面,这样切出的表面粗糙度既小又一致。

(2)表面形状复杂的回转体零件 由于数控车床具有直线和圆弧插补功能,部分车床数控装置还有某些非圆曲线插补功能,所以可以车削由任意直线和平面曲线组成的形状复杂的回转体零件和难以控制尺寸的零件。

(3)带一些特殊类型螺纹的零件 数控车床不但能车任何等节距的直、锥和端面螺纹,而且能车增节距、减节距,以及要求等节距、变节距之间平滑过渡的螺纹和变径螺纹。数控车床可利用精密螺纹切削功能,采用机夹硬质合金螺纹车刀,使用较高的转速,车削精度较高的螺纹。

【任务实践】

3.1.4 认识典型数控车床

1. 认识典型数控车床的各组成部分

现场识别典型数控车床主要组成,包括以下几个部分:

①计算机数字控制系统,包括 CRT 显示屏、控制面板、MDI 键盘等组成;

②主运动系统及主轴部件;

③进给运动系统;

④基础件——床身、导轨等;

⑤辅助装置——卡盘、刀架、尾座;

⑥其他辅助装置——如液压、气动、润滑、切削液等系统装置;

⑦强电控制柜——安装机床强电控制的各种电气元器件。

2. 典型全功能 CNC 车床技术参数识读

(1)识读卧式车床主要技术参数 见表 3.1-1,是型号为 HM—077 的典型全功能 CNC 车床技术参数。

(2)数控车床主要技术参数识读要点 数控机床的主要技术参数可分成尺寸参数、接口参数、运动参数、动力参数、精度参数、其他参数几个方面来认识。

①尺寸参数。包括:最大回转直径、最大加工直径、最大加工长度。作用:影响到加工工件的尺寸范围、大小、重量,影响到编程范围及刀具、工件、机床之间的干涉。

②接口参数。包括:主轴通孔直径、刀架刀位数、刀具安装尺寸、工具孔直径、尾座套筒直径、行程、锥孔尺寸等。作用:影响到工件、刀具安装及加工适应性和效率。

③运动参数。包括:各坐标行程,主轴转速范围,各坐标快速进给、切削进给速度范围。作用:影响到加工性能及编程参数。

④动力参数。包括:主轴电动机功率,伺服电动机额定转矩。作用:影响到切削负荷。

表3.1-1 典型全功能数控车床技术参数

项 目	技 术 参 数	项 目	技 术 参 数
床身上最大工件回转直径	$\phi360mm$	尾座行程	100mm
床鞍上最大工件回转直径	$\phi240mm$	尾轴顶紧力	10 000N
最大工件长度	750mm	圆度	0.005mm
主轴转速(无级)	$30\sim3000r/min$	圆柱度	0.02/300mm
主电动机功率	7.5kW	加工尺寸离散度	0.01mm
主轴通孔直径	$\phi57mm$	加工工件表面粗糙度	$Ra\ 0.8\mu m$
卡盘直径	$\phi200mm$	可控制轴	X,Z
进给行程	$X:220\ mm,Z:850\ mm$	联动轴数	二轴
快速进给速度	$X:5\ m/min,Z:10\ m/min$	最小分辨率	0.001mm
刀架刀位数	12		

⑤精度参数。包括:定位精度和重复定位精度。作用:影响到加工精度及其一致性。

⑥其他参数。包括:外形尺寸、质量。作用:影响到使用环境。

【任务小结】

数控车床与普通车床相比,之所以能实现自动加工,是因为人以加工程序的形式描述加工规律并输入给计算机,计算机接受处理加工程序自动控制机床各运动。数控车床主要由 CNC 控制系统、床身、主轴箱、进给运动装置、刀架、卡盘、尾座、电控柜等组成。认识数控车床先要分清它的基本组成部分,再分析尺寸大小、接口、运动、动力、精度等技术参数。

【思考与练习】

1. 通过观察数控车床说说主要组成部分和各部分的作用。

2. 讨论数控车床为什么能自动、高效加工精度更高、轮廓更复杂的工件。

3. 数控车床主要技术参数有哪些? 如何识读能更好地把握要点?

任务3.2 认识数控车削加工,熟悉安全操作

【学习目标】

1. 了解数控车削加工过程;

2. 熟悉车床安全操作常识。

【基本知识】

3.2.1 数控车削加工过程

数控车床的加工大致可分为两个阶段,一是加工工艺设计和加工程序的填写,实质是制定指令车床加工运动的规律;二是车床执行加工程序,按指定的规律进行自动的加工。数控车床工作的一般过程如图 3.2-1 所示。

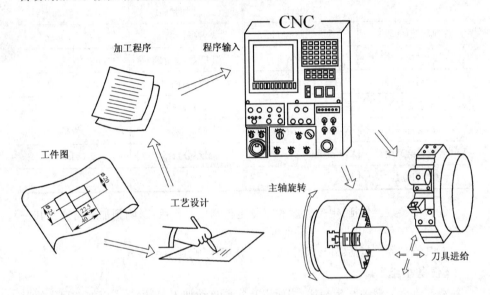

图 3.2-1 数控车床工作的一般过程

1. 数控加工工艺及编程

由于数控车床是计算机控制的自动加工车床,因此,运用数控车床加工,人的主要工作是数控加工工艺设计及加工程序的编制。具体步骤有:

①通过对生产指令——工件图样的分析,明确加工内容、要求、加工条件;

②设计加工方案,包括加工方法、过程设计,工具设备选择,刀具路线、切削用量选择等;

③通过数学处理,得到编程需要的加工数据;

④进行加工程序的填写,将加工工件的加工顺序、刀具运动轨迹数据、切削用量参数、辅助操作[1]等加工信息,用规定的文字、数字、符号组成的代码,按一定的格式编写成加工程序单;

⑤对车床、毛坯、刀具、工件装夹等进行辅助准备。

---

[1]数控车床辅助操作包括主轴启动停止,刀架换刀,冷却液启停,工件夹紧、松开等。

加工工艺制定是否严密和加工工艺制定是否先进、合理，将在很大程度上关系到加工质量和加工效益。

2. 数控车床自动加工

执行数控车床自动控制加工的前提是：由车床、刀具、夹具、工件组成的工艺系统准备完毕，加工程序校验正确。自动加工过程一般是：

①加工程序通过输入装置以数字脉冲的形式输入到数控装置；

②数控装置将加工程序信息进行一系列处理后，将处理结果以数字脉冲信号向伺服系统等执行部门发出执行命令；

③进给伺服系统接到指令信息后驱动车床进给机构实行进给运动，主传动系统接到命令后实现主轴相应的起动、停止、正反转和变速等动作，其他辅助运动也在PLC的控制下准确执行；进给运动、主运动、辅助运动相互配合实现预定的加工运动。

3.2.2　数控车床安全操作常识

不管什么机床操作，都应有相应的安全操作规程。它既是保证操作人员安全的重要措施之一，也是保证设备安全、产品质量等的重要措施。

CNC车床是速度高、功率大的机床，操作者必须熟悉车床性能和车床操作使用手册，并经过有关培训和安全教育。在各种情况下，严格遵守所有的安全规则，严格按车床和系统的使用说明书要求正确、合理地操作车床。下面分类列出了建议的安全规则，要求读者在操作CNC车床或进入车间工作区之前仔细阅读和理解这些规则。

1. 注意人身安全

①在指定车床加工区域，要随时戴配有侧罩的眼镜，防止切屑飞溅伤害到眼睛；

②操作重型刀具和设备时，要穿安全鞋，防止摔倒；

③不要倚靠在车床某处站立；操作车床时，不要佩戴首饰或穿宽松服装；应罩住长发，避免头发缠绕运动件发生事故；

④避免皮肤与切削液或切削油接触，因为切削液或切削油有一定的腐蚀性；

⑤吃药后(处方药或非处方药)，在药物起作用期间严禁操作任何机床或设备；

⑥受伤后要及时报告，并及时治疗。

2. 注意加工准备时的操作安全

①在操作任何车床之前，要保证所有安全装置位于指定的位置，并能够起作用，确认电气面板或操作面板安全可靠；

②不要触摸松散的电线或电气元件；

③当处理刀具的切削刃时要戴手套，操作车床时绝对不要戴手套；

④当将身体倾斜到车床的工作区域时，身体要远离障碍物和锋利的刀具；

⑤装夹工件和刀具必须牢固可靠,防止切削加工时松动甚至掉下;使用符合标准规定的扳手,工件装夹完毕,应随手取下卡盘扳手;

⑥在装卸工件、刀具,调整车床及测量工件时,必须停车;车床台面、导轨上不得放置工件、量具及其他用品;

⑦卡盘装夹面及工件定位面不允许有切屑、脏物;清除切屑应用专用的铁钩子,不允许用手直接清除;清除切屑前,应让车床运动停止。

3. 注意加工时的安全措施

①如果操作员对任何操作有疑问或不熟悉,应与专业人员联系;

②不得随意更改数控系统的有关参数,并及时对系统参数做好备份;

③在用新程序进行实际切削之前,要在空运行模式下验证程序,经过严格检验方可进行操作运行;

④在开始任何操作之前,要检查各刀具与工件或车床是否可能发生碰撞;

⑤只有"Emergency stop"(紧急停止)按钮、"Feed Hold"(进给保持)按钮、"Spindle stop"(主轴停止)按钮和其他操作功能给出正确的指示之后,才能够进行各种操作;

⑥开始加工时要把进给速度调到最小,要确保所有进给和速度均没有超出建议的值,快速定位、落刀、进刀时须集中精神,手应放在停止键上,有问题立即停止,注意观察刀具运动方向以确保安全进刀,然后慢慢加大进给速度到合适;

⑦操作车床时如果出现任何紧急情况,立即按"Emergency stop"(紧急停止)按钮;

⑧主轴旋转时,手不要靠近主轴;主轴旋转或工作时不要清理切屑和杂物;不准用手去摸或用棉纱(布)擦拭正在切削的刀具和机床运转部位;

⑨车床发生事故,操作者要注意保留现场,以利于分析问题,查找事故原因;

⑩认真填写数控车床的工作日志,做好交接工作。

4. 加工后的安全工作

①下班前将车床溜板架停在规定位置;

②切断机床电源;

③将机床、夹辅具、量具清理干净并涂上油(机床按润滑点规定加油),所用工具要按规定位置有序放好;

④清除地面上的切屑,清除溅落的液体、油和油脂,保持地面和走廊清洁;

⑤数控车床要避免光的照射和其他热辐射,避免潮湿和粉尘场所,避免有腐蚀气体;如果有烟雾或异味要及时报告。

每一台 CNC 车床均提供操作员手册,其中包括操作指令和安全规则,提供了标准的安全措施,大多数 CNC 车床还提供警告标志,对可能发生的危险向操作员提出警告。在任何情况下,必须具体分析每一台 CNC 车床加工状况,以便在操作 CNC

车床之前，确定要考虑的每一安全因素与措施。

【任务实践】

3.2.3　观察数控车削过程

通过参观实际车床加工过程，或参观仿真加工，或观看加工视频，观察数控车削过程。数控车削加工过程一般如下：

1. 加工准备

①识读工件图，检查坯料尺寸；

②开机回机床参考点，使车床对其后的操作有一个基准位置；

③卡盘装夹工件，露出加工的部位，定位、找正、夹紧好；

④根据工序卡准备刀具，装刀并进行长度补偿的设置，检查长度补偿数据的正确性；

⑤输入程序；

⑥图形模拟加工检测程序。

2. 工件加工过程

①执行每一个程序前检查其所用的刀具，检查切削参数是否合适；

②启动加工程序，开始加工时宜把进给速度调到最小，密切观察加工状态，有异常现象及时停机检查；

③在加工过程中不断优化加工参数，达最佳加工效果；粗加工后检查工件是否有松动，检查位置、形状尺寸；

④精加工后检查位置、形状尺寸，调整加工参数，直到工件与图纸及工艺要求相符；

⑤工件拆下后及时清洁车床工作台。

3.2.4　车床安全操作规程现场实践

安全操作规程是保证操作人员安全、设备安全、产品质量等的重要措施。教数学中可安排以下安全实践：

①注意人身安全规程现场演示及实践；

②注意车床和刀具操作安全规程现场演示及实践；

③注意加工时的安全规程现场演示及实践；

④注意车间环境安全规程现场演示及实践。

【任务小结】

数控车床的加工首先要进行合理的加工工艺设计和准确的加工程序的填写。在自动加工前确认刀具、工件正确安装，各种补偿数据和参数准确设定。加工后通过测量检验加工结果。

数控车床操作应按安全操作规程,它是保证操作人员安全、设备安全、产品质量等的重要措施。

把数控车削加工过程与数控加工安全操作实践联系起来学习,更容易理解安全操作要点。

【思考与练习】

1. 通过车间观察,说说数控车削加工一般过程。

2. 阅读教材安全操作相关内容,结合车间的安全规章制度,谈如何在车削加工中保护自己。

3. 讨论教材中各条安全规定的原因。

任务 3.3 认识数控车削系统,熟悉控制面板

【学习目标】

1. 了解数字控制系统的基本原理;

2. 了解数字控制功能;

3. 熟悉数控车床操作面板。

【基本知识】

3.3.1 认识数控系统

数控系统的作用是,接收由加工程序等送来的各种信息,并经处理后,向驱动机构发出执行的命令。

数控系统是一种配有专用操作系统的计算机控制系统,包括硬件和软件两大部分组成,软、硬件结合,实现对车床加工运动的控制。

硬件,指设备,数控系统硬件通常由计算机基本系统部分及与之相联系的各功能模块组成。数控软件,是以程序为中心的信息组合(存贮程序),是用于对车床加工运动实时控制的操作系统。

1. 数控系统硬件体系结构

现代数控系统按模块化设计方法构造。模块化设计方法是,将控制系统按功能划分成若干种具有独立功能的单元模块,并配上相应的驱动软件。数控系统主要分为主控制模块、电源模块、主轴模块、进给轴伺服模块等。不同的功能模块插入控制单元母板上,组成一个完整的控制系统,如图 3.3-1 所示。

2. 数控系统软件的功能结构

CNC 装置由软件和硬件组成,硬件为软件的运行提供了支持环境;软件(Software)是相对于硬件而言的,计算机软件指各类程序和文档资料的总和。计算机硬件系统又称为"裸机",计算机只有硬件是不能工作的,必须配置软件才能够使用。软件

的完善和丰富程度,在很大程度上决定了计算机硬件系统能否充分发挥其应有的作用。

CNC 的软件是为实现 CNC 系统各项功能而编制的专用软件,又称系统软件,分为管理软件和控制软件两大部分。

如图 3.3-2 所示,管理软件由零件程序的输入输出程序、显示程序和诊断程序等组成;控制软件由译码程序、刀具补偿计算程序、速度控制程序、插补运算程序和位置控制程序等组成。

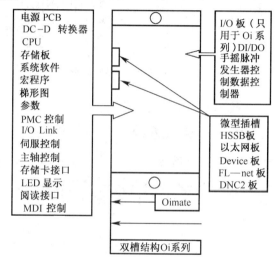

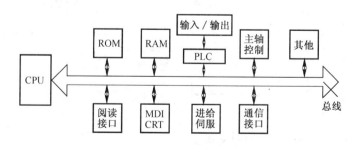

图 3.3-1 控制系统组成

3. 计算机数控系统对加工运动的控制

数控系统软件在系统硬件的支持下,合理地组织、管理整个数控系统,对输入的加工程序自动进行处理,发出控制命令对车床加工运动进行自动控制,使数控车床有条不紊地进行加工。

计算机数控系统对车床的自动加工控制主要是对车床的进给运动控制、主轴运动控制、刀具管理控制、一些辅助功能的控制等。如图 3.3-3 所示为数控系

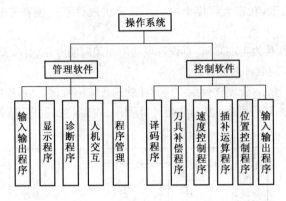

图 3.3-2　CNC 的软件组成

统控制车床加工运动示意图。

3.3.2　了解 FANUC 数控系统

FANUC 系统是日本富士通公司的产品,通常其中文译名为发那科。FANUC 系统进入中国市场有非常悠久的历史,有多种型号的产品在使用,使用较为广泛的产品有 FANUC 0,FANUC16,FANUC18,FANUC21 等。在这些型号中,使用最为广泛的是 FANUC 0 系列。

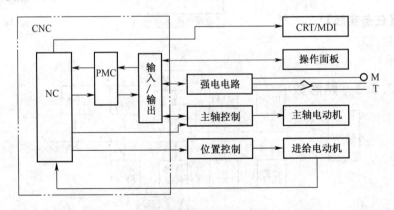

图 3.3-3　数控系统控制车床加工运动示意图

FANUC 系统在设计中大量采用模块化结构。这种结构易于拆装、各个控制板高度集成,使可靠性有很大提高,而且便于维修、更换。例如,FANUC 0i 数控系统包括:控制单元、电源模块、伺服模块、显示单元、MDI 单元等硬件。

FANUC 系统性能稳定,操作界面友好,系统各系列总体结构非常的类似,具有基本统一的操作界面。如图 3.3-4 所示的是典型 FANUC 车床操作面板。

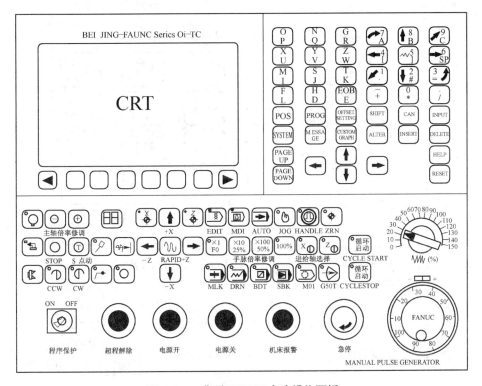

图 3.3-4 典型 FANUC 车床操作面板

【任务实践】

数控车床的操作面板由 CRT/MDI 键盘和机床控制面板两部分组成，如图 3.3-4 所示，其上部分为 CRT/MDI 键盘，下部分为机床控制面板。

3.3.3 熟悉数控系统 CRT/MDI 键盘

数控系统操作面板由 CRT 显示屏和 MDI 键盘两部分组成，其中显示屏主要用来显示相关坐标位置、程序、图形、参数、诊断、报警等信息，而 MDI 键盘包括字母键、数值键以及功能按键等，可以进行程序、参数、车床指令的输入及系统功能的选择。典型的 FANUC 数控系 MDI 键盘如图 3.3-5 所示。MDI 键盘说明见表 3.3-1。

3.3.4 熟悉车床控制面板

车床控制面板主要由急停、操作模式开关、主轴转速倍率调整开关、进给速度倍率调整开关、快速移动倍率开关以及主轴负载荷表、各种指示灯、各种辅助功能选项开关和手轮等组成。通过对各种功能键简单操作，直接控制车床的动作及加工过程。不同车床的操作面板，各开关的位置结构各不相同，但功能及操作方法大同小异。典型的 FANUC 数控车床控制面板如图 3.3-6 所示，面板详细说明可参见表

3.3-2。

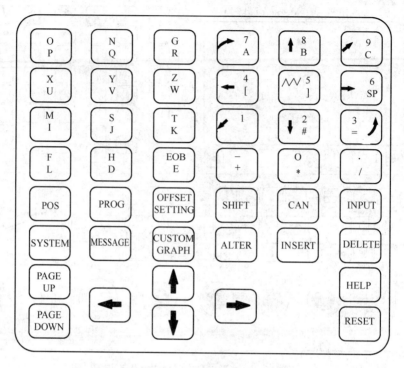

图 3.3-5 FANUC 数控系统 CRT/MDI 键盘

表 3.3-1 典型 FANUC 系统 MDI 键盘说明

键	名　称	功　能　说　明
RESET	复位键	按下此键,复位 CNC 系统;包括取消报警,主轴故障复位,中途退出自动操作循环和输入、输出过程等
HELP	帮助	按键显示如何操作机床,如 MDI 键的操作,在 CNC 发生报警时提供报警的详细信息
◀ □□□□□□ ▶	软键	根据其使用场合,软键有各种功能;软键功能显示在屏幕的下面
地址和数字键图	地址和数字键	按下这些键,输入字母、数字和其他字符

续表 3.3-1

键	名　称	功　能　说　明
SHIFT	换挡键	在有些键的顶部有两个字符,按[SHIFT]选择字符;当一个特殊字符 E 在屏幕上显示时,表示键面右下角的字符可以输入
EOB	换行键	编辑程序时输入";",表示换行
INPUT	输入键	除程序编辑方式以外的情况,当面板上按下一个字母或数字键以后,必须按下此键才能到CNC内;另外,与外部设备通讯时,按下此键,才能启动输入设备,开始输入数据到CNC内
CAN	取消键	按下此键,删除上一个输入的字符
ALTER	修改	编辑程序时修改光标块内容
INSERT	插入	编辑程序时在光标处插入内容,插入新程序
DELETE	删除	编辑程序时删除光标块的程序内容,删除程序
PAGE	页面变换键	用于CRT屏幕选择不同的页面; ↑:向前变换页面; ↓:向后变换页面
CURSOR	光标移动键	用于在CRT页面上,一步步移动光标; ↑:向前移动光标;↓:向后移动光标; ←:向左移动光标;→:向右移动光标
POS	位置显示键	在CRT上显示机床现在的位置
PROG	程序键	在编辑方式,编辑和显示在内存中的程序; 在MDI方式,输入和显示MDI数据
OFFSET SETTING	参数设置键	按键显示刀具偏置数值/设定画面
SYSTEM	系统键	按键显示系统参数设置、诊断信息、系统构成等信息
MESSAGE	信息键	按键显示报警信息画面
CUSTOM GRAPH	图形显示键	按键显示图形画面或显示会话式宏画面

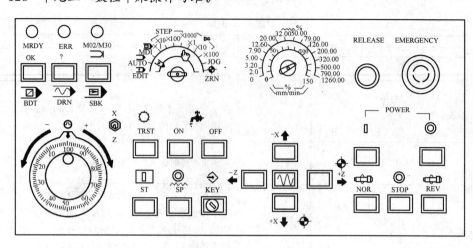

图 3.3-6　FANUC 数控车床控制面板

表 3.3-2　车床面板使用说明

按　钮	名　称	功　能　说　明
BDT	跳段	当此按钮按下时,程序中的以"/"开头的程序段将被跳过而不执行
DRN	空运行	校验一个新程序时,车床在自动运行模式下,按下空运行按钮,车床按参数设定的进给速度移动,让程序走一遍,以检查刀具运行轨迹的正确性
SBK	单段	将此按钮按下后,运行程序时每次执行一条数控指令
模式选择	ZRN	进入回零模式,车床必须首先执行回零操作,然后才可以运行
	JOG	进入手动模式,连续移动
	手轮	进入手轮模式,×1,×10,×100 分别代表移动量为 0.001mm,0.01mm,0.1mm
	STEP	进入点动模式,×1,×10,×100,×1000 分别代表移动量为 0.001mm,0.01mm,0.1mm,1.0mm
	MDI	进入 MDI 模式,手动输入指令并执行
	AUTO	进入自动加工模式
	EDIT	进入编辑模式,用于直接通过操作面板输入数控程序和编辑程序

续表 3.3-2

按　钮	名　称	功　能　说　明
	进给倍率调节	内圈数字表示进给倍率,外圈数字表示手动速度
RELEASE	超程释放	当车床出现超程报警时,按"超程释放"按钮不松开,可使超程轴的限位挡块松开,然后用手轮反向移动该轴,从而解除超程报警
EMERGENCY	急停按钮	按下急停按钮,使车床移动立即停止,并且所有的输出如主轴的转动等都会关闭
	手轮	在手轮移动方式下,通过 选择进给移动轴,选择手轮进给倍率×1,×10,×100,顺时针旋转手轮控制移动轴正方向进给,逆时针旋转手轮控制移动轴负方向进给
TRST	换刀	手动状态下,按此按钮旋转刀架,每按一次刀架转过一个刀位
ON　　OFF	冷却液开关	切削液开关,按"ON"按钮切削液开,按"OFF"按钮切削液关
ST	循环启动	程序运行开始,系统处于自动运行或 MDI 模式时按下有效,其余模式下使用无效
SP	进给保持	程序运行暂停,在程序运行过程中,按下此按钮运行暂停,再按循环启动从暂停的位置开始执行
KEY	程序保护钥匙	通过程序保护钥匙开关,选择程序可编辑或不可编辑状态;通过对程序编辑权限的设置,对存储在 CNC 的加工程序进行保护

续表 3.3-2

按 钮	名 称	功 能 说 明
-X↑ +Z ↕ -Z ⟷ ↕ +Z +X↓ ↕	机床移动	在"JOG"模式下,按下方向键 -Z ← □ → +Z -X↑ 中 +X↓ 其中一个不松开,即可控制刀架沿方向键指定方向手动移动;手动进给的速度可通过进给倍率调节按钮调节。 若按下方向键的同时按下中间的快速移动按键 ▧,可实现自动快速进给
─POWER─ ⬛ ◉ ▢ ▢	电源开关	用于打开、关闭机床总电源,左按钮为绿色,右按钮为红色,按左按钮电源开,按右按钮电源关
NOR STOP REV ▢ ▢ ▢	主轴控制	按 NOR ▢ 主轴正转、按 STOP ▢ 主轴停止、按 REV ▢ 主轴反转

3.3.5 学习开机、回参考点、关机操作

1. 数控车床开机操作

数控车床的开电和关电看起来是一件非常简单的任务,但是很多潜在的故障都有可能在这个过程中发生。比如在高温高湿的气候环境中,应检查电气柜中是否有结露的现象。如果发现有结露的迹象,绝对不能打开数控车床的主电源。在结露的状态下开电,可能造成数控车床中的电气部件的损坏。

开机前准备工作有:操作人员车床通电前,先检查电压、气压、油压是否符合工作要求;检查工作台是否有越位、超极限状态;检查电气元件是否牢固,是否有接线脱落;检查车床可动部分是否处于可正常工作状态;检查车床接地线是否和车间地线可靠连接。已完成开机前的准备工作后方可合上电源总开关。

(1)开机顺序操作 开机时应严格按车床说明书中的开机顺序进行操作,一般顺序为:

①首先合上车床总电源开关,再开稳压器、气源等辅助设备电源开关;

②开车床控制柜总电源,将车床电器柜开关旋钮转到"ON",此时,可听到电器柜冷却风扇运转的声音;

③接通 NC 电源,按下操作面板上通电按钮,操作面板上电源指示灯亮,等待CRT 屏幕位置画面显示,并可听到车床液压泵启动的声音;在位置画面显示请不要动任何按键、按钮;

④将紧急停止按钮右旋弹出。

(2)开机后的检查工作 车床通电之后,操作者应做好以下检查工作:

①检查冷却风扇是否启动，液压系统是否启动；

②检查操作面板上各指示灯是否正常，各按钮、开关是否正确；

③观察显示屏上是否有报警显示，若有，则应及时处理；

④观察液压装置的压力表指示是否在正常的范围内；

⑤回转刀架是否可靠夹紧，刀具是否有损伤。

2. 数控车床回参考点操作

一般情况下，开机后必须先进行回机床参考点操作，建立机床坐标系。如图 3.3-7 所示，操作过程为：

①将模式选择开关选到回零方式上；

②选择快速移动倍率开关到合适倍率上；

③选择回参考点的轴和方向，按"+X"或"+Z"键回参考点（依次回原点，先 X 向，再 Z 向回参考点）；

④正确的回零结果是：面板上该轴回零指示灯亮，或按"POS"键，屏幕显示该向坐标的零坐标值。

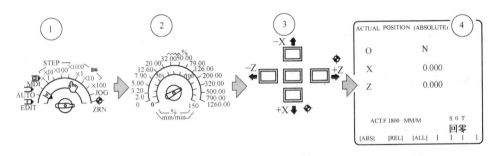

图 3.3-7　回零操作过程

3. 数控车床关机操作

工件加工完成后，清理现场，再按与开机相反的顺序依次关闭电源；关机以后必须等待 5min 以上才可以进行再次开机。没有特殊情况不得随意频繁进行开机或关机操作。

对于数控车床关电的一般要求是必须断开伺服驱动系统的使能信号后，才能关闭主电源。大多数数控车床都是利用急停操作来断开伺服驱动器的使能信号。先急停，再断主电源的方法是保险的安全关电方法。使用数控车床时，一定要参阅机床厂提供的技术资料，了解车床对关电的要求。

（1）关机前的准备工作　停止数控车床前，操作者应做好以下检查工作。

①检查循环情况：控制面板上循环启动的指示灯 LED 熄灭，循环启动应在停止状态；

②检查可移动部件：车床的所有可移动部件都应处于停止状态；

③检查外部设备:如有外部输入/输出设备,应全部关闭。

(2)关机　关机过程是:急停关→关操作面板电源→车床电器柜电源关→总电源关。

【任务小结】

CNC 系统是专用计算机操作系统,包括硬件和软件两大部分组成;软、硬件结合,实现 CNC 对车床进给运动、主轴运动、刀具管理、辅助功能等加工运动控制。CNC 硬件由包括控制模块、电源模块、主轴控制模块、伺服控制模块等各模块连接而成。CNC 的软件是实现 CNC 功能的专用软件,分管理软件和控制软件两大部分。

【思考与练习】

1. 说说数字控制系统的基本原理。

2. 研究车床控制面板,找出手动控制主运动和进给运动的按键。

3. 讨论车床操作前为什么要进行模式选择?

4. 练习数控车床开、关机操作,数控车床回参考点操作。

任务 3.4　熟悉数控车床运动控制,学会手动操作

【学习目标】

1. 了解主运动基本性能、主轴驱动控制特点、主轴功能;

2. 了解数控车床进给系统、伺服控制方法、进给运动机械;

3. 掌握数控车床主运动、进给运动手动操作。

【基本知识】

3.4.1　数控车床主运动控制

1. 数控车床主运动控制特点

数控车床的主传动系统包括主轴电动机、传动系统和主轴支承等组件。与普通车床的主传动系统相比,其结构较简单,这是因为 CNC 机床的变速功能全部或大部分由主轴电动机的无级调速来承担,省去了繁杂的齿轮变速机构,有些只有二级或三级齿轮变速系统用以扩大电动机无级调速的恒功率变速范围。数控车床对主运动系统的要求是:

①提供足够的调速范围、切削功率、切削力矩。为了保证数控车床加工时能选用合理的切削用量,充分发挥刀具的切削性能,从而获得最高的生产率、加工精度和表面质量,数控车床主运动系统要提供足够宽的调速范围,提供适合于加工工艺所需的切削功率、力矩,并能在调速范围内实现无级调速。

②数控车床主轴系统要有高的旋转精度、良好的抗振性、热稳定性、耐磨性。主运动系统具有的旋转精度、抗振性、热稳定性,有利于提高加工精度;主轴组件具有足够的耐磨性,能够长期保持主轴的运动精度。

③数控车床主运动自动化控制。为满足数控自动化加工要求，数控车床能自动控制主轴旋转启动、停止、正转、反转、自动调速控制。全功能数控车床还有主轴与进给同步运行控制、恒线速度控制等功能。

2．主轴支承与主轴的回转精度

数控车床机床主轴是装夹工件的位置基准，它的误差也将直接影响工件的加工质量。车床主轴的回转精度是车床主要精度指标之一，其在很大程度上决定着工件加工表面的形状精度。主轴的回转误差主要包括主轴的径向圆跳动、窜动和摆动。

造成主轴径向圆跳动误差的主要原因有：轴径与轴孔圆度不高、轴承滚道的形状误差、轴与孔安装后不同轴以及滚动体误差等。

造成主轴轴向窜动的主要原因有：推力轴承端面滚道的跳动以及轴承间隙等。

造成主轴在转动过程中出现摆动的主要原因有：前后轴承、前后轴承孔或前后轴径的不同轴等。摆动不仅给工件造成尺寸误差，而且还造成形状误差。

提高主轴旋转精度的方法主要有通过提高主轴组件的设计、制造和安装精度，采用高精度的轴承等。为了提高主轴刚度，常采用三支撑结构。

根据数控车床适应的加工要求或加工情况的不同，轴承的承载、转速与回转精度的特点亦不相同。主轴轴承选用和布置形式应根据精度、刚度和转速要求来选择。

3．主轴驱动与调速

（1）主轴闭环速度控制　主轴伺服驱动系统由主轴驱动单元、主轴电动机和检测主轴速度与位置的旋转编码器三部分组成，主要完成闭环速度控制。主轴驱动单元的闭环速度控制原理框图如图 3.4-1 所示。

在图 3.4-1 中，CNC 系统向主轴驱动单元发出速度指令，经过 D/A 变换，将 CNC 输出的数字指令值转变成速度指令电压（如 10V 相当 4500r/min），将该电压指令与旋转编码器测出的实际速度相比较，比较值经主轴驱动模块处理，控制主轴电动机的旋转，完成主轴的速度闭环控制。旋转编码器 TG 可以在主轴外安装，也可以与主轴电动机做成一个整体。

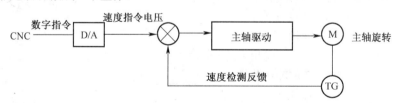

图 3.4-1　主轴闭环速度控制

（2）主轴驱动电动机　主轴驱动的调速电动机主要有直流电动机和交流电动机两大类。

直流主轴电动机的结构与永磁式直流进给伺服电动机不同，主轴电动机要能输出大的功率,所以一般是他励式。直流电动机可采用改变电枢电压或改变励磁电流的方法实现无级调速。

现代交流电动机采用矢量变换控制的方法,把交流电动机等效成直流电动机进行控制,可得到同样优良的调速性能。主轴交流电动机多采用鼠笼式异步电动机,鼠笼式感应异步电动机具有结构简单、价格便宜、运行可靠、维护方便等许多优点。

(3)主轴电动机驱动特性曲线 如图 3.4-2 所示,是典型的主轴电动机驱动的工作特性曲线[1]。

由曲线可见,主轴转速在基本速度 n_0 以左属于恒转矩调速。恒转矩调速区保持恒定的最大励磁电流,因此输出恒定的最大转矩。改变电枢电压调速,则输出功率随转速升高而增加,因此基速 n_0 以左称为恒转矩调速。

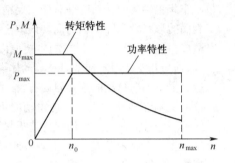

图 3.4-2 主轴电动机工作特征曲线

主轴转速在基本速度 n_0 以右属于恒功率调速。在恒功率调速区,电枢电压达到最大值,可采用调节励磁电流的方法调速。励磁电流减小 K 倍,电动机所输出的转矩则因磁通的减小而减小 K 倍,但相应的主轴转速增加 K 倍,所能输出的最大功率则不变,因此称为恒功率调速。

(4)大中型数控车床分段无级调速 对于大中型数控车床主运动的控制系统,仅采用直流或交流电动机进行无级调速,主轴箱虽然得到大大简化,但其低速段输出转矩常常无法满足车床强力切削的要求。为扩大调速范围,适应低速大转矩的要求,也经常采用齿轮有级调速和电动机无级调整相结合的分段调速方式,以及其他的方法扩大调速范围。数控车床常采用 1～4 挡齿轮变速与无级调速相结合的方式,即分段无级变速方式。

如图 3.4-3 所示的带有变速齿轮的主传动,这是车床较常采用的配置方式,通过少数几对齿轮传动,扩大变速范围。数控系统自动控制不同齿轮对的啮合换挡。

如图 3.4-4 所示为采用齿轮变速与不采用齿轮变速时主轴的输出特性。采用齿轮变速虽然低速的输出转矩增大,但降低了最高主轴转速。通过不同齿轮

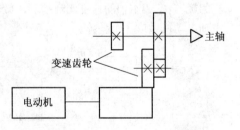

图 3.4-3 变速齿轮分段调速控制

对的啮合换挡,达到能满足低速大转矩,又能满足主轴高转速的要求。

---

[1]用矢量变换控制的交流驱动具有与直流驱动相似的数学模型,主轴驱动特性可用直流驱动的数学模型进行分析。

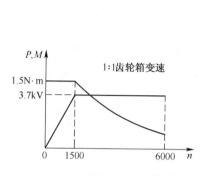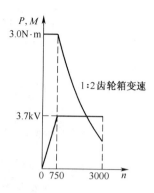

图 3.4-4　齿轮变速主轴的输出特性比较

FANUC 数控系统使用 M41～M44 代码指令齿轮自动换挡的功能。首先数控系统参数区设置 M41～M44 四挡对应的最高主轴转速，这样数控系统会根据当前 S 指令值，判断应处的挡位，并自动输出相应的 M41～M44 指令给可编程控制器（PLC），控制更换相应的齿轮挡，然后数控装置输出相应的模拟电压。

例如，M41 对应的主轴最高转速为 1000r/min，M42 对应的主轴转速为 3500r/min。当 S 指令在 0～1000r/min 范围时，M41 对应的齿轮应啮合；当 S 指令在 1000～3500r/min 范围时，M42 对应的齿轮应啮合。

4. 数控车床主轴的同步运行功能

数控车床主轴的转动与进给运动之间，没有机械方面的直接联系，在数控车床上加工圆柱螺纹时，要求主轴的转速与刀具的轴向进给保持一定的协调关系。

数控车床上能加工各种螺纹，这是因为安装了与主轴同步运转的脉冲编码器，如图 3.4-5 所示，通过同步带和同步带轮把主轴的旋转与脉冲编码器联系起来。

与主轴同步运转主轴脉冲编码器测量主轴旋向、角位移、角速度。并且不断发出脉冲送给数控装置，控制进给插补速度，根据插补计算结果，控制进给坐标轴伺服系统，使进给量与主轴转速保持所需的比例关系，实现主轴转动与进给运动相联系的同步运行，从而车出所需的螺纹。通过改变主轴的旋转方向可以加工出左螺纹或右螺纹。

5. 主轴恒线速度控制

利用数控车床或磨床进行端面切削、变直径的曲面、锥面车削时，为了保证加工面的表面粗糙度 Ra 一致为某值，由加工工艺知识可知，需保证切削刃与工件接触点处的切削速度为一恒定值，即恒线速度加工。

由于在车削或磨削端面时，刀具要不断地作径向进给运动，从而使刀具的切削直径逐渐减小。由切削速度与主轴转速的关系 $V = 2\pi nD$ 可知，若保持切削速度 V 恒定不变，当切削直径 D 逐渐减小时，主轴转速 n 必须逐渐增大，但又不能超过极限值。数控装置须设有相应的控制软件，能根据切削直径的变化，自动控制主轴转速

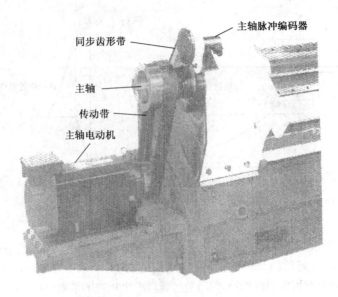

图 3.4-5 主轴脉冲编码器及传动

调整,达到保持刀具相对工件的切削速度 V 恒定不变。

3.4.2 数控车床进给运动控制

1. 进给控制概述

如果说 CNC 装置是数控车床的"大脑",是发布运动"命令"的指挥机构,那么,伺服驱动系统便是数控车床的"四肢",是执行机构。CNC 装置对进给运动的加工程序指令插补运算处理后,发来进给运动的命令,伺服驱动系统准确地执行进给运动的命令驱动车床的进给运动。因此,伺服控制系统是连接数控装置与车床的进给运动机构的枢纽,其性能是影响数控车床的进给运动精度、稳定性、可靠性、加工效率的重要因素。

车床有几个坐标,就应有几套进给伺服驱动系统。进给系统接受数控装置发出的进给速度和位移指令信号,由伺服驱动电路作一定的转换和放大后,驱动电动机旋转,驱动电动机的旋转随即使滚珠丝杠旋转,滚珠丝杠副又将旋转运动转换成直线轴(滑台)运动。滑台上的反馈装置(直线光栅尺)使数控系统确认指令已执行完成。

2. 进给伺服控制

(1) 开环进给伺服控制 开环系统是最简单的进给系统,如图 3.4-6 所示,这种系统的伺服驱动装置主要是步进电动机等。由数控系统送出的进给指令脉冲,经驱动电路控制和功率放大后,使步进电动机转动,经传动装置驱动执行部件。

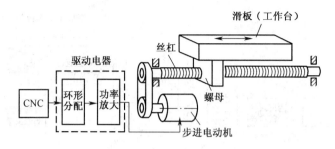

图 3.4-6 开环进给系统

由于步进电动机的角位移量和角速度分别与指令脉冲的数量和频率成正比,而且旋转方向决定于脉冲电流的通电顺序;因此,只要控制指令脉冲的数量、频率以及通电顺序,便可控制执行部件运动的位移量、速度和运动方向。这种系统不需要对实际位移和速度进行测量,更无需将所测得的实际位置和速度反馈到系统的输入端与输入的指令位置和速度进行比较,故称之为开环系统。

开环系统的位移精度主要决定于步进电动机的角位移精度,齿轮丝杠等传动元件的节距精度以及系统的摩擦阻尼特性,所以定位精度较低。

开环进给系统的结构较简单,调试、维修、使用都很方便,工作可靠,成本低廉。在一般要求精度不太高的车床上曾经得到广泛应用。

(2)闭环进给伺服控制 现代的数控车床大多改用了直流或交流伺服电动机的半闭环和闭环进给系统,如图 3.4-7 和图 3.4-8 所示。闭环进给伺服驱动是按闭环反馈控制方式工作的,其驱动电动机可采用直流或交流同步电动机,如图 3.4-9 所示;并需要配置位置反馈和速度反馈装置,如图 3.4-10 所示。在加工中随时检测移动部件的实际位移量,并及时反馈给数控系统中的比较器,它与插补运算所得到的指令信号进行比较,其差值又作为伺服驱动的控制信号,进而驱动位移部件以消除位移误差。

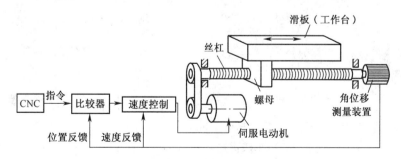

图 3.4-7 半闭环进给系统图

按位置反馈检测元件的安装部位和所使用的反馈装置的不同,它又分为半闭环和全闭环两种控制方式。

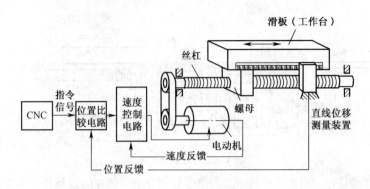

图 3.4-8　全闭环进给系统

①半闭环伺服系统。如图 3.4-7 所示,半闭环伺服系统的测量元件,如脉冲编码器,装在丝杠或伺服电动机的轴端部,通过测量元件检测丝杠或电动机的回转角,间接测出车床运动部件的位移,反馈到比较器,与控制指令值相比较。由于只对中间环节进行反馈控制,丝杠和螺母副部分还在控制环节之外,故称半闭环。对丝杠螺母副的机械误差,需要在数控装置中用间隙补偿和螺距误差补偿来减小。

②全闭环控制。如图 3.4-10 所示,其位置反馈装置采用直线位移检测元件(目前一般采用光栅尺),安装在工作台上,可直接测出工作台的实际位置。该系统将所有部分都包含在控制环之内,通过反馈可以消除从电动机到车床床鞍的整个机械传动链中的传动误差,从而得到很高的车床定位精度。但系统结构较复杂,控制稳定性较难保证,成本高,调试维修困难。

图 3.4-9　进给驱动电动机

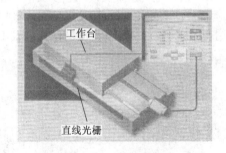

图 3.4-10　直接测量直线光栅

3. 数控车床进给系统机械部分

如图 3.4-11 所示,与数控车床进给系统有关的机械部分一般由机械传动装置、导轨、工作台等组成。下面是对主要机械结构的概述。

(1)滚珠丝杠螺母副　数控车床的进给传动链中,滚珠丝杠螺母副将进给电动机的旋转运动转换为工作台或刀架的直线运动。

如图 3.4-12 所示，滚珠丝杠螺母副是在丝杠和螺母之间以滚珠为滚动体的螺旋传动元件，当丝杠旋转时，滚珠在滚道内既自转又沿滚道循环转动。

滚珠丝杠螺母副具有传动效率高、摩擦损失小、运动平稳、传动精度高的特点。滚珠丝杠螺母副通过适当预紧，可消除丝杠和螺母的螺纹间隙，提高刚度和定位精度。

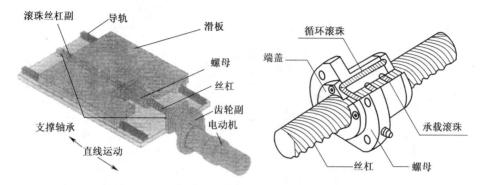

图 3.4-11　数控机床进给系统机械部分　　　　图 3.4-12　滚珠丝杠螺母副结构

（2）传动齿轮　齿轮传动在伺服进给系统中的作用是改变运动方向、降速、增大扭矩，适应不同丝杠螺距和不同脉冲当量的配比等。当在伺服电动机和丝杠之间安装齿轮时，啮合齿轮必然产生齿侧间隙，造成进给反向时丢失指令脉冲（即进给反向时的实际进给运动滞后于指令运动），并产生反向死区，从而影响加工精度，因此，必须采取措施，设法消除齿轮传动中的间隙。

（3）导轨　在机床中，导轨是用来支撑和引导运动部件沿着直线或圆周方向作准确运动，起支承和导向作用。导轨是确定机床移动部件相对位置及其运动的基准；作为机床进给运动的导向件，其形位精度和形位精度的保持能力与进给运动的精度有重要的关系，它的各项误差直接影响工件的加工精度。

按导轨接合面的摩擦性质，导轨可分为滑动导轨、滚动导轨和静压导轨。

【任务实践】

3.4.3　数控车床手动操作实践

手动连续方式、手动快速方式操作要点如图 3.4-13 所示。

1. 手动连续方式

①旋转操作面板中的模式选择旋钮使其指向"连续进给方式"（JOG 方式）；

②旋转操作面板中的进给倍率调节旋钮，选择合适的进给倍率；

③选择机床移动的坐标轴和方向，按压按钮[＋X]或[－X]或[＋Z]或[－Z]，可移动相应的坐标轴，即按即动，即松即停。

2. 手动快速方式

与手动连续方式操作类似,不同的是:选择移动的坐标轴和方向,在按压轴移动按钮时,按压"RAPID",可快速移动相应的坐标轴。

3. 手轮方式

如图 3.4-14 所示,手轮方式操作要点:

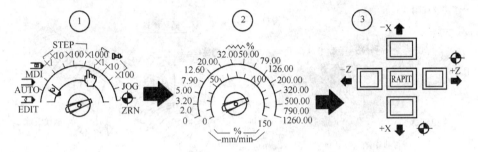

图 3.4-13　手动连续方式、手动快速方式操作

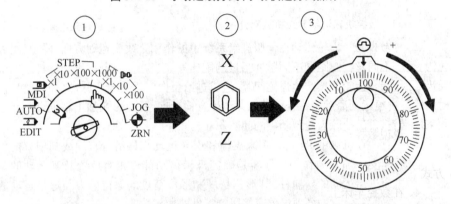

图 3.4-14　手轮方式操作

①在操作面板上,模式选择旋钮指向"手轮×1",或"手轮×10",或"手轮×100"方式,选择合适的脉冲当量,系统处于手轮(手脉)方式;

② 手动轴选择,选择移动的坐标轴;

③摇动手轮,控制车床的移动,按"逆正顺负"方向旋动手轮手柄,则刀具主轴相对于工作台向相应的方向移动,移动距离视进给增量挡值和手轮刻度而定;手轮旋转 360°,相当于 100 个刻度的对应值。

4. 手动方式下主轴旋转

在手动方式下,如图 3.4-15 所示,当主轴有一个模态预速度,可通过对操作面板上主轴起动、停止按钮操作,控制主轴的转动和停止,对于一些具有主轴转速修调功能的车床,还可通过主轴转速调节按钮,调节主轴转速,控制主轴的转动和停止。刀具切削零件时,主轴需以适当的速度转动。

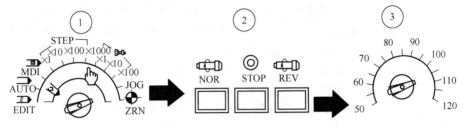

图 3.4-15 手动方式下主轴旋转

【任务小结】

数控车床的主轴旋转运动首先从调速范围、输出功率、切削力矩、旋转精度等方面认识,再认识恒线速度、主轴准停、同步运行等自动控制功能。

数控主要是对进给运动的控制。数控系统先对进给程序插补处理得到进给控制命令,再由进给伺服系统执行指令驱动进给运动。进给伺服系统由驱动电路、驱动电动机、检测装置、传动装置、导轨滑台副等部分组成。进给伺服系统分开环系统和闭环系统。

数控车床可以方便地进行手动操作,手动操作的要点是:方式选择正确,倍率调节合适,运动方向正确。

【思考与练习】

1. 说说数控车床是如何实现进给运动控制的。

2. 说说数控车床主运动的性能。

3. 在机床上反复练习手动连续、手动快速、手轮方式的进给运动操作,练习手动方式下主轴旋转操作。

4. 在数控车床上手动加工如图 2.6-5 和图 2.6-6 所示的工件,比较数控车床、普通车床上手动加工的异同点。

任务 3.5 熟悉数控车床坐标系设定,学会对刀操作

【学习目标】

1. 熟悉数控车床工件坐标系和机床坐标系;

2. 理解零点偏置和长度补偿原理,学会对刀测量操作;

3. 理解磨损补偿的原理,熟悉磨损补偿的应用。

【基本知识】

3.5.1 数控车床坐标系

1. 进给运动与坐标系

数控加工必须准确描述进给运动。加工过程中,刀具相对工件运动轨迹和位置

决定了零件加工尺寸和形状。

把刀具相对工件的进给运动轨迹简称刀轨,数控车床系统必须确切知道刀轨,编程人员必须准确描述表达刀轨。刀轨一般由直线段或圆弧段组成,线段起点、终点位置是表达刀轨的主要信息。数学中,点位可以在坐标系里定义为坐标值,如果在机床或工件图样上建立一个数控加工坐标系,就可以方便地描述刀轨。CNC 编程中,使用数字来"翻译"图纸,将图纸的尺寸变成刀轨数据,实现刀具轨迹数据化。

如图 3.5-1 所示,要精加工图 3.5-1(a)的外圆轮廓,在图 3.5-1(b)中拟定刀具接近工件的起点是 S,从点 P 切入工件,刀具经过工件轮廓上的点 1→2→3→4→5,然后从 Q 点切出工件。如果建立如图的 XOZ 坐标系,则容易由图 3.5-1(a)的尺寸标注得到 $S,P,1,2,3,4,5,Q$ 点的坐标值,从而实现精加工刀轨的数据化。各点坐标数据如图 3.5-1(b)所示,其中 X 值为直径数据。

2. 数控车床原点及坐标系

国际数控标准 ISO 841 规定,数控机床标准坐标系采用右手笛卡尔坐标系,如图 3.5-2 所示,用右手笛卡尔坐标系来规定数控机床标准坐标系。

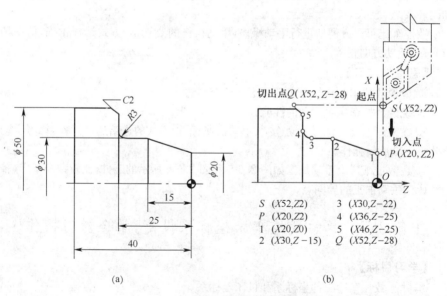

S $(X52,Z2)$ 3 $(X30,Z-22)$
P $(X20,Z2)$ 4 $(X36,Z-25)$
1 $(X20,Z0)$ 5 $(X46,Z-25)$
2 $(X30,Z-15)$ Q $(X52,Z-28)$

(a)   (b)

图 3.5-1　图纸尺寸变成刀轨数据

(a)图纸尺寸　(b)刀轨及数据

数控车床一般这样规定坐标系:如图 3.5-3 所示,平行主轴线的运动方向取名 Z 轴方向,横滑座上导轨方向名为 X 轴方向,且规定刀架离开工件方向为正向。

如图 3.5-4(a)所示,若数控车床生产厂把车床坐标零点设在主轴线与卡盘定位面之交点 M,则建立了以 M 为原点的数控车床坐标系。

如图 3.5-4(b)所示,有的数控车床生产厂把车床坐标零点 M 设在 X,Z 正向的

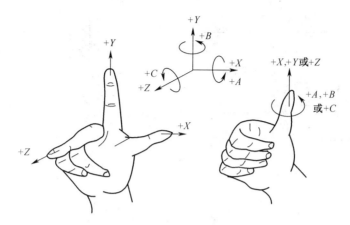

图 3.5-2　右手笛卡尔坐标系规定数控机床标准坐标系

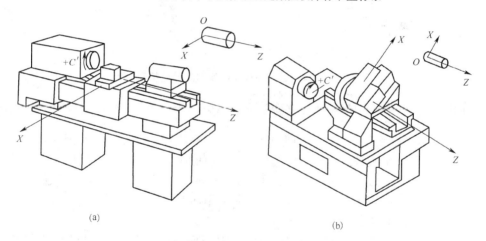

(a)　　　　　　　　　　　　　(b)

图 3.5-3　数控车床进给坐标轴

(a)前置刀架　(b)后置刀架

极限行程点。

3. 数控车床参考点

数控车床厂家还设置另一固定的点——车床参考点,车床参考点通常设在 X、Z 正向的极限行程点,用于标定进给测量系统的测量起点。车床参考点相对车床零点具有准确坐标值,出厂前由车床厂家精密测量并固化存储在数控装置的内存里。

如图 3.5-4(a)所示的车床,参考点和车床原点不设为同一点,车床参考点在车床坐标系中坐标值为($X600$,$Z1010$)。

如图 3.5-4(b)所示的车床,车床参考点和车床原点为同一点,车床参考点在车床坐标系中坐标值为($X0$,$Z0$)。

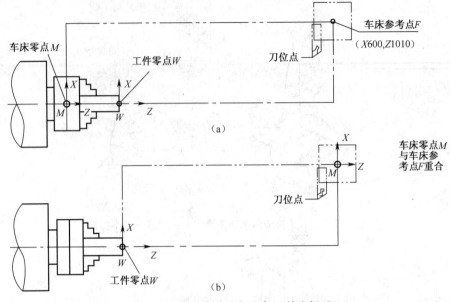

图 3.5-4 数控车床坐标系与工件坐标系
(a)车床零点在主轴端面中心 (b)车床零点在行程终点

4. 刀架参考点

车床坐标系无法直接追踪测量到刀具相对工件坐标位置的功能,是因为数控车床生产厂无法预先确定具体工件和刀具在车床的安装位置。数控车床生产厂选择刀架上一定点——刀架参考点,作为车床坐标系直接追踪测量的目标。刀架参考点用来代表刀架在车床的位置,如图 3.5-4 所示,取四工位刀架中心为刀架参考点。

5. 回参考点操作

增量式测量的数控车床开机后,首先要执行回参考点操作,让刀架参考点与车床参考点重合,确立进给测量系统的测量起点及坐标初始值,然后,随着进给运动,车床通过测量刀架参考点的位移计算得到其在机床坐标系的瞬时坐标位置,从而具有了在车床坐标系上对测量目标的位置测量功能。

若车床将车床参考点和车床原点设为同一点,则起始坐标值为零坐标值,返回参考点操作又称为回零操作。应注意的是,回参考点操作后,CNC 还是不能直接测量到刀具相对工件位置,这是因为 CNC 此时还不知道刀具和工件在车床中的位置。

3.5.2 数控车削的工件坐标系

1. 工件坐标系

在数控编程的过程中,我们通常是先在零件图纸上规划刀具相对工件的运动轨迹,这就需要在零件图纸上也设定一个坐标系,通常称为编程坐标系或工件坐标系,工件坐标系坐标轴的名称和方向应与所选用车床的坐标系坐标轴的名称和方向一致，但坐标的零点却随编程者的意愿确定。

2. 工件原点的选择

在零件图纸上设定的工件坐标系用于在该坐标系上采集图纸上点、线、面的位置坐标值作为编程数据用，因此编程零点的选择原则之一是便于编程者采集编程数据，要尽量满足坐标基准与零件设计基准重合、采集编程数据简单、尺寸换算少、引起的加工误差小等要求。

如图 3.5-1 所示，取工件右端面中心为工件零点，取与车床坐标系名称和方向相同的坐标轴，建立工件坐标系。从操作人员角度看工件零点，它还代表工件在车床坐标系位置。如图 3.5-4 所示，当工件毛坯装上车床，作为工件零点的毛坯右端面中心位置，将代表工件在车床上的位置。

工件坐标系坐标表达刀具刀位点相对工件的位置。如图 3.5-4 所示，选择刀具刀尖作为刀位点，代表刀具在工件坐标系内的位置。

3. 刀位点

刀具相对工件的进给运动中，工件轮廓的形成往往是由刀具特征点直接决定的。如外圆车刀的刀尖点的位置决定工件的直径，端面车刀的刀尖点的位置决定工件的被加工端面的轴向位置；钻削时，刀具的刀尖中心点代表刀具钻入工件的深度；圆弧形车刀的圆弧刃的圆心距加工轮廓总是一个刀具半径值。用这些点可表示刀具实际加工时的具体位置。选择刀具的这些点作为代表刀具车削加工运动的特征点，称为刀具刀位点。图 3.5-5 所示为一些常见车刀具的刀位点。

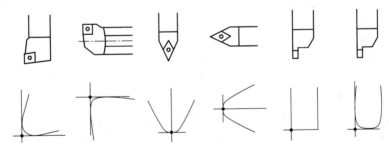

图 3.5-5　一些常见车刀具的刀位点

3.5.3　数控车床的对刀与偏置补偿

1. 两个坐标系的差异

在工件图纸上规划刀具相对工件的运动轨迹并形成编程数据，无疑是方便的，但值得注意的是，编程数据表达的是刀位点相对工件零点的位置，而在车床坐标系内，所能直接追踪测量的是刀架参考点坐标，因此，即使当程序已经输入，工件、刀具已经安装上车床，车床 CNC 也不能直接理解编程数据，更不能精确控制刀位点在工

件坐标系内按程序描述的轨迹进给。这根本原因是车床坐标系与工件坐标系存在差别,表现在以下两个方面:

(1)坐标系追踪测量的目标不一致 车床坐标系追踪测量刀架参考点的坐标,编程坐标表达刀位点坐标。

(2)坐标的零点不一致 从编程者角度看,工件零点也就是工件编程原点;从车床数控系统的角度看,它事先并不知道工件及零点装在车床的什么位置。

我们认识到 CNC 不能理解编程数据的根本原因是两种的坐标表达的差别,于是,测量它们间的差别,然后进行弥补,使两个坐标测量统一起来,以便 CNC 能认识理解编程数据代表的具体位置,并正确控制刀具相对工件的运动轨迹。弥补差别的方法通常有零点偏置和几何位置补偿。

2. 零点偏置

如图 3.5-6 所示,以车床参考点和车床原点设为同一点的车床为例。当执行回参考点(回零)操作后,刀架参考点与车床原点重合,此时,车床坐标系追踪测量目标——刀架参考点坐标值为 $(X0,Z0)$,车床认为位置坐标是 $(X0,Z0)$。

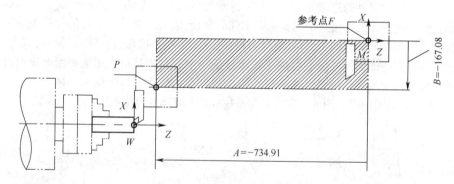

图 3.5-6 零点偏置示意图

如果手动操作车床移动刀架,使刀位点到达工件零点 W,此时,工件坐标系追踪测量目标——刀位点坐标值为 $(X0,Z0)$,工件坐标认为是 $(X0,Z0)$。

由图 3.5-6 可见:刀位点到达工件零点 W 时,刀架参考点处于 P,刀架参考点在此位置时,车床坐标系认为车床坐标是 $(X=-167.08\times2,Z=-734.91)$。

由此可见,当刀具与工件如图 3.5-6 所示安装时,两坐标系显示坐标的差别是:

$X_M-X_W=B=-167.08\times2-0=-167.08\times2$;

$Z_M-Z_W=A=-734.91-0=-734.91$

可以这样设想,如果把车床的零点 M 偏置到 P 点,则刀位点就到达工件零点,车床坐标系认为车床坐标是 $(X0,Z0)$,工件坐标也认为是 $(X0,Z0)$,那么两坐标系坐标显示的差别就可以消除了,这就是零点偏置的意义。

零点偏置的方法是:当刀具与工件安装后,操作工手动操作车床测量图 3.5-6 中

的偏移值 A,B,并把 A,B 值输入到 CNC 的零点偏置画面。零点偏置画面如图 3.5-7 所示。执行程序时,CNC 自动按给定值偏移车床零点,从而使车床坐标系显示坐标与工件坐标一致。

```
WORK COONDATES          0           N

  (G54)

  番号  数据              番号  数据
  00      X       0.000   02      X       0.000
  (EXT)   Z       0.000   (G55)   Z       0.000



  01      X  -334.160     03      X       0.000
  (G54)   Z  -734.910     (G56)   Z       0.000

 〉
  REF ****  ***  ***
[NO检索] [测量] [      ] [+ 输入] [输入]
```

图 3.5-7　零点偏置画面

加工程序如:"G54 G00 X60 Z5;",其中"G54"的功能是调用如图 3.5-7 中的零点偏置。因此,在执行加工程序前,操作工须预先测量并输入的零点偏置值。

零点偏置值的大小与车床零点位置、工件零点、刀位点位置相关。

3. 长度补偿(几何尺寸偏移)

如图 3.5-8 所示,当执行回参考点操作,刀架参考点与机床原点重合后,机床坐标认为是($X0$,$Z0$),但此时刀位点在工件坐标系的坐标是($X=+167.08\times2$,$Z=+734.91$)。

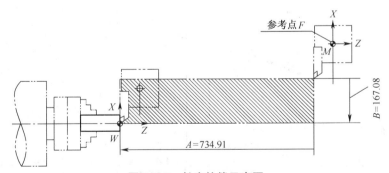

图 3.5-8　长度补偿示意图

可以这样设想,当车床坐标是($X0$,$Z0$)后,如果把刀位点向 X 负向再移动 $2B$(直径值),向 Z 负向再移动 A,这样刀位点就到达了工件零点,使得工件坐标为($X0$,$Z0$)。这就是长度补偿的意义。

如图 3.5-6 和图 3.5-8 所示,零点偏置与长度补偿的方法,对弥补两个坐标系测量差别的方法不一样,但补偿或偏置数值却是一样的,效果也是一样的。

4. FANUC 车削系统刀具 T 指令

FANUC 系统中对刀具 T 功能指令用"T××××"四位数字来表示,如"T0101"。为了很好地理解这一功能,将四位数字看成两组,即前两位为一组,后两位为另一组,各组都有它们规定的含义。

(1)第一组(前面两位数字)　用来选择刀具,选择编号刀具处于工作位置。

例如,T01××——选择安装在刀架上第一位置上的 01 号刀具。

(2)第二组(第 3 和第 4 个数字)　控制所选择刀具几何尺寸形状偏置和磨损偏置。后两位数字用来表示几何尺寸形状偏置寄存器和磨损寄存器的编号,它们不一定要与刀具编号一样,但应用时,尽可能让它们一致。

例如,T××01——选择 1 号几何尺寸形状偏置寄存器或磨损偏置寄存器,寄存的补偿数据。

综合起来,刀具功能 T0101——选择 1 号刀具、1 号几何尺寸偏置以及相应的 1 号刀具磨损偏移。

3.5.4　刀具磨损偏差补偿应用

如果刀具在加工过程中有了磨损,将会引起加工误差,在数控车床上,可用磨损偏差补偿调整刀具在 Z 向和 X 向位置,把刀具实际刀位点重新调整到编程路径上。

如图 3.5-9(a)所示,由于刀具磨损,或者刀具对刀时就具有了一定的误差,导致刀具的刀位点实际轨迹与编程轨迹存在偏差,误差的存在将引起加工误差。

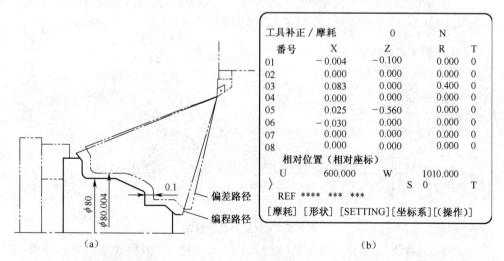

图 3.5-9　刀具磨损偏置

如果我们能够测量出刀具 X 向、Z 向的偏差并告诉 CNC,让它在控制进给运动予以补偿,以消除偏差,将会使刀具的刀位点重新回到编程轨迹上来。

如何得到这个偏差补偿值呢？

我们可以先测量工件加工结果尺寸，把它与理想的加工尺寸（编程尺寸）比较，它们之间的差就是我们要测量的偏差。

例如，$\phi80$ 的直径是工件的加工要求，是理想加工尺寸，用 T01 刀具加工工件的检测中，测量得到的实际尺寸是 $\phi80.004$，实际尺寸比理想尺寸大了 0.004，因此，应把刀具的刀位点向 X 的负方向补偿移动 0.004，由此确定 X 向偏差补偿值是 -0.004。

如图 3.5-9(b) 所示，我们可把偏差补偿值寄存到磨损偏置寄存器，因为是 T01 的加工结果，"-0.004"填在表第一行的 X 栏下，由 CNC 在控制进给运动时进行补偿。同理，图 3.5-9 中，Z 方向的偏差也可用偏差补偿予以消除。

磨损偏置寄存器的形式与几何尺寸形状偏置表形式一致。

【任务实践】

3.5.5　数控车削对刀操作实践

任务：如图 3.5-10 所示，设定棒料 Z 向距右端面中心 5mm 处为工件零点，在数控车床上安装工件并对刀，并验证对刀的正确性。

工具：数控机床，棒料，外圆车刀，卡尺。

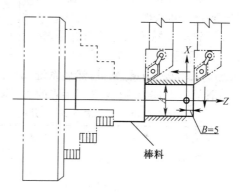

1. 基于零点偏置的对刀方法

当刀具与工件安装后，工件零点、刀位点就有了确定的位置，回参考点后，车床明确了起始位置，然后就可以操作车床，测量工件坐标与车床坐标间的差别，即对刀测量。

图 3.5-10　对刀操作示意图

基于零点偏置原理的对刀方法如下（选择工件距右端面中心 5 mm 处为工件零点）：

① 手动切削工件右端面；

② 沿 X 轴移动刀具，但不改变 Z 坐标，然后停止主轴；

③如图 3.5-10 所示，测量右端面和编程的工件坐标系原点之间的距离 B，比如，$B=5$；

④按 MDI 键盘中的"OFFSET SETTING"功能键，按软键"零点偏置"，显示如图 3.5-7 所示的零点偏置表画面；

⑤将光标定位在所需设定的工件原点偏置上；

⑥按下所需设定偏置的轴的地址键（本例中为 Z 轴）；

⑦输入测量值(5.00)，然后按下"[测量]"软键，CNC 系统自动计算并存储 Z 向零点偏置值；

⑧手动切削外圆表面；

⑨沿 Z 轴移动刀具但不改变 X 坐标然后主轴停止；

⑩测量外圆表面的直径 A，输入试切后测量的工件外圆尺寸，如"$X51.020$"，按"测量"软键，然后系统自动计算出 X 向工件零点偏置值。

2. 基于长度补偿的对刀操作

基于长度补偿原理的对刀方法如下（选择工件右端面中心为工件零点）：

①选择刀具（如 T01），并手动操作试切削工件外圆后，测量当前外圆尺寸（如 $\phi 51.020$）；

②按 MDI 键盘中的"OFFSET SETTING"键，按软键[补正形状]，显示刀具几何尺寸偏置参数表，见表 3.5-1（长度补偿画面如图 3.5-11 所示）。

③移动光标至指定的刀补号，输入试切后测量的工件外圆尺寸，如"$X51.020$"，按[测量]软键，然后系统自动计算出 X 向刀具相对工件零点的几何尺寸偏移值（可称为刀补值）；

工具补正		0		N
番号	X	Z	R	T
01	− 334.160	−734.910	0.000	0
02	0.000	0.000	0.000	0
03	0.000	0.000	0.000	0
04	0.000	0.000	0.000	0
05	0.000	0.000	0.000	0
06	0.000	0.000	0.000	0
07	0.000	0.000	0.000	0
08	0.000	0.000	0.000	0

现在位置（相对坐标）

U　600.000　　　W　　1010.000

〉　　　　　　　　　　　　S　0　　　T

REF **** *** ***

[NO检索] [测量] [C.输入] [+输入] [输入]

图 3.5-11　长度补偿画面

表 3.5-1　几何尺寸形状偏置表

刀具补正/形状				O0010 N00001
编　　号	X-偏置	Z-偏置	半径 R	刀尖 T
G01	−334.160	−734.910	0.800	3
G02	0.000	0.000	0.000	0
G03	0.000	0.000	0.000	0
G04	0.000	0.000	0.000	0
G05	0.000	0.000	0.000	0
G06	0.000	0.000	0.000	0
G07	0.000	0.000	0.000	0

....

　　【NO 检索】　　【测量】　　【C・输入】　　【+输入】　　【输入】

④试切端面后输入"$Z0$"，按[测量]软键后得出 Z 向刀具相对工件零点的几何尺寸偏移值；

⑤同理设定其他刀具的刀补参数；

⑥在刀补设定后可使用 MDI 操作方式验证刀补的正确性。

上述对刀测量刀补值的实质是:从刀架处于回零位置开始测量刀位点到工件零点的距离,只不过系统提供了自动的算术计算和自动填写补偿值的功能罢了。CNC 自动填写的补偿值就是如图 3.5-8 所示的长度补偿值。

【任务小结】

数控加工时,建立笛卡尔直角坐标系,可方便地在车床或在工件图样上描述进给运动轨迹。车床坐标系零点由厂家规定,图纸上的坐标系零点由编程人员选定。

车床坐标系与工件坐标系虽然坐标轴名称和方向是一致的,但两者是有差别的。要在车床上控制出在图纸上规划的进给运动轨迹,就必须测量出两个坐标系的差别,供 CNC 予以补偿,这就是对刀测量的原因。对刀测量的前提是在车床上安装好刀具和工件,因为刀具和工件的具体位置影响位置补偿值。

对刀测量是数控加工最重要的操作之一,在理解对刀原理的基础上,要在车床上反复练习,提高测量精度和测量效率。

【思考与练习】

1. 讨论数控车削为什么要建立工件坐标系和车床坐标系?
2. 说说车床原点、车床参考点、刀架参考点、工件原点、刀位点的含义,讨论为什么要定义这些点?
3. 说说工件坐标系和车床坐标系共同点和存在的差别。
4. 说说用长度补偿、零点偏置消除工件坐标系和车床坐标系差别的原理。
5. 论述磨损补偿及其应用。
6. 在车床上反复练习对刀测量,并对测量结果进行验证。

任务 3.6　用仿真机床软件练习手动操作

【学习导入】

计算机仿真是应用计算机技术对加工操作模拟仿真的一门技术。数控仿真加工以计算机为平台,在数控仿真加工软件的支持下进行,可三维动态的逼真再现实际加工操作过程,通过反复动手进行数控加工操作,对数控加工建立感性认识。

下面以上海宇龙数控仿真软件为例,学习数控仿真加工操作方法。

【学习目标】

1. 了解宇龙软件登录及工作窗口;
2. 掌握宇龙软件 FANUC—0I 数控系统的基本操作。

【任务实践】

3.6.1　仿真软件的登录

1. 宇龙软件的登录

(1)启动加密锁管理程序　用鼠标左键依次点击"开始"→"程序"→"数控加工

仿真系统"→"加密锁管理程序",如图 3.6-1 所示。加密锁程序启动后,屏幕右下方的工具栏中将出现"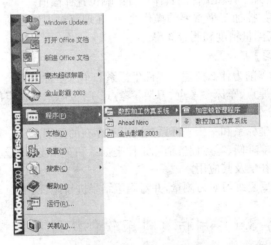"图标。

(2)运行数控加工仿真系统 依次点击"开始"→"程序"→"数控加工仿真系统",系统将弹出如图 3.6-2 所示的"用户登录"界面。

此时,可以通过点击"快速登录"按钮进入数控加工仿真系统的操作界面或通过输入用户名和密码,再点击"登录"按钮,进入数控加工仿真系统。

2. 仿真软件的工作窗口

宇龙仿真软件的工作窗口分为标题栏区、菜单区、工具栏区、机床显示区、机床操作面板区、数控系统操作区,如图 3.6-3 所示。

图 3.6-1 启动程序

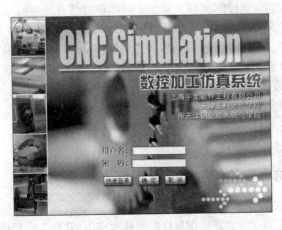

图 3.6-2 "用户登录"界面

（1）菜单区　宇龙软件的菜单区包含了文件、视图、机床、零件、塞尺检查、测量、互动教学、系统管理及帮助菜单。每一个菜单下面还有联级菜单可以选择相应的功能。

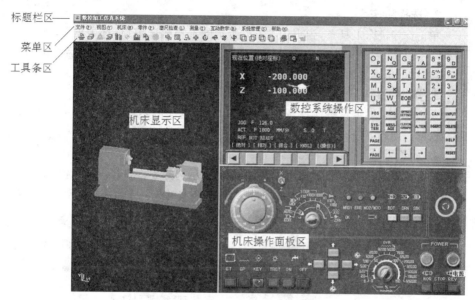

标题栏区——
菜单区——
工具条区——

机床显示区

数控系统操作区

机床操作面板区

图3.6-3　宇龙仿真软件的工作窗口

（2）工具栏区　工具栏如图3.6-4所示。从左往右各工具条功能依次为：选择机床、定义毛坯、夹具、放置零件、选择刀具、基准工具、移动尾座、DNC传送、手动脉冲、复位、局部放大、动态缩放、动态平移、动态旋转、绕 X 轴旋转、绕 Y 轴旋转、绕 Z 轴旋转、左侧视图、右侧视图、俯视图、前视图、选项、控制面板切换、切换轨迹显示。

图3.6-4　工具栏区

（3）机床显示区　机床显示区位于窗口的左侧，主要用于显示机床的加工过程。

（4）机床操作面板区　机床操作面板区位于窗口的右下侧，主要用于控制机床的运动和选择机床运行状态。不同厂家生产的操作面板一般不相同。

（5）数控系统操作区　在机床操作面板区的上面是数控系统操作区，其左侧为数控系统显示屏，右侧为操作键盘。主要用于编程程序、输入数据等。

3.6.2　用仿真系统练习手动操作（宇龙 FANUC—0I MATE、云南机床）

1. 系统设置

在使用仿真系统之前必须首先进行系统设置，如回零参考点是选在卡盘底面中心还是选在回零参考点,整数是否要加小数点等。具体步骤为,单击系统管理菜单,单击系统设置联级菜单,选择 FANUC 属性,根据机床实际情况进行设置,如图 3.6-5、图 3.6-6 所示。

2. 选择机床

单击选择机床工具条,弹出图 3.6-7 所示的选择机床窗口,选中 FANUC－0I MATE 数控系统,机床类型为车床,生产厂家为云南机床厂。按确定键后弹出如图 3.6-3 所示的机床界面。机床控制面板按钮功能见表 3.3-2。

3. 选择毛坯

单击定义毛坯工具条,弹出定义毛坯窗口,根据实际零件定义毛坯的名称、材料、直径等,如图 3.6-8 所示。

4. 放置零件

单击放置零件工具条,弹出如图 3.6-9(a)所示选择零件窗口,可以选择前面定义过的毛坯。如果前面没有定义毛坯,则弹出如图 3.6-9(b)所示警告"未定义毛坯数据",提示你先定义毛坯。

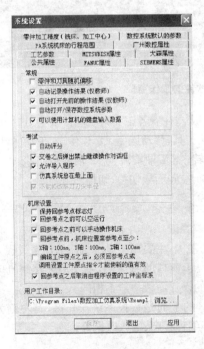

图 3.6-5 系统设置

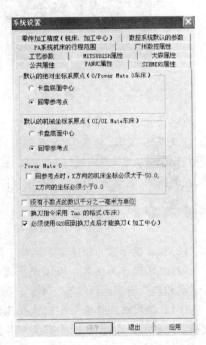

图 3.6-6 FANUC 属性

5. 选择刀具

单击选择刀具工具条,弹出选择刀具窗口,根据实际加工需要选择相应的刀架号、刀片和刀柄,如图 3.6-10 所示。

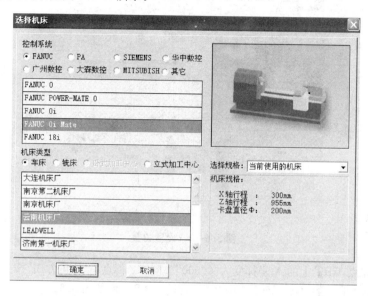

图 3.6-7 选择机床

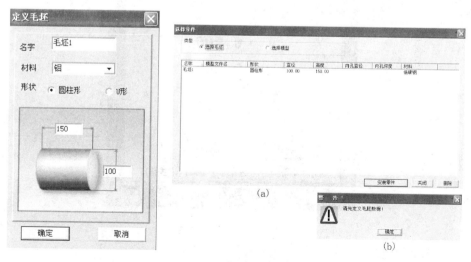

(a)

(b)

图 3.6-8 定义毛坯(1)   图 3.6-9 定义毛坯(2)

6. 回参考点

设机床原点与参考点重合。松开"急停"按钮,点击"电源开"按钮,打开系统的电源。点击机床面板上的模式选择旋钮使它指向回原点模式。

在回原点模式下,先将 X 轴回原点,点击操作面板上的"X 正方向"按钮,此时 X

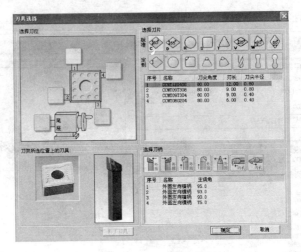

图 3.6-10 设置刀具

轴将回原点,CRT 上的 X 坐标变为"0.000"。同样,再点击"Z 正方向"按钮,Z 轴将回原点,CRT 上的 Z 坐标变为"0.000"。此时 CRT 界面如图 3.6-11 所示。

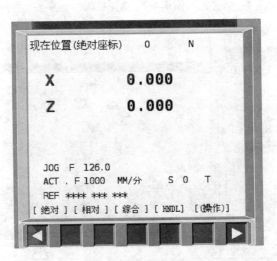

图 3.6-11 回参考点

7. 手动操作

手动操作包括手动/连续方式、手动/脉冲方式和手动/点动方式。

(1)手动/连续方式 点击机床面板上的模式选择旋钮使它指向 JOG 位置,车床

进入"JOG"模式即手动操作模式;点击按钮 ,控制车床的移动方向和坐标轴;点

击手动进给倍率旋钮 ，将改变手动状态下的进给倍率；点击 控制主轴的转动和停止。

（2）手动/脉冲方式　在手动/连续方式或在对刀，需精确调节车床时，可用手动脉冲方式调节车床。

点击操作面板上的模式选择旋钮，使得旋钮指向 中的某个位置（旋钮放在不同的位置手轮控制的步长将不一样），系统进入手动脉冲方式；点击"手轮进给轴选择"旋钮 ，选择手轮的进给轴；鼠标对准手轮 ，点击左键或右键，精确控制车床的移动。

（3）手动/点动方式　在手动/连续方式或在对刀，需精确调节车床时，可用点动方式调节车床。

点击操作面板上的模式选择旋钮，使得旋钮指向 这些挡位中的一个位置（旋钮指向不同的位置，点动的步长将不一样），系统进入手动点动方式；点击 按钮，将实现手动/点动精确控制车床的移动。

8. 对刀

下面以试切测量、输入刀具偏置的方法对刀。将工件右端面中心点设为工件坐标系原点。对于工件上其他点设为工件坐标系原点的方法与对刀方法类似。

用所选刀具试切工件外圆，保持 X 轴方向不动，刀具退出。点击"主轴停止"按钮，使主轴停止转动，点击菜单"测量/剖面图测量"，得到试切后的工件直径，如直径为"40.755"。测量界面如图 3.6-12 所示。

点击 MDI 键盘上的参数设置键"OFSET SETING"，进入如图 3.6-13 的形状补偿参数设定界面，将光标移到相应的位置，如输入"X40.755"，按菜单软键[测量]，则系统自动计算 X 向补偿值，并自动输入。

试切工件端面，保持 Z 轴方向不动，刀具退出读出端面在工件坐标系中 Z 的坐标值，记为 β；如以工件端面中心点为工件坐标系原点，则 β 为 0。进入形状补偿参数设定界面，将光标移到相应的位置，输入 $Z\beta$，按[测量]软键，如图 3.6-14 所示，然后系统自动计算 Z 向补偿值，并自动输入到指定区域。

若有多把刀加工，可采用上述方法分别进行试切对刀。后面的刀具可以不真正切削工件，而是用精确控制方法碰一下工件外圆和端面。

【任务小结】

通过计算机仿真进行数控车削反复操作，方便我们对数控车削建立感性认识，并通过仿真机床校验数控加工程序，在空闲的时间要利用好它练习操作技能。但同时要认识到它不能完全代替数控车床练习，因为具体的加工情况是不能仿真表现的。

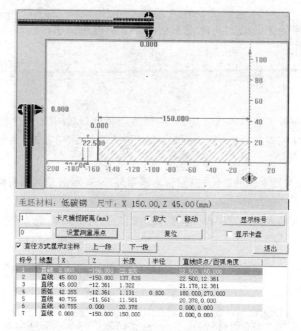

图 3.6-12 剖面测量

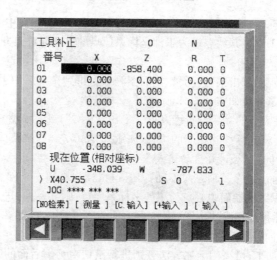

图 3.6-13 形状补偿参数设定

【思考与练习】

1. 利用仿真机床软件认识 MDI 键盘、操作面板的各功能按键或旋钮,试试它们的功能。

2. 利用仿真机床软件反复练习手动控制主运动和进给运动。

图 3.6-14　轴向对刀数据输入

3. 利用仿真机床软件反复练习对刀操作。

任务 3.7　熟悉数控车床日常维护

【学习目标】

1. 了解数控车床日常维护的项目;
2. 熟悉数控车床日常维护的方法;
3. 能够对数控车床进行日常维护。

【基本知识】

坚持做好对车床的日常维护保养工作,可以延长元器件的使用寿命,延长机械部件的磨损周期,防止意外恶性事故的发生,争取车床长时间稳定工作。

3.7.1　数控系统的维护与保养

数控系统是数控车床电气控制系统的核心。每台车床数控系统在运行一定时间后,某些元器件难免出现一些损坏或者故障。为了尽可能地延长元器件的使用寿命,防止各种故障,特别是恶性事故的发生,就必须对数控系统进行日常的维护与保养。

1. 数控系统的使用检查

为了避免数控系统在使用过程中发生一些不必要的故障,数控车床的操作人员在使用数控系统以前,应当仔细阅读有关操作说明书,要详细了解所用数控系统的性能,要熟练掌握数控系统和车床操作面板上各个按键、按钮和开关的作用以及使用注意事项。一般来说,数控系统在通电前后要进行检查。

(1)数控系统在通电前的检查　为了确保数控系统正常工作,当数控车床在第

一次安装调试或者是在车床搬运后第一次通电运行之前,可以按照下述顺序检查数控系统:

①确认交流电源的规格符合 CNC 装置的要求,主要检查交流电源的电压、频率和容量。

②认真检查 CNC 装置与外界之间的全部连接电缆是否按随机提供的连接技术手册的规定,正确而可靠地连接;如发现问题应及时采取措施或更换。同时要注意检查连接中的连接件和各个印刷线路板是否紧固,是否插入到位,各个插头有无松动,紧固螺钉是否拧紧;因为由于接触不良而引起的故障最为常见。

③认真检查数控车床的保护接地线。数控车床要有良好的地线,以保证设备、人身安全和减少电气干扰,伺服单元、伺服变压器和强电柜之间都要连接保护接地线。

只有经过上述各项检查,确认无误后,CNC 装置才能投入通电运行。

(2)数控系统在通电后的检查

①首先要检查数控装置中各个风扇是否正常运转,否则会影响到数控装置的散热问题。

②确认各个印刷线路或模块上的直流电源是否正常,是否在允许的波动范围之内。

③进一步确认 CNC 装置的各种参数,包括系统参数、PLC 参数、伺服装置的数字设定等,这些参数应符合随机所带的说明书要求。

④当数控装置与车床连机通电时,应在接通电源的同时,做好按压紧急停止按钮的准备,以备出现紧急情况时随时切断电源。

⑤在手动状态下,低速进给移动各个轴,并且注意观察车床移动方向和坐标值显示是否正确。

⑥进行几次返回车床基准点的动作,这是用来检查数控车床是否有返回基准点的功能,以及每次返回基准点的位置是否完全一致。

⑦CNC 系统的功能测试。按照数控车床数控系统的使用说明书,用手动或者编制数控程序的方法来测试 CNC 系统应具备的功能,例如:快速点定位、直线插补、圆弧插补、刀径补偿、刀长补偿、固定循环、用户宏程序等功能以及 M,S,T 辅助机能。

只有通过上述各项检查,确认无误后,CNC 装置才能正式运行。

2. 数控装置的日常维护与保养

①严格制订并且执行 CNC 系统的日常维护的规章制度。根据不同数控车床的性能特点,严格制订其 CNC 系统的日常维护的规章制度,并且在使用和操作中要严格执行。

②应尽量少开数控柜门和强电柜门。因为,在机械加工车间的空气中往往含有油雾、尘埃,它们一旦落入数控系统的印刷线路板或者电气元件上,则易引起元器件的绝缘电阻下降,甚至导致线路板或者电气元件的损坏。

③定时清理数控装置的散热通风系统,以防止数控装置过热。散热通风系统是防止数控装置过热的重要装置。为此,应每天检查数控柜各个冷却风扇运转是否正常,每半年或者一季度检查一次风道过滤器是否有堵塞现象,如果有应及时清理。

④注意 CNC 系统的输入/输出装置的定期维护。

⑤定期检查和更换直流电动机、直流伺服电动机电刷。

⑥经常监视 CNC 装置用的电网电压。CNC 系统对工作电网电压有严格的要求,要经常检测电网电压,并控制在额定值的−15%～+10%内。

⑦存储器用电池的定期检查和更换。通常,CNC 系统中部分 CMOS 存储器中的存储内容在断电时靠电池供电保持。一般采用锂电池或者可充电的镍镉电池。当电池电压下降到一定值时,就会造成数据丢失,因此要定期检查电池电压。当电池电压下降到限定值或者出现电池电压报警时,就要及时更换电池。更换电池时一般要在 CNC 系统通电状态下进行,这才不会造成存储参数丢失。一旦数据丢失,在调换电池后,需重新输入参数。

⑧CNC 系统长期不用时的维护。当数控车床长期闲置不用时,也要定期对 CNC 系统进行维护保养。在车床未通电时,用备份电池给芯片供电,保持数据不变。车床上电池在电压过低时,通常会在显示屏幕上给出报警提示。长期不使用时,要经常通电检查是否有报警提示,并及时更换备份电池。经常通电可以防止电器元件受潮或印制板受潮短路或断路等,长期不用的车床,每周至少通电两次以上。

⑨备用印刷线路板的维护。对于已购置的备用印刷线路板应定期装到 CNC 装置上通电运行一段时间,以防损坏。

⑩CNC 发生故障时的处理。一旦 CNC 系统发生故障,操作人员应采取急停措施,停止系统运行,并且保护好现场,协助维修人员做好维修前期的准备工作。

3.7.2　数控车床强电控制系统的维护与保养

车床强电控制系统主要是由普通交流电动机的驱动和车床电器逻辑控制装置 PLC 及操作盘等部分构成。这里简单介绍车床强电控制系统中普通继电接触器控制系统和 PLC 可编程控制器的维护与保养。

1. 普通继电接触器控制系统的维护与保养

除了 CNC 系统外,经济型数控车床还有普通继电接触器控制系统,其维护与保养工作,则主要是如何采取措施防止强电柜中的接触器、继电器的强电磁干扰的问题。数控车床的强电柜中的接触器、继电器等电磁部件均是 CNC 系统的干扰源。由于交流接触器,交流电动机的频繁起动、停止时,其电磁感应现象会使 CNC 系统控制电路中产生尖峰或波涌等噪声,干扰系统的正常工作。因此,一定要对这些电磁干扰采取措施,予以消除。例如,对于交流接触器线圈,则在其两端或交流电动机的三相输入端并联 RC 网络来抑制这些电器产生的干扰噪声。此外,要注意防止接触器、继电器触头的氧化和触头的接触不良等。

2. PLC 可编程控制器的维护与保养

PLC 可编程控制器也是数控车床上重要的电气控制部分。数控车床强电控制系统除了对车床辅助运动和辅助动作控制外，还包括对保护开关、各种行程和极限开关的控制。PLC 可编程控制器可代替数控车床上强电控制系统中的大部分机床电器，从而实现对主轴、换刀、润滑、冷却、液压、气动等系统的逻辑控制。PLC 可编程控制器与数控装置合为一体时则构成了内装式 PLC，而位于数控装置以外时则构成了独立式 PLC。由于 PLC 的结构组成与数控装置有相似之处，所以其维护与保养可参照数控装置的维护与保养。

3.7.3 机械部分的维护与保养

数控车床机械部分的维护与保养主要包括：车床主轴部件、进给传动机构、导轨等的维护与保养。

1. 主轴部件的维护与保养

主轴部件是数控车床机械部分中的重要组成部件，在数控车床的使用和维护过程中必须高度重视主轴部件的润滑、冷却与密封问题，并且仔细做好这方面的工作。

①良好的润滑效果，可以降低轴承的工作温度和延长使用寿命。为了保证主轴有良好的润滑，减少摩擦发热，同时又能把主轴组件的热量带走，通常采用循环式润滑系统，用液压泵强力供油润滑，使用油温控制器控制油箱油液温度。高档数控车床主轴轴承采用了高级油脂封存方式润滑，每加一次油脂可以使用 7～10 年。新型的润滑冷却方式不单要减少轴承温升，还要减少轴承内外圈的温差，以保证主轴热变形小。

在采用油脂润滑时，主轴轴承的封入量通常为轴承空间容积的 10%，切忌随意填满，因为油脂过多，会加剧主轴发热。对于油液循环润滑，在操作使用中要做到每天检查主轴润滑恒温油箱，看油量是否充足，如果油量不够，则应及时添加润滑油；同时要注意检查润滑油温度范围是否合适。

②主轴部件要密封，防止灰尘、屑末和切削液进入主轴部件，防止润滑油的泄漏。主轴部件的密封有接触式和非接触式密封。对于采用油毡圈和耐油橡胶密封圈的接触式密封，要注意检查其老化和破损；对于非接触式密封，为了防止泄漏，重要的是保证回油能够尽快排掉，要保证回油孔的通畅。

2. 进给传动机构的维护与保养

进给传动机构的机电部件主要有：伺服电动机及检测元件、减速机构、滚珠丝杠螺母副、丝杠轴承、运动部件（工作台、主轴箱、立柱等）。这里主要对滚珠丝杠螺母副的维护与保养问题加以说明。

(1)滚珠丝杠螺母副轴向的间隙的调整 滚珠丝杠螺母副除了对本身单一方向的进给运动精度有要求外，对轴向间隙也有严格的要求，以保证反向传动精度。因此，在操作使用中要注意由于丝杠螺母副的磨损而导致的轴向间隙，要采用调整方法加以消除。

（2）滚珠丝杠螺母副的密封与润滑的日常检查 对于丝杠螺母的密封，要注意检查密封圈和防护套，以防止灰尘和杂质进入滚珠丝杠螺母副。对于丝杠螺母的润滑，如果采用油脂，则定期润滑；如果使用润滑油，则要注意经常通过注油孔注油。

3. 机床导轨的维护与保养

机床导轨的维护与保养主要是导轨的润滑和导轨的防护。

（1）导轨的润滑 导轨润滑的目的是减少摩擦阻力和摩擦磨损，以避免低速爬行和降低高温时的温升，因此导轨的润滑很重要。对于滑动导轨，采用润滑油润滑；而滚动导轨，则润滑油或者润滑脂均可。导轨的油润滑一般采用自动润滑，我们在操作使用中要注意检查自动润滑系统中的分流阀，如果它发生故障则会造成导轨不能自动润滑。此外，必须做到每天检查导轨润滑油箱油量，如果油量不够，则应及时添加润滑油；同时要注意检查润滑油泵是否能够定时启动和停止，检查定时启动时是否能够提供润滑油。

（2）导轨的防护 在操作使用中要注意防止切屑、磨粒或者切削液散落在导轨面上，否则会引起导轨的磨损加剧、擦伤和锈蚀。为此，要注意导轨防护装置的日常检查，以保证导轨的防护。

4. 液压系统的维护与保养

①定期对油箱内的油进行检查、过滤、更换；

②检查冷却器和加热器的工作性能，控制油温；

③定期检查更换密封件，防止液压系统泄漏；

④定期检查清洗或更换液压件、滤芯、定期检查清洗油箱和管路；

⑤严格执行日常点检制度——指按照一定的标准、一定的周期，对设备规定的部位进行检查，检查系统的泄漏、噪声、振动、压力、温度等是否正常，以便早期发现设备故障隐患，及时加以修理调整，使设备保持其规定功能的设备管理制度。

5. 气压系统的维护与保养

①选用合适的过滤器，清除压缩空气中的杂质和水分；

②检查系统中油雾器的供油量，保证空气中有适量的润滑油来润滑气动元件，防止生锈、磨损造成空气泄漏和元件动作失灵；

③保持气动系统的密封性，定期检查更换密封件；

④注意调节工作压力；

⑤定期检查清洗或更换气动元件、滤芯。

【任务实践】

3.7.4 数控车床维护保养实践

1. 数控系统维护实践

①观察车床的电源插座、检查交流电源的规格符合 CNC 装置的要求；

②观察 CNC 装置与外界之间的电缆连接,检查连接中的连接件和各个印刷线路板是否紧固;

③观察和检查数控车床的保护接地线。

2. 车床维护保养实践

实践表 3.7-1 中的每天车床维护保养项目。

表 3.7-1 数控车床日常维护保养表

序号	检查周期	检查部位	检 查 要 求
1	每天	导轨润滑油箱	检查油量,及时添加润滑油;检查润滑泵是否定时启动打油及停止
2	每天	主轴润滑恒温油箱	工作正常时,油量是否充足,温度范围是否合适
3	每天	机床液压系统	油箱油泵有无异常噪声,工作液面是否合适,压力表指示是否正常,管路及各接头有无泄漏
4	每天	压缩空气气源压力	气动控制系统压力是否在正常范围之内
5	每天	气源自动分水滤气器,自动空气干燥器	及时清理分水器中滤出的水分,保证自动空气干燥工作正常
6	每天	气液转换器和增压器油面	油量不够时要及时补足
7	每天	X,Z 轴导轨面	清除切屑和脏物,检查导轨面有无划伤损坏,润滑油是否充足
8	每天	液压平衡系统	平衡压力指示正常,快速移动时平衡阀工作正常
9	每天	各防护装置	导轨,机床防护罩等是否齐全有效
10	每天	电气柜各散热通风装置	各电气柜中散热风扇是否工作正常,风道过滤网有无堵塞,及时清洗过滤器
11	每周	各电气柜过滤网	清洗黏附的尘土
12	不定期	冷却油箱、水箱	随时检查液面高度,及时添加油(或水),太脏时需更换清洗油箱(水箱)和过滤器
13	不定期	废油池	及时取走存积的废油,避免满出
14	不定期	排屑器	经常清理切屑,检查有无卡住等现象
15	半年	检查主轴驱动皮带	按车床说明书要求调整皮带的松紧程度
16	半年	各轴导轨上镶条、压紧滚轮	按车床说明书要求调整松紧状态
17	一年	直流伺服电动机碳刷	检查换向器表面,去除毛刺,吹净碳粉,及时更换磨损过短的碳刷

【任务小结】

对数控车床进行维护保养,有利于数控车床保持加工精度,使产品质量稳定,从而提高生产质量和效率。数控车床维护保养的内容主要包括使用前后对数控系统进行日常维护,对车床强电控制系统的维护,对数控车床主轴部件、进给传动机构、导轨等机械结构进行维护与保养。

【思考与练习】
1. 说说数控系统的维护与保养的要点。
2. 说说数控车床强电控制系统的维护与保养的要点。
3. 说说机械部分的维护与保养的要点。
4. 在车间师傅的指导下进行车床机械部分的润滑保养实践。
5. 协助师傅对数控车床各部进行日常基本维护。

任务3.8 熟悉数控车床常见故障及排除

【学习目标】
1. 了解数控车床故障性质;
2. 了解数控车床故障排除的一般方法;
3. 熟悉数控车床常见故障排除。

【基本知识】

3.8.1 数控车床常见故障特性

1. 主机故障

数控车床的主机通常指组成数控车床的机械、润滑、冷却、排屑、液压、气动与防护等部分。主机常见的故障主要有:

①机械部件安装、调试、操作使用不当等原因引起的机械传动故障;

②导轨、主轴等运动部件的干涉、摩擦过大等原因引起的故障;

③机械零件的损坏、连接不良等原因引起的故障,等等。

主机故障主要表现为传动噪声大、加工精度差、运行阻力大,机械部件动作不进行和机械部件损坏等。润滑不良,液压、气动系统的管路堵塞和密封不良,是主机发生故障的常见原因。数控车床的定期维护、保养,控制和根除漏油、漏水和漏气的"三漏"现象发生是减少主机部分故障的重要措施。

2. 电气控制系统故障

根据通常习惯,从所使用的元器件类型上,电气控制系统故障通常分为"弱电"故障和"强电"故障两大类。

"弱电"部分是指控制系统中以电子元器件、集成电路为主的控制部分。数控车床的弱电部分包括 CNC,PLC,MDI/CRT 以及伺服驱动单元、输入输出单元等。

"弱电"故障又有硬件故障与软件故障之分。硬件故障是指上述各部分的集成电路芯片、分立电子元件、接插件以及外部连接组件等发生的故障。软件故障是指在硬件正常情况下所出现的动作出错、数据丢失等故障,常见的有:加工程序出错,系统程序和参数的改变或丢失,计算机运算出错等。

"强电"部分是指控制系统中的主回路或高压、大功率回路中的继电器、接触器、开关、熔断器、电源变压器、电动机、电磁铁、行程开关等电气元器件及其所组成的控制电路。这部分的故障虽然维修、诊断较为方便,但由于它处于高压、大电流工作状态,发生故障的几率要高于"弱电"部分。必须引起维修人员的足够的重视。

3. 确定性或随机性故障

确定性故障是指控制系统主机中的硬件损坏或只要满足一定的条件,数控车床必然会发生的故障。确定性故障具有不可恢复性,故障一旦发生,如不对其进行维修处理,车床不会自动恢复正常;但只要找出发生故障的根本原因,维修完成后车床立即可以恢复正常。

随机性故障是指数控车床在工作过程中偶然发生的故障。此类故障的发生原因较隐蔽,很难找出其规律性,故常称之为"软故障"。随机性故障的原因分析与故障诊断比较困难,一般而言,故障的发生往往与部件的安装质量、参数的设定、元器件的品质、软件设计不完善、工作环境的影响等诸多因素有关。加强数控系统的维护检查,确保电气箱的密封,可靠的安装、连接,正确的接地和屏蔽是减少或避免此类故障发生的重要措施。

4. 故障的显示

数控车床的故障显示可分为指示灯显示与显示器显示两种情况。

(1)指示灯显示报警 这是指通过控制系统各单元上的状态指示灯(一般由LED发光管或小型指示灯组成)显示的报警。根据数控系统的状态指示灯,即使在显示器故障时,仍可大致分析判断出故障发生的部位与性质,因此,在维修、排除故障过程中应认真检查这些状态指示灯的状态。

(2)显示器显示报警 这是指可以通过 CNC 显示器显示出报警号和报警信息的报警。由于数控系统一般都具有较强的自诊断功能,如果系统的诊断软件以及显示电路工作正常,一旦系统出现故障,可以在显示器上以报警号及文本的形式显示故障信息。数控系统能进行显示的报警少则几十种,多则上千种,它是故障诊断的重要信息。

3.8.2 数控车床故障诊断基本方法

数控车床发生故障时,操作人员应首先停止车床,保护现场,然后对故障进行尽可能详细的记录,并及时通知维修人员。故障的记录可为维修人员排除故障提供第一手材料。维修人员在故障维修前,应根据故障现象与故障记录,认真对照系统、车床使用说明书进行各项检查以便确认故障的原因。

1. 故障发生时的情况记录

①发生故障的车床型号,采用的控制系统型号,系统的软件版本号;

②故障的现象,发生故障的部位,以及发生故障时车床与控制系统的现象,如是

否有异常声音、烟、味等;

③发生故障时系统所处的操作方式,如 AUTO(自动方式)、MDI(手动数据输入方式)、EDIT(编辑)、HANDLE(手轮方式)、JOG(手动方式)等;

④若故障在自动方式下发生,则应记录发生故障时的加工程序号,出现故障的程序段号,加工时采用的刀具号等;

⑤若发生加工精度超差或轮廓误差过大等故障,应记录被加工工件号,并保留不合格工件;

⑥ 在发生故障时,若系统有报警显示,则记录系统的报警显示情况与报警号。通过诊断画面,记录机床故障时所处的工作状态;

⑦记录发生故障时,各坐标轴的位置跟随误差的值;

⑧记录发生故障时,各坐标轴的移动速度、移动方向,主轴转速、转向等。

2. 故障发生的频繁程度记录

①故障发生的时间与周期,如车床是否一直存在故障? 若为随机故障,则一天发生几次? 是否频繁发生?

②故障发生时的环境情况,如是否总是在用电高峰期发生? 故障发生时数控车床旁边的其他机械设备工作是否正常?

③若为加工零件时发生的故障,则应记录加工同类工件时发生故障的概率情况。

④检查故障是否与"进给速度"、"换刀方式"或是"螺纹切削"等特殊动作有关。

3. 故障的规律性记录

①在不危及人身安全和设备安全的情况下,是否可以重演故障现象?

②检查故障是否与车床的外界因素有关?

③如果故障是在执行某固定程序段时出现,可利用 MDI 方式单独执行该程序段,检查是否还存在同样的故障?

④若车床故障与车床动作有关,在可能的情况下,应检查在手动情况下执行该动作,是否也有同样的故障?

⑤车床是否发生过同样的故障? 周围的数控机床是否也发生过同样的故障?

4. 故障时的外界条件记录

①发生故障时的周围环境温度是否超过允许温度? 是否有局部的高温存在?

②故障发生时,周围是否有强烈的振动源存在?

③故障发生时,系统是否受到阳光的直射?

④检查故障发生时电气柜内是否有切削液、润滑油或水的进入?

⑤故障发生时,输入电压是否超过了系统允许的波动范围?

⑥故障发生时,车间内或线路上是否有使用大电流的装置正在进行起、制动?

⑦故障发生时,车床附近是否存在吊车、高频机械、焊接机或电加工机床等强电磁干扰源?

⑧故障发生时,附近是否正在安装或修理、调试机床?是否正在修理、调试电气和数控装置?

5. 车床的工作状况检查

①车床的调整状况如何?车床工作条件是否符合要求?

②加工时所使用的刀具是否符合要求?切削参数选择是否合理、正确?

③自动换刀时,坐标轴是否到达了换刀位置?程序中是否设置了刀具偏移量?

④系统的刀具补偿量等参数设定是否正确?

⑤系统的坐标轴的间隙补偿量是否正确?

⑥系统的设定参数(包括坐标旋转、比例缩放因子、镜像轴、编程尺寸单位选择等)是否正确?

⑦工件坐标系位置,"零点偏置值"的设置是否正确?

⑧安装是否合理?测量手段、方法是否正确、合理?

⑨零件是否存在因温度、加工而产生变形的现象?

6. 车床运转情况检查

①在车床自动运转过程中是否改变或调整过操作方式?是否插入了手动操作?

②车床侧是否处于正常加工状态?工作台、夹具等装置是否处于正常工作位置?

③车床操作面板上的按钮、开关位置是否正确?机床是否处于锁住状态?倍率开关是否设定为"0"?

④车床各操作面板上、数控系统上的"急停"按钮是否处于急停状态?

⑤电气柜内的熔断器是否有熔断?自动开关、断路器是否有跳闸?

⑥车床操作面板上的方式选择开关位置是否正确?进给保持按钮是否被按下?

7. 车床和系统之间连接情况的检查

①检查电缆是否有破损,电缆拐弯处是否有破裂、损伤现象?

②电源线与信号线布置是否合理?电缆连接是否正确、可靠?

③车床电源进线是否可靠接地?接地线的规格是否符合要求?

④信号屏蔽线的接地是否正确?端子板上接线是否可靠?系统接地线是否连接可靠?

⑤继电器、电磁铁以及电动机等电磁部件是否装有噪声抑制器?

8. CNC 装置的外观检查

①是否在电气柜门打开的状态下运行数控系统?有无切削液或切削粉末进入柜内?空气过滤器清洁状况是否良好?

②电气柜内部的风扇、热交换器等部件的工作是否正常?

③电气柜内部系统、驱动器的模块、印制电路板是否有灰尘、金属粉末等污染?

④在使用纸带阅读机的场合,检查纸带阅读机是否有污物?阅读机上的制动电磁铁动作是否正常?

⑤电源单元的熔断器是否熔断？

⑥电缆连接器插头是否完全插入、拧紧？

⑦系统模块、线路板的数量是否齐全？模块、线路板安装是否牢固、可靠？

⑧车床操作面板 MDI/CRT 单元上的按钮有无破损,位置是否正确？

⑨系统的总线设置,模块的设定端的位置是否正确？

9. 故障诊断原则

数控车床发生故障时,为了进行故障诊断,找出产生故障的根本原因,维修人员应遵循以下两条原则。

(1)充分调查故障现场 这是维修人员取得维修第一手材料的一个重要手段。调查故障现场,首先要查看故障记录单,同时应向操作者调查、询问出现故障的全过程,充分了解发生的故障现象,以及采取过的措施等。此外,维修人员还应对现场作细致的检查,观察系统的外观内部各部分是否有异常之处,在确认数控系统通电无危险的情况下方可通电,通电后再观察系统有何异常,CRT 显示的报警内容是什么等。

(2)认真分析故障的原因 数控系统虽有各种报警指示灯或自诊断程序,但不可能诊断出发生故障的确切部位。而且同一故障、同一报警可以有多种起因,在分析故障的起因时,一定要开阔思路,尽可能考虑各种因素。

分析故障时,维修人员也不应局限于 CNC 部分,而是要对车床强电、机械、液压、气动等方面都作详细的检查,并进行综合判断,达到确诊和最终排除故障的目的。

10. 故障诊断的基本方法

对于数控车床发生的大多数故障,总体上说可采用下述几种方法来进行故障诊断。

(1)直观法 维修人员通过对故障发生时产生的各种光、声、味等异常现象的观察、检查,可将故障缩小到某个模块,甚至一块印制电路板。

(2)系统自诊断法 充分利用数控系统的自诊断功能,根据 CRT 上显示的报警信息及各模块上的发光二极管等器件的指示,可判断出故障的大致起因。

(3)参数检查法 数控系统的机床参数是保证车床正常运行的前提条件,它们直接影响着数控车床的性能。参数通常存放在系统存储器中,一旦电池不足或受到外界的干扰,可能导致部分参数的丢失或变化,使车床无法正常工作。通过核对、调整参数,有时可以迅速排除故障。长期不用的车床,参数丢失的现象经常发生。

(4)功能测试法 通过功能测试程序,检查车床的实际动作,判别故障的一种方法。如,用手工编程方法,编制一个功能测试程序,并通过运行测试程序,来检查车床执行这些功能的准确性和可靠性,进而判断出故障发生的原因。

(5)部件交换法 在故障范围大致确认,并在确认外部条件完全正确的情况下,利用同样的印制电路板、模块、集成电路芯片或元器件替换有疑点的部分的方法。

部件交换法是一种简单、易行、可靠的方法,也是维修过程中最常用的故障判别方法之一。在交换 CNC 装置的存储器板或 CPU 板时,通常还要对系统进行某些特定的操作,如存储器的初始化操作等并重新设定各种参数,否则系统不能正常工作。这些操作步骤应严格按照系统的操作说明书、维修说明书进行。

(6)测量比较法 数控系统的印制电路板制造时,为了调整维修的便利,通常都设置有检测用的测量端子。维修人员利用这些检测端子,可以测量、比较正常的印制电路板和有故障的印制电路板之间的电压或波形的差异,进而分析、判断故障原因及故障所在位置。

(7)原理分析法 根据数控系统的组成及工作原理,分析各点的电平和参数,并利用万用表、示波器或逻辑分析仪等仪器对其进行测量、分析和比较,进而对故障进行系统检查的一种方法。

【任务实践】

3.8.3 FANUC 0i 系统常见报警信息的故障排除实践

FANUC 0i 数控系统具有较强的自诊断功能,对于一些常见的故障,通过报警信息,对应维修说明书,能够解决许多问题。

1. 报警信息的查看方法

数控车床出现不能保证正常运行的状态或异常,都可以通过数控系统强大的功能,对其数控系统自身及所连接的各种设备进行实时的自诊断。当数控车床出现不能满足保证正常运行的状态或异常时,数控系统就会报警,并将在屏幕中显示相关的报警信息及处理方法。这样,就可以根据屏幕上显示的内容采取相应的措施。

(1)直接在屏幕上查看报警信息 一般情况下,系统出现报警时,屏幕显示就会跳转到报警显示屏幕,显示出报警信息,如图 3.8-1 所示。

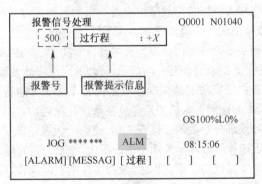

图 3.8-1 报警信息在屏幕上显示

(2)不直接在屏幕上显示报警信息的查看方法 某些情况下,出现故障报警时,不会直接跳转到报警显示屏幕,如图 3.8-2(a)所示,这时,可把车床控制状态调到

MDI 方式,按"MESSAGE"键,如图 3.8-2(b)所示,可调出形如图 3.8-1 所示的报警显示屏幕。

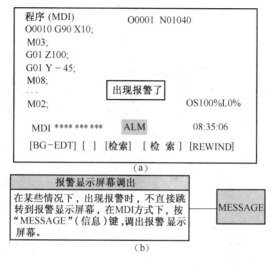

图 3.8-2　未显示报警信息及其查看方法

(3)报警履历查寻　FANUC 0i 数控系统提供了报警履历显示功能,其最多可存储并在屏幕上显示的 50 个最近出现的报警信息,大大方便了对机床故障的跟踪和统计工作。显示报警履历的操作如图 3.8-3 所示。

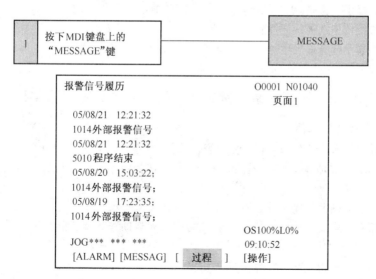

图 3.8-3　显示报警履历的操作

FANUC 0i 数控机床的报警信息很多,可以归纳为以下类别,见表 3.8-1。

表 3.8-1 FANUC 0i 数控机床的报警信息类别

错 误 代 码	报 警 分 类
000～255	P/S报警(参数错误)
300～349	绝对脉冲编码器(APC)报警
350～399	串行脉冲编码器(SPC)报警
400～499	伺服报警
500～599	超程报警
700～749	过热报警
750～799	主轴报警
900～999	系统报警
1000～1999	机床厂家根据实际情况在PM(L)C中编制的报警
2000～2999	机床厂家根据实际情况在PM(L)C中编制的报警信息
5000 以上	P/S报警(编程错误)

2. 500 号报警(超行程报警)的排除方法

在数控车床操作的过程中超行程报警经常出现,由于惯性的原因,当移动轴压下行程开关时,需减速停止,同时,系统出现 500 号报警,并同时显示报警信息为过行程及过行程的坐标轴。下面是解除"500 过行程:＋X"报警的基本步骤:

①选择手轮方式,进给轴选择旋钮拨到"X"轴处;

②进给倍率选择旋钮拨到"×1"处;

③旋转手摇脉冲发生器使 X 轴向负方向移动,离开极限位置;

④按下 MDI 键盘上的"RESET"键,报警信息消失。

3.8.4 FANUC 0i 系统常见无报警信息的故障排除实践

1. 诊断功能的使用

数控系统发生故障后,如无报警信息,则通过系统的诊断画面进行故障判断。在车床出现异常时,诊断画面提供的报警信号和监控数据为故障判断提供了判断的依据。

调出诊断画面的操作方法如图 3.8-4 所示。

如何有效地使用诊断功能提供的诊断信息来帮助查找和排除故障呢?下面举一实例来说明,如何去解决一些在实际中经常出现的隐性故障。

2. 诊断号 000 为 1 故障诊断与排除

诊断号 000 为 1 时,表明系统正在执行辅助功能(M 指令)。在辅助功能的执行过程中,000 号将会保持为 1,直到辅助功能执行完了信号到达为止。因此,当出现辅助功能执行时间超出正常值时,可能是辅助功能的条件未满

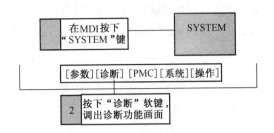

图3.8-4　调出诊断画面的操作方法

足,所以出现无报警的异常。查找故障点时,若诊断号000为1,可以首先检查辅助功能所要完成的车床动作是否已经完成。

故障现象:一数控车床在自动运行状态中,每当执行M8(切削液喷淋)这一辅助功能指令时,加工程序就不再往下执行了。此时,管道是有切削液喷出的,系统无任何报警提示。

排除思路:调出诊断功能画面,发现诊断号000为1,也就是说系统正在执行辅助功能,切削液喷淋这一辅助功能未执行完成(在系统中未能确认切削液是否已喷出,而事实上切削液已喷出)。于是,查阅电气图册,发现在切削液管道上装有流量开关,用以确认切削液是否已喷出。在执行M8这一指令并确认有切削液喷出的同时,在PMC程序的信号状态监控画面中检查该流量开关的输入点X2.2而该点的状态为0(有喷淋时应为1),于是故障点可以确定为:在有切削液正常喷出的同时,这个流量开关未能正常动作所致。因此,重新调整流量开关的灵敏度,对其动作机构喷上润滑剂,防止动作不灵活,保证可靠动作。在作出上述处理后,进行试运行,故障排除。

【任务小结】

作为操作工,当数控车床发生故障时应做好故障记录,维修人员在维修前应认真检查以便正确诊断。故障诊断的基本原则是充分调查故障现场,认真分析故障的原因。

对于初学者,本次任务的知识有些超前,在学习时应注意学习程度的把握,初学时我们仅仅要求熟悉、了解。随着数控车削加工实践深入,我们将逐步要求学会数控车床常见故障排除。

【思考与练习】

1. 数控车床故障特性。

2. 简述数控车床故障发生的常见部位。

3. 简述数控车床故障诊断原则和故障诊断一般方法。

单元三 总结及练习

总 结

如何认识数控车床呢? 可从以下几个视角进行认识。

1. 数控车床是在普通车床的基础上发展起来的,是由计算机自动控制加工的车床,它与普通车床的切削原理基本相同,机械结构、工艺性相似。

2. 人与数控车床的良好合作实现数控加工。数控加工大致可分为三个阶段:一是加工工艺设计和加工程序的编写、校验、输入,二是操作工对包括车床、刀具、工装的工艺系统的安装和调整,三是计算机按加工程序自动控制加工。

3. 可用人的运动控制类比理解数控车床运动控制。数控装置与人脑相似,伺服系统与人手相似,车床本体与人骨架相似,输入装置和位检装置与人感官相似……

如何熟悉一台具体的数控车床呢?

从该数控车床的数控系统、主运动控制、进给运动控制、辅助运动装置等方面进行认识。

本单元应学会的操作技能有:看懂 CNC 车床主要技术参数,熟悉安全操作规程,认识 CRT/MDI 键盘,认识车床控制面板,学会开机、回参考点、关机操作,学会车床主运动、进给运动的手动操作,学会基于零点偏置和基于长度补偿的对刀操作。这些技能应保证切实掌握。一些操作技能可借助于仿真机床软件进行反复练习。

综 合 练 习

一、判断

(   )(1)数控车床在实际生产中,一般要求主轴在中、高速段为恒转矩,在低速段为恒功率。

(   )(2)数控加工人员不仅要掌握机械制造专业知识,还要掌握计算机的使用和数控编程知识和技能,并有较丰富的加工经验。

(   )(3)导轨是确定车床移动部件相对位置及其运动的基准,它的各项误差直接影响工件的加工精度。

(   )(4)编程坐标系坐标轴的名称和方向应可与所选用车床的坐标系坐标轴的名称和方向不一致,且坐标的零点却随编程者的意愿确定。

(   )(5)Z坐标的正方向是刀具远离工件的方向。

(   )(6)全闭环数控车床的检测装置,通常安装在伺服电动机上。

(   )(7)恒线速度控制的原理是当工件的直径越大,进给速度越慢。

(   )(8)数控车床适用于加工普通车床难加工,质量也难以保证的工件。

(   )(9)一般是依据工件坐标系编制加工程序。

(   )(10)闭环进给伺服控制比开环控制更准确。

(   )(11)若滚珠丝杠副的存在轴向传动间隙,当丝杠反向转动时,将产生空回误差,从而影响传动精度和轴向刚度。

(   )(12)计算机硬件系统又称为"裸机",计算机只有硬件是不能工作的,必须配置软件才能够使用。

(   )(13)刀位点是数控加工中刀架转位换刀时的位置。

(   )(14)车削零件上的孔时,如果车床主轴轴线歪斜,车出的孔会产生圆度误差。

二、选择

1. 下列有关数控机床描述不正确的是(   )。

A. 是一种具有高质、高效、自动化,适合精度要求高的、形状复杂零件加工的工具

B. 是将精密机械技术、计算机技术、微电子技术、检测传感技术、自动控制技术、接口技术综合应用的机电一体化产品

C. 由于数控机床的高效、高度自动化特点,尤其适合对切削余量大的工件加工

2. 开环进给伺服系统、半闭环进给伺服系统、全闭环进给伺服系统控制精度最高的是(   )。

A. 开环进给伺服系统   B. 半闭环进给伺服系统

C. 全闭环进给伺服系统

3. 大多数进给交流伺服电动机采用(   ),但主轴交流电动机多采用(   )。

A. 永磁式同步电动机   B. 鼠笼式异步电动机

C. 步进电动机

4. 利用数控车床进行端面切削、变直径的曲面、锥面车削时,为了保证加工面的表面粗糙度 Ra 一致为某值,数控机床的主轴控制应具有(   )。

A. 恒线速度功能   B. 同步运行功能

C. 定向准停功能   D. 自动松开夹紧机构

5. 当数控车床的手动脉冲发生器的选择开关位置在×10时,手轮的进给单位是(   )。

A. 0.01mm/格   B. 0.001mm/格   C. 0.1mm/格   D. 1 mm/格

6. 数控车床回零时,要(   )。

A. X,Z 同时   B. 先刀架   C. 先 Z,后 X D. 先 X,后 Z

7. 数控机床的(   )的英文是 SPINDLE OVERRIDE。

A. 主轴速度控制盘   B. 进给速率控制

C. 快速进给速率选择   D. 手轮速度

8. 数控机床的核心装置是(   )。

A. 机床本体   B. 数控装置   C. 输入输出装置   D. 伺服装置

9. 数控车床若能进行螺纹加工,其主轴上一定安装了(   )。

A. 测速发电机   B. 脉冲编码器   C. 温度控制器   D. 光电管

10. 数控编程时,应首先设定(   )。

A. 机床原点   B. 固定参考点   C. 机床坐标系   D. 工件坐标系

11. 脉冲当量是数控机床运动轴移动的最小位移单位,脉冲当量的取值越大,(   )。

A. 运动越平稳   B. 加工精度越低   C. 加工越慢   D. 加工越快

12. FANUC 系统执行(   )时,必须在操作面板上预先按下"选择停止开关"时才起作用。

A. M01   B. M00   C. M02   D. M30

13. 为了提高主轴的(   ),采用三支撑结构。

A. 安装精度   B. 刚度   C. 稳定性   D. 传动精度

14. 通常 CNC 系统通过输入装置输入的零件加工程序存放在(   )。

A. EPROM   B. RAM   C. ROM   D. EEPROM

三、简答

1. 说明数控车床的各组成部分和加工一般过程。

2. 简述数控车床如何实现进给运动、主运动控制。

3. 思考对刀的必要性,总结对刀操作要点。

4. 总结手动操作车床的要点。

5. 总结数控车床日常维护保养的内容、要点。

单元四 熟悉数控车削程序

【单元导学】

在数控系统自动控制车床加工运动前,人先要编制和输入加工程序,告之加工运动规律。

编制加工程序过程是:先分析图样,明确加工内容、要求,然后进行加工工艺设计,最后将加工设计按 CNC 系统规定格式填写成加工程序。

加工程序输入到数控车床,如图 4.0-1 所示,成为数控车床自动控制加工运动的依据。

图 4.0-1 数控车削加工程序输入

数控加工程序具有下面几个特点:

①加工程序应可以清楚描述机床加工运动规律,如加工过程、机床状态、刀路轨迹,加工运动工艺参数,辅助操作信息等。

②它是人的加工意图的描述形式,应能为人方便地理解和接受。

③它是 CNC 系统信息处理的素材,应能容易被计算机接受处理,加工程序的格式应是车床数控系统规定的表达格式。

④为了方便交流和应用,加工程序的指令格式、程序编写格式应尽量符合国际通用标准规定。

任务 4.1 熟悉 FANUC 数控车削程序指令

【学习目标】

1. 掌握 FANUC 数控车削系统程序指令;

2. 学会 MDI 操作。

【基本知识】

4.1.1 加工程序指令概述

1. 组成加工程序指令的字符

如图 4.1-1 所示,构成加工程序的指令的字符是加工程序的最小组成单位,数控标准规定选用 A,B,C,D,…26 个字母,0,1,2,3,4,5,…10 个数字字符,标点符号和数学运算符号等,作为组成加工程序的最基本符号。在加工程序的描述中,字符用来组织成为表示某种控制功能的指令字或表示数据。例如,程序中的一段指令:G01 X30. Z-15. ;

```
程式                           N 4204
04204 ;
N1  G99 ;
N2  T01 01  M03  S600 ;
N3  G00  X44.  Z5. ;
N4  X20. ;
N5  G01  Z0.  F0.2 ;
N6  G01  X30.  Z-15 . ;
N7  G01  Z-22 . ;
N8  G02  X36.  Z-25 . R3. ;
N9  G03  X42.  Z-28 . R3. ;
N10  G00  X44. ;
>                            S  0    T

EDTT**** *** ***
[ 结合 ] [      ] [ 停止 ] [ CAN ] [ EXEC ]
```

图 4.1-1 加工程序例图

G01 是由 G,0,1 三个字符按顺序组合成的指令,其含义是:控制进给运动的轨迹是一直线;X30. Z-15. 表示直线运动的终点坐标为(X30. Z-15);";"表示程序中的一段指令的结束。

2. 字符的二进制数字代码

计算机不能直接接受字符形式程序指令。人们把程序的每个字符对应一个二进制数字码代号,如:字符"A"对应二进制数字码"100 0001",这个二进制数字码代号称为该字符的数字码,二进制数字码能作为计算机传递信息的语言,是字符的数字化信息的形式。字符的二进制数字化信息形式又很容易转化成数字电信号,这样程序指令信息就能被计算机接受处理了。表 4.1-1 所示的是 10 个数字字符和 26 个字母字符的 7 位二进制 ISO 代码。

3. 加工程序的指令字结构

加工程序指令字由字符组成,有规定的结构形式,对编程员而言,它是表达指挥车床动作的指令;对计算机而言,它可以作为一个信息单元进行存储、传递和操作。

如,X230.56[1]是由 7 个字符组成的一个指令字。

表 4.1-1　10 个数字字符和 26 个字母字符的 7 位二进制 ISO 代码

0	011 0000	A	100 0001	K	100 1011	U	101 0101
1	011 0001	B	100 0010	L	100 1100	V	101 0110
2	011 0010	C	100 0011	M	100 1101	W	101 0111
3	011 0011	D	100 0100	N	100 1110	X	101 1000
4	011 0100	E	100 0101	O	100 1111	Y	101 1001
5	011 0101	F	100 0110	P	101 0000	Z	101 1010
6	011 0110	G	100 0111	Q	101 0001		
7	011 0111	H	100 1000	R	101 0010		
8	011 1000	I	100 1001	S	101 0011		
9	011 1001	J	100 1010	T	101 0100		

加工程序的指令字一般有两种组成形式:

(1)数据字　由地址字符与其后的具体的数据组成。如:X55 和 F200,X,F 是地址字符,55,200 是具体的数据。X55 在程序中代表坐标尺寸数据,是尺寸数据字;F200 表示的是进给速度的数值,是非尺寸数据字。

(2)指令字　由地址字符与其后数字代号组成。如:G01 是一个指令字,其中 G 是地址字符,01 是数字代号。

数控加工程序指令中,位于字头的字符,用以识别其后的数据,称为地址字符(简称地址符);在传递信息时,它表示其在计算机存储单元的出处或目的地。常用地址符及含义参见表 4.1-2。

表 4.1-2　数控 FANUC 车削系统常用地址符及在程序指令中的含义

地址符	意　义	地址符	意　义
X	X 轴向绝对尺寸	U	X 轴向增量尺寸
Y	Y 轴向绝对尺寸	V	Y 轴向增量尺寸
Z	Z 轴向绝对尺寸	W	Z 轴向增量尺寸
I	圆心相对于起点的 X 轴增量	O	程序号
J	圆心相对于起点的 Y 轴增量	N	顺序号
K	圆心相对于起点的 Z 轴增量	G	准备功能
A	绕 X 轴旋转的角度尺寸	M	辅助功能
B	绕 Y 轴旋转的角度尺寸	F	进给速率
C	绕 Z 轴旋转的角度尺寸	S	主轴转速(r/min)
R	圆弧半径尺寸	T	第一刀具功能

[1]注意:程序中有下划线的字符,是初学者经常出错的地方。

4. 加工程序的指令字种类

根据指令的地址符和指令功能的不同,加工程序指令字可分为如下种类。

(1)顺序号字 顺序号字又称程序段号,用地址符 N 和后面的若干位数字来表示。

(2)准备功能字 准备功能字的地址符是 G,故又称 G 功能或 G 指令,它指令数控车床做好某种控制方式的准备,或 CNC 系统准备处于某种工作状态的指令。

(3)辅助功能字 辅助功能字又称 M 功能,主要用于数控车床开关量的控制,表示一些车床辅助动作的指令。用地址码 M 和后面的两位数字表示。

(4)坐标尺寸字 坐标尺寸字给定机床在各种坐标轴上的移动方向、目标位置或位移量,由尺寸地址符和带正、负号的数字组成。尺寸地址符较多,其中:

①X,Y,Z,U,V,W 表示直线坐标,与数学坐标标注习惯相似;

②A,B,C,D,E 表示角度坐标。回转轴的转动坐标字表达如:B30.45,"30.45"是回转角度,单位"度";

③I,J,K 表示圆心坐标,数控车床上一般不用;

④R 指定圆弧半径。

(5)进给速率指令 由地址符 F 和若干位数字组成,称 F 功能指令,指定进给运动的速率。

(6)主轴旋转速率指令 由地址码 S 和若干位数字组成,故又称 S 功能或 S 指令。

(7)刀具功能字 由地址符 T 和若干位数字组成,故又称 T 功能或 T 指令,主要用来指定加工所用的刀具。

4.1.2 FANUC 车削系统常用 G 指令格式及应用

FANUC 数控车削系统常用的 G 指令介绍如下。

1. 位置寄存指令 G50

G50 指令向位置寄存器寄存刀具起始点相对于工件原点的位置值。CNC 将以寄存的坐标值为初始值,继而随着各轴进给运动,数控车床通过测量运动位移,从而追踪测量到刀具刀位点在工件坐标系中的瞬时坐标。

格式 $G50X\_Z\_;$

其中 $X\_Z\_$——刀具当前位置相对于工件零点的坐标值。

如图 4.1-2 所示,刀具的初始位置相对设定的工件零点位置为 $X=60,Z=15$。位置寄存程序段为:

G50 X60. Z15. ;

X60. Z15. 表示刀具的当前的刀位点在工件坐标系的位置。

G50 指令确立工件坐标系的实质是:在选定的坐标系中,把刀具当前点的位置值记忆在数控装置的位置寄存器内,间接地将工件坐标原点位置告诉数控装置。因此,在执行该指令前,必须将刀具的刀位点先通过手动方式准确移动到G50 指令的位置点;执行该指令后,刀具或车床并不产生运动,仍在原来位置。

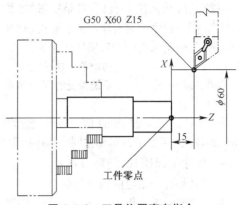

图 4.1-2   刀具位置寄存指令

2. 工件坐标系零点偏移指令(G54~G59)

如图 3.5-6 所示,我们知道,车床坐标与工件坐标是有差别的,不仅因为坐标的原点不同,而且坐标表达的目标对象也不一样,如果把车床坐标零点偏移到某一位置,恰好使得刀具刀位点到达工件的零点,则车床坐标就与工件坐标没有差别了。

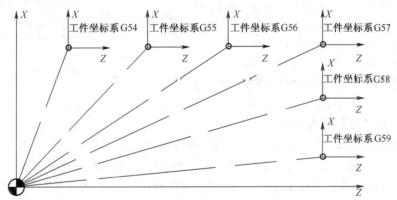

图 4.1-3   车床零点执行 G54~G59 指令偏移的示意图

车床零点偏移设定及执行过程为:操作工把刀具和工件装上车床后,测量出车床坐标零点偏移量(对刀操作),将这些值通过车床面板操作输入车床偏置存储器G54~G59 某参数中,CNC 在执行程序时,根据相应 G54~G59 的指令调用零点偏移值进行进给运动补偿,使刀位点到达程序指定的位置。

输入不同的零点偏移数值,可以设定 C54~G59 六个不同的工件坐标系,在编程及加工过程中,可以通过 G54~G59 指令来对不同的工件坐标系进行选择,选用和转换坐标系比较灵活方便。如图 4.1-3 所示为车床零点执行 G54~G59 指令偏移的示意图。

3. 坐标尺寸字的尺寸数值的公制或英制单位

在程序中,应明确程序每个坐标尺寸字的尺寸数值的单位,G21 设定程序中坐标尺寸字的尺寸数值的单位是公制,如"mm";G20 设定程序中坐标尺寸字的尺寸数值的单位是英制单位,如"in"。

G20,G21 为同组 G 代码,都是模态的。同一程序中,不应让 G20,G21 指令任意"切换"。同一程序中混合使用公制和英制单位的指令将导致的错误结果。

例如从公制到英制的转换的程序为:

G21;　　　　　　　　[初始单位选择(公制)]

G00 X60.0;　　　　　(系统接受的 X 值为 60mm)

G20;

执行 G20 后,前面的值 60mm 变为 6.0in,而实际变换应是 60mm = 2.3622047in。所以千万不要在同一程序中混合使用公制和英制。

4. 尺寸坐标模式(绝对或增量)

尺寸必须有一指定的测量起点。

以工件坐标零点作为测量起点,得到的测量值称为绝对尺寸坐标;

以线段起始点作为测量起点,得到的测量值称为增量尺寸坐标。

如图 4.1-4 所示,点 B 从工件零点开始测量得到的是绝对尺寸($X30.$,$Z-15.$)。点 B 相对线段 AB 的起点 A 开始测量,得到的是增量尺寸($W-15.$,$U10.$)。

在 FANUC 数控车削系统规定,当尺寸地址符为 X,Z 时,为绝对尺寸模式;当尺寸地址符为 U,W 时,为增量尺寸模式。

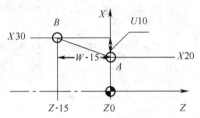

图 4.1-4　绝对尺寸与增量尺寸方式

5. 快速定位指令 G00

程序中,切削刀具的进给运动的轨迹一般包括两种运动,一种是生产性的(切削运动),另一种则是非生产性的(定位运动)。快速运动定位的目的就是缩短非切削操作时间,即切削刀具跟工件没有接触的移动时间,指令刀具从起点按车床提供的最快速度移到规定的目标位置(非切削状态)。编程时只需给出定位目标点的坐标。

格式　G00 X_ Z_;或　G00 U_ W_;

其中　X_ Z_——目标点在工件坐标系中的绝对坐标值;

U_ W_——目标点在工件坐标系中的增量坐标值。

如图 4.1-5(a)所示,若刀具开始位置 H 点,要求快速点定位接近工件于 S 点,然后调整刀具到切削路线的起点 P,其程序为:

...

G00 X44. Z5.;(绝对值方式,到达 S 点)

G00 X20. Z5.;(绝对值方式,到达 P 点)

或写成:

...

G00 X44. Z5.;(绝对值方式,到达 S 点)

G00 U-24.;(增量方式,到达 P 点)

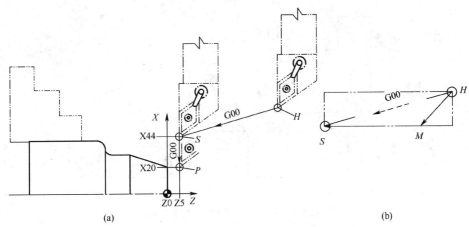

图 4.1-5　刀具 G00 点定位运动

在执行 G00 指令的过程中,刀具的运动轨迹若不是平行于坐标轴直线轨迹时,CNC 控制的点定位轨迹为一折线。如图 4.1-5(b)所示,在 $H{\rightarrow}S$ 的点定位过程中,刀具实际上先以双轴联动的方式(X,Z 的速度相同)快速移到 M 点,然后再单轴向运动到终点 S。

G00 的快速进给速度由各数控车床生产厂家设定,并用操作面板上的快速进给速率调整旋钮来调整。通常快速进给速率分为 F0,25%,50%,100% 四段,其中 F0 为最慢速率,F25%,50%,100% 为设定速率的百分比。在程序中,不能用 F 指令指定 G00 进给速度。

6. 直线插补

在编程中,使用直线插补使刀具从起点到终点做直线切削运动,以精确加工连接起点和终点的直线轮廓。

格式　G01 X(U)_ Z(W)_ F _ ;

直线插补以直线方式和命令给定的移动速率从当前位置移动到命令位置。

X _ Z _要求移动到的位置的绝对坐标值,U _ W _要求移动到的位置的增量坐标值。

如图 4.1-6 所示,若刀具从点 P 开始,要求直线插补到♯1,然后切削锥面到点♯2,再切削外圆面到点♯3,其程序为:

...

G01 X20. Z0 F0.2;(绝对值方式,到达♯1点)

G01 X30. Z-15. ;(绝对值方式,到达♯2点)

G01 X30. Z-22. ;(绝对值方式,到达♯3点)

或写成:

...

G01 X20. Z0. F0.2;(绝对值方式,到达♯1点)

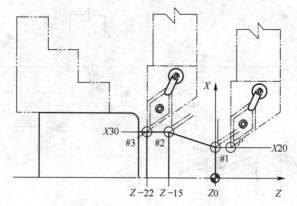

图 4.1-6 刀具 G01 直线插补运动示例

G01 U10. W-15. ;(绝对值方式,到达♯2点)

W-10. ;(绝对值方式,到达♯3点)

7. 圆弧插补指令 G02,G03

圆弧插补指令 G02,G03 用来命令刀具在指定的平面内,以给定的 F 进给速度进行圆弧加工,切削出圆弧轮廓。G02 用于顺时针圆弧加工,G03 用于逆时针圆弧加工。

描述圆弧插补运动,程序段应表达清楚:圆弧插补平面、圆弧回转方向、终点位置、圆心位置或半径等几个方面的信息。

FANUC 数控车削系统规定的圆弧插补指令的程序格式为:

格式 G02 / G03 X(U)_ Z(W)_ I_ K_ F_;或 G02 / G03 X(U)_ Z(W)_ R_ F_;

其中 X(U)_ Z(W) _——表示圆弧终点;

I_ K_——圆心相对起点的增量(半径值);

R_——圆弧半径。

圆弧的顺逆回转方向判断:在笛卡尔直角坐标系规定,圆弧的顺时针、逆时针回转方向的判断方法是,从垂直于圆弧所在平面的坐标轴由正到负的方向看平面内圆弧的顺逆方向。

如图 4.1-7(a)所示,为后置刀架 XOZ 坐标系,圆弧顺逆判断与我们垂向纸面看的习惯相同。

如图 4.1-7(b)所示,为前置刀架 XOZ 坐标系,圆弧顺逆判断与我们垂向纸面看的习惯相反。

圆弧半径:随着数控功能的扩

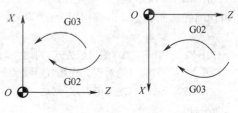

(a) (b)

图 4.1-7 G02,G03 圆弧方向判断

大,现在的数控车床一般都有圆弧半径直接指令功能,即用圆弧半径 R 来表示圆心参数,而不用求出圆心的坐标值。由于零件图上都给出圆弧半径,所以,用圆弧半径 R 编程能减少计算工作量。

圆弧插补举例:

如图 4.1-8 所示,若刀具从点♯3 开始,圆弧插补到♯4,然后再圆弧插补到点♯5,其程序为:

...

G02 X36. Z-25. R3. F0.2;(绝对值方式,到达♯4 点)

G03 X42. Z-28. R3.;(绝对值方式,到达♯5 点)

或写成:

...

G02 U6. W-3. R3. F0.2;(绝对值方式,到达♯4 点)

G03 U6. W-3 R3;(绝对值方式,到达♯5 点)

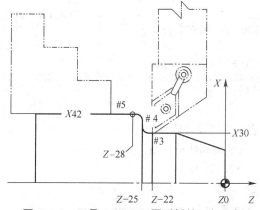

图 4.1-8　刀具 G02,G03 圆弧插补运行示例

8. 主轴转速功能字

主轴转速功能字,由地址码 S 和若干位数字组成,故又称 S 功能或 S 指令,后面的数字直接指定主轴的转速,单位为 r/min(恒定转速),或 m/min(恒线速度)。用 G97,G96 来选择是指定每分钟恒定转速还是恒线速度。

(1)恒定转速控制　主轴转速功能字,由地址码 S 和若干位数字组成,故又称 S 功能或 S 指令。

FANUC 车削系统规定:在准备功能 G97 状态下,S 后面的数字直接指定主轴的每分钟的恒定转速,单位为 r/min。例如,S600 表示主轴转速为 600r/min。

格式　G97 S_;

例:G97 S3000;表示在恒定转速状态下,主轴转速 3000r/min。

(2)恒线速度控制　S 后面的数字还可指定切削线速度,单位为 m/min,用 G96

来指定恒线速度状态。

格式：G96 S_；

例：G96 S150；表示切削点线速度控制在 150m/min。

线速度和转速之间的关系为：

$$v=\pi Dn/1000，或\quad n=1000v/\pi D$$

（式 4-1）

式中　D——切削部位的直径（mm）；

　　　v——切削线速度（m/min）；

　　　n——主轴转速（r/min）。

对图 4.1-9 中所示的零件，为保持 A,B,C 各点的线速度在 150m/min，则各点在加工时的主轴转速分别为：

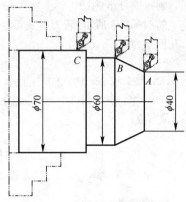

图 4.1-9　切削点线速度控制

$$A：n=\frac{1000}{\pi}\times150\div40\approx1194（r/min）$$

$$B：n=\frac{1000}{\pi}\times150\div60=796（r/min）$$

$$C：n=\frac{1000}{\pi}\times150\div70\approx682（r/min）$$

（3）最高转速限制

格式　G50 S_；

S 后面的数字表示的是最高转速（r/min）。

例：G50 S3000；表示最高转速限制为 3000r/min。

9. 进给速率（G98/G99）

（1）G98 代码来指令每分钟的位移（mm/min）

例：G98 F100；表示进给量为 100mm/min。

（2）G99 代码来指令每转位移（mm/r）

例：G99 F0.2；表示进给量为 0.2 mm/r。

4.1.3　辅助功能字应用

分析附表 2，我们应注意到 M 功能常常有两种状态的选择模式，比如"开"和"关"、"进"和"出"、"向前"和"向后"、"进"和"退"、"调用"和"结束"、"夹紧"和"松开"等相对立的辅助功能是占大多数的。下面对常用的辅助功能指令加以说明。

1. M00，M01，M02，M30 和"CYCLE START"

在 FANUC 数控系统中，执行 M00，M01，M02，M30 指令加工程序将停止，按"CYCLE START"键加工程序将执行。"CYCLE START"即"循环启动"。

（1）M00：指令程序停止　当执行了 M00 之后，完成编有 M00 指令的程序段中的其他指令后，主轴停止，进给停止，冷却液关断，程序停止，此时可执行某一手动操作,如数车工作调头、手动变速、数铣的手动换刀等,重新按"循环启动"按钮,机床将继续执行下一程序段。

(2)M01:指令计划停止 当执行到这一条程序时,以后还执行下一条程序与否,取决于操作人员事先是否按了面板上计划停止按钮,如果没按,那么这一代码就无效,继续执行下一段程序。所以采用这种方法是给操作者一个机会,可以对关键尺寸或项目进行检查,这样,在程序编制过程中就留下这样一个环节,如果不需要的话,只要不按计划停止按钮即可。

(3)M02:指令加工程序结束 M02 是程序中最后一段,它使主轴、进给、冷却液都停下来,并使数控系统处于复位状态。注意 M00,M01,M02 组代码在应用中的不同:M00 及 M01 都是在程序执行的中间停下来,当然还没执行完程序,而 M00 是肯定要停,要重新启动才能继续下去;M01 是不一定停,看操作者是否有这方面的要求;而 M02 是肯定停下且让车床处于复位状态。

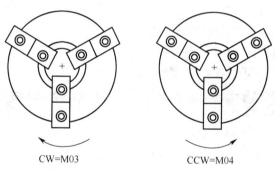

CW=M03   CCW=M04

图 4.1-10 数控车床主轴正转、反转

(4)M30 指令程序结束并返回 M30 指令与 M02 有类似的作用,但 M30 可以使程序返回到开始状态。

2. M03,M04 和 M05

M03,M04 分别指令主轴正转、反转。如图 4.1-10 所示,从尾座往主轴向看过去,顺时针是主轴正转,逆时针为反转。

M05 是主轴停,指令表示在执行完所在程序段的其他指令之后停止主轴。

3. M07,M08 和 M09

M08,M07:指令冷却液开;M09:指令冷却液关。

4. M98 和 M99

M98:调用子程序;M99:子程序结束,返回主程序。

【任务实践】

4.1.4 MDI 方式下车床操作实践

MDI 方式下,可以从 CRT/MDI 面板上直接输入程序段并执行;执行后,程序段不被存入程序存储器。建议在仿真机床上进行 MDI 方式下操作。

1. 用 MDI 方式实现进给运动

首先,在仿真机床上安装好刀具、工件,练习对刀,进行 X,Z 向零点偏置设置操作;再在 MDI 方式下输入程序段"G54 G00 X50. Z10.",然后启动执行。MDI 操作方法如下:

①将方式选择开关置为 MDI;

②按"PROGRAM"键使 CRT 显示屏显示程序页面;

③输入:"G54 G00 X50. Z10.",按"EOB"键;

④按"INSERT"键输入,移动光标回到程序头;

⑤按"循环起动"按钮使该指令执行;

⑥观察刀具位置的正确性。

如果对刀后进行 X,Z 向长度补偿设置操作,在 MDI 方式下,输入程序段"T0101 G00 X50. Z10.;"然后启动执行。

2. 用 MDI 方式控制数控车床主运动

①将方式选择开关置为 MDI;

②按[PROGRAM]键使 CRT 显示屏显示程序页面;

③输入"M03 S300";

④按"INSERT"键输入;

⑤按"RESET"键,光标回到程序头;

⑥按"循环起动"按钮使该指令执行;

⑦观察主轴运动;

⑧输入"M05",按"EOB"键;

⑨按"INSERT"键输入;

⑩按"RESET"键,光标回到程序头。

按"循环起动"按钮使该指令执行。观察主轴运动。

【任务小结】

加工程序是用规定的指令格式准确、清楚地表达人的加工意图,程序的规定格式方便计算机接受处理,程序的规定格式应符合某些标准规定。

规定次序的字符组成加工程序的指令字。加工程序指令字有:顺序号字、准备功能字、坐标尺寸字、进给功能字、主轴转速功能字、刀具功能字、辅助功能字。编程人员应熟练掌握程序指令字的含义。

在仿真机床上用 MDI 方式进行车床操作有利于我们理解程序指令。

【思考与练习】

1. 指令字格式如"G01"" X230.56",思考指令字为什么选用地址符加数字的组成形式?

2. 简述加工程序一般有哪些种类指令字? 各类指令字有哪些指令功能?

3. 简述 FANUC 数控车床一般用哪些指令方法确定工件零点在车床的位置？

4. 说说 FANUC 数控车床表达进给运动的相关指令？

5. 说说 FANUC 数控车床如何用程序指令表达主轴运动？

6. 在仿真机床上用 MDI 方式进行车床主运动、进给运动操作，体验指令功能。

任务 4.2　学会程序编写、编辑和校验

【学习目标】

1. 掌握简单加工程序的编写；

2. 学会加工程序在车床上的输入、编辑、模拟校验。

【基本知识】

4.2.1　熟悉加工程序格式

1. 程序段规定格式

数控车削加工中，一个连续的自动加工过程，可用一个加工程序来表示，一个加工程序由若干顺序排列的程序段组成。程序段指令车床某时刻的加工运动和状态，每个程序段由若干个程序指令字组成。一个完整的数控车削程序段的基本格式如下：

N×××× G×× X±×××××.××× Z±×××××.××× F××××
S××××/×× T×××× M×× LF

其中 N××××——程序段的段号，是程序段名称；

G××——准备功能指令；

X±×××××.×××,Z±×××××.×××——分别表示 X,Z 坐标尺寸字；

F××××——进给速度功能字；

S××××/××——主轴转速功能字；

T××××——刀具功能字；

M××——辅助功能指令；

LF——程序段的结束部分，或用“；”表示。

2. 加工程序一般结构

如图 4.1-1 所示，数控程序一般的结构形式如下：

（1）程序名　程序名也可称为程序号，单列一行，以规定的英文字母（通常为 O）为首，后面接若干位数字，例如“O4201”。

（2）准备程序段　准备程序段一般包括以下一些指令：

①系统状态初始设定；

②工件编程坐标系的建立；

③刀具准备(包括装刀及刀具位置补偿);

④主运动准备;

⑤刀具快速定位到加工位置附近。

(3)加工程序段 加工程序段指令进给运动轨迹和切削运动量的大小。

(4)结束程序段 结束程序段一般包括以下一些指令:

①刀具退回到安全位置;

②主轴停转(M05);

③取消补偿回换刀点;

④程序结束并返回到程序开始(M02,M30)。

由上分析可见,其实程序所表达的加工内容和过程,与我们在传统机床手动操作加工时的内容和过程十分相似,只是用规定的格式表达出来罢了。

4.2.2 FANUC 车削程序编制的一些说明

1. 直径编程方式

在车削加工的数控程序中,X 轴的坐标值取为工件图样上的直径值,如图 4.2-1 所示,图中 E 点的坐标值为(30,-25),B 点的坐标值为(20,-2)。采用直径尺寸编程与工件图样中的尺寸标注一致,这样可避免尺寸换算过程中可能造成的错误,给编程带来方便。

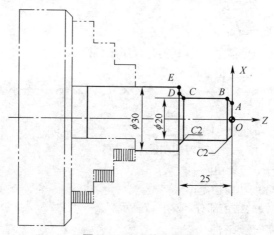

图 4.2-1 工件示意图

2. 绝对坐标、增量坐标编程

在按绝对坐标编程时,使用代码 X 和 Z;按增量坐标(相对坐标)编程时,使用代码 U 和 W。U 输入的是径向实际位移值的二倍,并附上方向符号(正向可以省略)。

同一程序中,也可以采用混合坐标指令编程,即既出现绝对坐标指令,又出现相对坐标指令。

如图 4.2-1 中 *A*→*B* 的直线运动可写成:

G01 X20. Z-2. F100;(→*B*)

或:G01 U4. W-2. F100;(→*B*)

或:G01 X20. W-2. F100;(→*B*)

以上三种形式表达相同的 *A*→*B* 运动。

如图 4.2-2(a)中 *D*→*E* 的圆弧运动可写成:

G02 X30. Z-25. R5. F100;(→*E*)

或:G02 U10. W-5. R5. F100;(→*E*)

或:G02 X30. W-5. R5. F100;(→*E*)

以上三种形式表达相同的 *D*→*E* 运动。

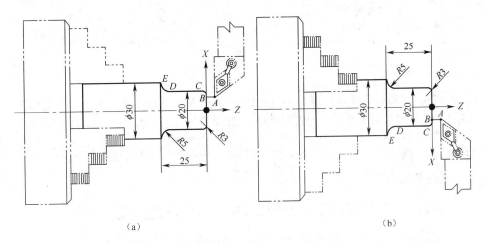

(a)　　　　　　　　　　　　　　　　(b)

图 4.2-2　前置刀架、后刀架坐标系编程方式

(a)后置刀架　(b)前置刀架

3. 前置刀架、后置刀架坐标系及编程方式

通常,采用斜床身的布局的全功能数控车床,刀架后置,坐标系的坐标轴名称、方向如图 4.2-2(a)所示;采用水平床身的布局的数控车床,刀架前置,更适合手动操作的参与,坐标系的坐标轴名称、方向如图 4.2-2(b)所示。

由于刀架后置与刀架前置的不同,导致 *X* 轴的方向相反,将引起数控车床圆弧顺、逆方向判断的不同。

如图 4.1-7(a)所示,为刀架后置坐标系的圆弧顺、逆判断,与平时习惯相同。

如图 4.1-7(b)所示,为刀架前置坐标系的圆弧顺、逆判断,与平时习惯相反。

这会引起两种坐标系编写的程序不同吗?下面分别在刀架后置坐标系和刀架前置坐标系,对图 4.2-2 所示的工件轮廓进给加工路线 *A*→*B*→*C*→*D*→*E* 编程。

我们发现在两种坐标系内 *ABCDE* 的坐标相同,见表 4.2-1。

表 4.2-1　图 4.2-2 所示工件各点的坐标

	A	B	C	D	E
X(直径)	14	14	20	20	30
Z	5	0	-3	-20	-25

我们发现在两种坐标系内加工路线 $A \to B \to C \to D \to E$ 进给程序也相同,程序如下:

O4201

…

G00 X14. Z5. ;→A

G01 X14. Z0 F100;→B

G03 X20. Z-3. R3. ;→C

G01 Z-20. ;→D

G02 X30. Z-25. R5. ;→E

…

可见,在刀架后置坐标系内编写的加工程序,拿到刀架前置的车床上应用也是正确的。在刀架后置坐标系内编写程序,无论是圆弧顺、逆判断,或是半径补偿方向的判断,更符合我们的平时习惯,因此,教材中数控车削编程都在刀架后置形式的坐标系内编写程序。

【任务实践】

4.2.3　数控车削程序编制、编辑、空运行校验实践

编写如图 4.2-3 工件的外轮廓切削程序,并输入空运行校验。

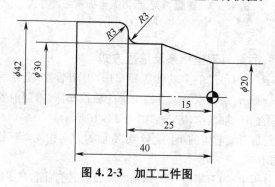

图 4.2-3　加工工件图

1. 编程

设计轮廓精加工路线如图 4.2-4 所示。轮廓由直线段 1→2,直线段 2′→3,圆弧段 3→4,圆弧段 4→5、直线段 5→6 组成。为控制刀具安全地切入、切出工件,增设接近工件的点 S,轮廓切入点 P,轮廓切出点 Q。

以右端面中心为零点建立 *XOZ* 直角坐标系,可得各点坐标见表4.2-2。

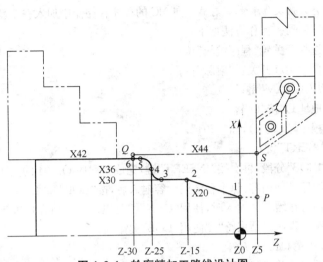

图 4.2-4　轮廓精加工路线设计图

表 4.2-2　图 4.2-2 所示工件加工路线各点的坐标

	S	P	1	2	3	4	5	6	Q
X	44	20	20	30	30	36	42	42	44
Z	5	5	0	-15	-22	-25	-28	-30	-30

参考程序如下:

O4204;

N1 G99;

N2 T0101 M03 S600;

N3 G00 X44. Z5.;

N4 X20.;

N5 G01 Z0. F0.2;

N6 G01 X30. Z-15.;

N7 G01 Z-22.;

N8 G02 X36. Z-25. R3.;

N9 G03 X42. Z-28. R3.;

N10 G01 Z-30;

N11 G00 X44.;

N12 Z5.;

N13 G00 X100. Z100.;

N14 M05;

N15 M30;

2. 程序编辑方式下注册新程序、输入、修改

(1)*新程序注册及程序录入、存储* 向 NC 的程序存储器中加入一个新的程序号的操作称为程序注册。操作方法如下:

①方式选择开关置"程序编辑"位;

②程序保护钥匙开关置"解除"位;

③按"PROGRAM"键;

④键入地址 O(按"O"键);

⑤键入程序号(数字),如"4204";

⑥按"INSERT"键;

⑦键入"EOB"分段,再次按"INSERT"键,完成新程序 O4204 的注册;

⑧输入程序其他内容,每个程序段内容输入后,按"EOB"和"INSERT"键。

当程序内容在缓存区输入时,使用"CAN"键可以从光标所在位置起一个一个地向前删除字符。程序段结束符";"使用"EOB"键输入。

(2)*输入程序 O4204 示例*

①方式选择开关置"程序编辑"位;

②程序保护钥匙开关置"解除"位;

③按"PROGRAM"键;

④键入地址及程序号"O4204";

⑤按"INSERT"键;

⑥键入"EOB"→按"INSERT"键,完成新程序 O4204 的注册;

⑦键入:

N1 G99 "EOB""INSERT"

N2 T0101 M03 S600 "EOB""INSERT"

N3 G00 X44. Z5. "EOB""INSERT"

...

N15 M30 "EOB""INSERT"

⑧按 RESET,光标回到程序头。

(3)*搜索并调出程序* 有两种方法。

第一种方法:

①方式选择开关置"程序编辑"或"自动运行"位;

②按"PROG"键;

③键入地址 O(按"O"键);

④键入程序号(数字);

⑤按向下光标键(标有"CURSOR↓"键);

⑥搜索完毕后,被搜索程序的程序号会出现在屏幕的右上角;如果没有找到指定的程序号,会出现报警。

第二种方法：

①方式选择开关置"程序编辑"位；

②按"PROG"键；

③键入地址 O(按"O"键)；

④按向下光标键(标有"CURSOR↓"键),所有注册的程序会依次被显示在屏幕上。

(4)用"ALTER"修改程序

①调出需要编辑或输入的程序；

②使用翻页键(标有"PAGE UP""PAGE DOWN"键)和上下光标键(标有"CURSOR↑↓"键),将光标移动到需要被修改的词下；

③键入替换该词的内容,可以是一个词,也可以是几个词甚至几个程序段(只要输入缓存区容纳得下的话)；

④按"ALTER"键,光标所在位置的词将被输入缓存区的内容替代。

(5)用"INSERT"在程序中插入一段程序 该功能用于输入或编辑程序,方法如下：

①调出需要编辑或输入的程序；

②使用翻页键(标有"PAGE UP""PAGE DOWN"键)和上下光标键(标有"CURSOR↑↓"键)将光标移动到插入位置的前一个词下；

③键入需要插入的内容。此时键入的内容会出现在屏幕下方,该位置被称为输入缓存区；

④按"INSERT"键,输入缓存区的内容被插入到光标所在的词的后面,光标则移动到被插入的词下。

3. 程序的空运行调试

空运行操作方法：

①将光标移至程序头,或在编辑方式下按 RESET 键,使光标复位到程序头部；

②置"MODE SELECT"(工作方式)为"MEM"或"AUTO"(自动)挡；

③按下手动操作面板上的"DRY RUN"(空运行)开关,至灯亮；

④按"CYCLE START"(循环启动)按钮。

车床开始以快进速度执行程序,由数控装置进行运算后,送到伺服机构驱动机械工作台实施移动。空运行时将无视程序中的进给速度而以快进的速度移动,并可通过"快速倍率"旋钮来调整。有图形监控功能时,若需要观察图形轨迹,可按数控操作面板上的"GRAPH"功能键切换到图形显示画页。

【任务小结】

程序表达数控自动加工过程顺序,由若干个顺序排列的程序段组成的一个加工程序来表示；各程序段指令车床某时刻的加工运动和状态。程序一般分为准备、切削、结束三个阶段。

程序输入应在车床的编辑状态下输入,程序注册、录入、修改、检索等操作要反复练习,熟练掌握。可用空运行校验初步检查程序的编写错误。

【思考与练习】

参考实践任务,编写如图 4.2-5 所示的外圆轮廓精加工的车削程序,并在数控车床上进行输入编辑、空运行校验。

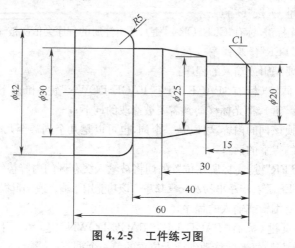

图 4.2-5 工件练习图

任务 4.3 仿真机床软件上程序编辑和自动加工

【学习目标】

1. 通过仿真系统操作熟悉数控车削操作流程;
2. 在仿真机床软件上练习程序输入、编辑、操作加工技能。

【基本知识】

4.3.1 仿真机床软件上的程序操作

1. 导入数控程序

数控程序可以通过记事本或写字板等编辑软件输入并保存为文本格式(＊.txt格式)文件,也可直接用系统的 MDI 键盘输入。

点击数控操作面板上的模式开关,把模式置于编辑状态"EDIT"键,点击 MDI 键盘上的"PROG"键,CRT 界面转入编辑页面。再按菜单软键"操作",在出现的下级子菜单中按软键 ▶,按菜单软键"READ",转入如图 4.3-1 所示的界面。

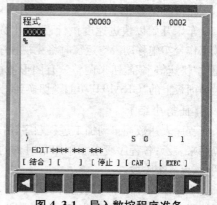

图 4.3-1 导入数控程序准备

点击 MDI 键盘上的数字/字母键,输入"O×"(×为任意不超过四位的数字),按软键"EXEC";点击菜单"机床/DNC 传送",在弹出的选择程序对话框(如图 4.3-2 所示)中选择所需的 NC 程序,按"打开"确认,则数控程序被导入并显示在 CRT 界面上。

如果采用系统的 MDI 面板输入程序,首先新建一个程序,点击 MDI 键盘上的数字/字母键,输入"O×"(×为任意不超过四位的数字),然后用键盘或鼠标输入对应的字母和数字。这种方法相对速度较慢,但在初学时可以快速熟悉数控面板。

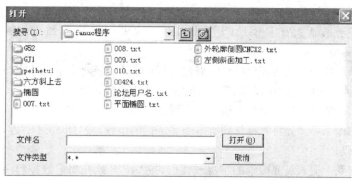

图 4.3-2　选择程序

2. 数控程序管理

(1)显示数控程序目录　经过导入数控程序操作后,点击数控操作面板上的模式开关,把模式置于编辑状态"EDIT",点击 MDI 键盘上的"PROG",CRT 界面转入编辑页面。按菜单软键"LIB",经过DNC 传送的数控程序名列表显示在 CRT 界面上,如图 4.3-3 所示。

(2)选择一个数控程序　经过导入数控程序操作后,点击 MDI 键盘上的"PROG",CRT 界面转入编辑页面。利用 MDI 键盘输入"O×"

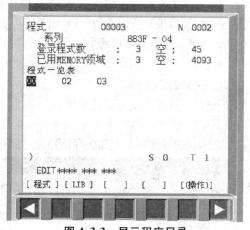

图 4.3-3　显示程序目录

(×为数控程序目录中显示的程序号),按"↓"键开始搜索,搜索到后"O×"显示在屏幕首行程序号位置,NC 程序将显示在屏幕上。

(3)删除一个数控程序　在编辑模式下,利用 MDI 键盘输入"O×",按"DE-LETE"键,程序即被删除。

(4)新建一个 NC 程序　在编辑模式下,利用 MDI 键盘输入"O×",按"IN-SERT"键,CRT 界面上将显示一个空程序,可以通过 MDI 键盘开始程序输入。输入一段代码后,按"INSERT"键则数据输入域中的内容将显示在 CRT 界面上,用回车换行键"EOB"结束一行的输入后换行。

(5)删除全部数控程序 在编辑模式下,点击 MDI 键盘上的"PROG",CRT 界面转入编辑页面。利用 MDI 键盘输入"O9999",按"DELETE"键,全部数控程序即被删除。

3. 数控程序编辑

在编辑状态下,点击 MDI 键盘上的"PROG",CRT 界面转入编辑页面。选定了一个数控程序后,此程序显示在 CRT 界面上,可对数控程序进行以下编辑操作。

(1)移动光标 按"PAGE UP""PAGE DOWN"用于翻页,按方位键"↑""↓""←""→"移动光标;

(2)插入字符 先将光标移到所需位置,点击 MDI 键盘上的数字/字母键,将代码输入到输入域中,按"INSERT"键,把输入域的内容插入到光标所在代码后面;

(3)删除输入域中的数据 按"CAN"键用于删除输入域中的数据;

(4)删除字符 先将光标移到所需删除字符的位置,按"DELETE"键,删除光标所在的代码;

(5)查找 输入需要搜索的字母或代码,按"↓"开始在当前数控程序中光标所在位置后搜索(代码可以是:一个字母或一个完整的代码,例如"N0010","M"等);如果此数控程序中有所搜索的代码,则光标停留在找到的代码处;如果此数控程序中光标所在位置后没有所搜索的代码,则光标停留在原处;

(6)替换 先将光标移到所需替换字符的位置,将替换成的字符通过 MDI 键盘输入到输入域中,按"ALTER"键,把输入域的内容替代光标所在处的代码。

4. 保存数控程序

编辑好的数控程序可以传出保存为一个文件以便于管理。此时已进入编辑状态,按菜单软键"操作",在下级子菜单中按菜单软键"PUNCH",在弹出的对话框中输入文件名,选择文件类型和保存路径,按"保存"按钮,如图 4.3-4 所示 。

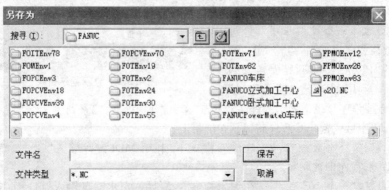

图 4.3-4 程序保存

4.3.2　仿真自动加工

1. 检查运行轨迹

NC 程序导入后,可检查运行轨迹。将操作面板的"MODE"旋钮切换到"AU-TO"挡,点击控制面板中"GRAPH"命令,转入检查运行轨迹模式;再点击操作面板上"循环启动"按钮"ST",即可观察数控程序的运行轨迹。此时也可通过"视图"菜单中的动态旋转、动态缩放、动态平移等方式对三维运行轨迹进行全方位的动态观察。注意,检查运行轨迹时,暂停运行、停止运行、单段执行等同样有效。

2. 自动/连续方式

首先检查车床是否回零,若未回零,先将车床回零;导入数控程序或自行编写一段程序。点击操作面板中的机床操作模式选择旋钮使其指向"AUTO",系统进入自动运行控制方式;点击操作面板上的"循环启动"按钮,程序开始执行。数控程序在运行过程中可根据需要暂停和重新运行。数控程序在运行时,按"循环暂停"按钮,程序停止执行,再点击键,程序从暂停位置开始执行。

3. 自动/单段方式

首先检查机床是否机床回零,若未回零,先将机床回零;再导入数控程序或自行编写一段程序;点击操作面板中的机床操作模式选择旋钮使其指向"AUTO",则系统处于自动运行模式,点击操作面板上的"单节"按钮"SBK",再点击操作面板上的"循环启动"按钮,程序开始执行。自动/单段方式执行每一行程序均需点击一次"循环启动"按钮。点击"单节忽略"按钮"BDT",则程序运行时跳过符号"/"有效,该行成为注释行,不执行。可以通过"主轴倍率"旋钮和"进给倍率"旋钮来调节主轴旋转的速度和车床移动的速度。按键可将程序重置,光标自动跳到程序头部。

【跟我学】

4.3.3　仿真加工操作实践

1. 仿真加工操作任务

在 4.2.3 中,我们编写了程序"O4204",并学会了在数控车床上进行程序输入和空运行校验。但我们并没有进行切削加工,这是因为程序 O4204 描述了刀具沿轮廓精加工路线进给,当毛坯是 $\phi42$ 棒料,刀具在进给过程中的最大切深是 $\phi24$,这显然不符合切削原理,当切深过大时,应设计分层切削的方法。

我们可通过修改磨耗补偿值,在不同磨耗补偿值执行程序,可达到分层切削的效果。

如图 4.3-5 所示,当 X 向磨耗补偿值为 $X20$ 时,执行程序,最大切深为 $\phi4$,这是一个较为合理的切深。然后我们修改 X 向磨耗补偿值为 $X16$,再执行程序,在上一层轮廓切削的基础上,最大切深又为 $\phi4$,在($\phi24\sim\phi0$)的范围内,通过多次减小 X 向磨耗补偿值和执行程序,可以达到粗、精切削的合理安排。

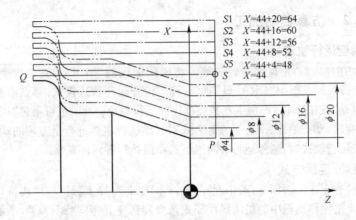

图 4.3-5　修改磨损粗、精加工轮廓

本次任务实践将在仿真机床软件上执行程序 O4204,通过多次修改磨耗补偿值的方法实现对工件的分层切削。

2. 仿真机床软件的加工准备

(1)开机回参考点　检查"急停"按钮是否处于松开状态,若未松开,点击"急停"按钮,将其松开。点击"电源开"按钮,在回原点模式下进行回参考点操作。

(2)编辑并调用程序　通过记事本输入并保存为文本格式(＊.txt 格式)文件,如图 4.3-6 所示,程序名字为 O4204。

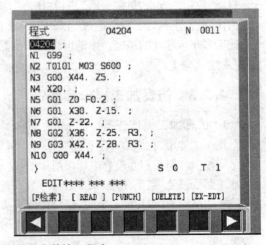

图 4.3-6　调用程序并输入程序

点击数控操作面板上的模式开关,把模式置于编辑状态,点击 MDI 键盘上的"PROG",CRT 界面转入编辑页面。再按菜单软键"操作",在出现的下级子菜单中按软键▶,按菜单软键"READ",点击 MDI 键盘上的数字/字母键,输入"O4204",按软键"EXEC";点击菜单"机床/DNC 传送",在弹出的选择程序对话框中选择"O4204"程序,按"打开"确认,则数控程序被导入并显示在 CRT 界面上,如图 4.3-6所示。

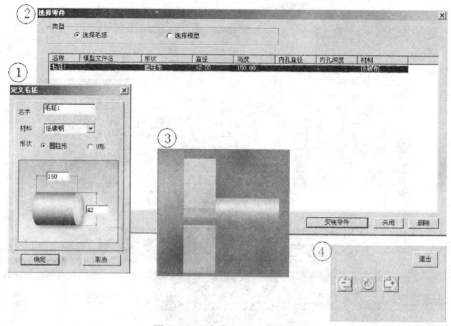

图 4.3-7 定义加工实例毛坯

(3)定义毛坯 单击定义毛坯工具条,弹出定义毛坯窗口,定义材料为 45 钢、直径为 42 等,如图 4.3-7①所示。

(4)安装工件 单击放置零件工具条,弹出如图 4.3-7②所示选择零件窗口,可以选择前面定义过的毛坯。点安装零件按钮零件被安装在卡盘上,如图 4.3-7③所示。安装好的零件可以调节伸出长度或者调头装夹,如图 4.3-7④所示。

(5)安装刀具 单击选择刀具工具条,弹出选择刀具窗口,选刀、装刀,如图 4.3-8 所示。

(6)对刀 以试切测量、输入刀具偏置的方法对刀。将工件右端面中心点设为工件坐标系原点,把模式开关选在手动状态,如图 4.3-9①所示,用 T01 刀试切工件外圆,保持 X 轴方向不动,刀具退出;点击"主轴停止"按钮,使主轴停止转动;点击菜单"测量/剖面图测量",得到试切后的工件直径为 40.542,测量界面如图 4.3-9②所示。点击 MDI 键盘上的"OFFSET SETTING"键,进入形状补偿参数设定界面,如图 4.3-9③所示,将光标移到相应的位置,输入 X40.542,按菜单软键"测量",X 向长度补偿值输入。

如图 4.3-10 所示试切工件端面,保持 Z 方向不动,刀具退出读出端面在工件坐标系中 Z 的坐标值 Z0(此处以工件端面中心点为工件坐标系原点,则 Z 为 0),进

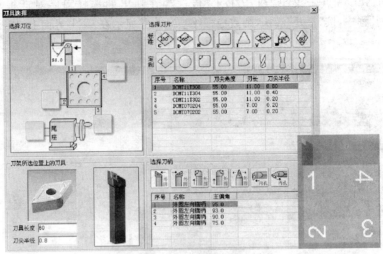

图 4.3-8 安装刀具

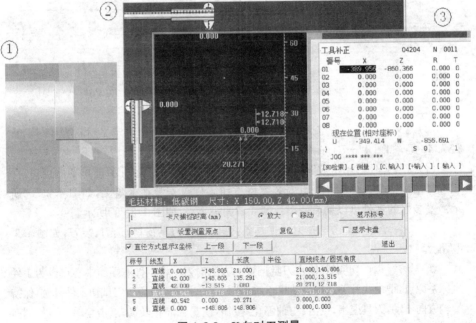

图 4.3-9 X 向对刀测量

入形状补偿参数设定界面,将光标移到相应的位置,输入 Z0,按[测量]软键,Z 向长度补偿值输入。

3. 自动加工

加工操作步骤如下:

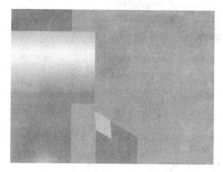

X   −338.654
Z   −860.366

图 4.3-10 *Z* 向对刀

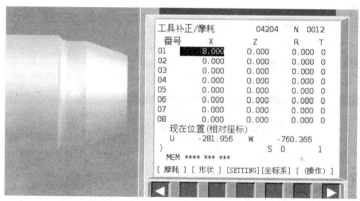

图 4.3-11 *X* 向磨耗补偿为"8.000"的加工结果

①打开磨耗补偿画面；

②在填写 01 号的 *X* 向磨耗补偿为"20.000"，点击操作面板中的机床操作模式选择旋钮使其指向"AUTO"，系统进入自动运行控制方式；点击操作面板上的"循环启动"按钮，程序开始执行执行加工程序；加工后测量检查位置、形状尺寸；

③修改 *X* 向磨耗补偿为"16.000"，执行加工程序，加工后检查位置、形状尺寸；

④修改 *X* 向磨耗补偿为"12.000"，执行加工程序，加工后检查位置、形状尺寸；

⑤修改 *X* 向磨耗补偿为"8.000"，执行加工程序，加工后检查位置、形状尺寸，加工结果如图 4.3-11 所示；

⑥修改 *X* 向磨耗补偿为"4.000"，执行加工程序，加工后检查位置、形状尺寸；

⑦修改 *X* 向磨耗补偿为"0.500"，执行加工程序，加工后检查位置、形状尺寸；

⑧如图 4.3-12 所示，修改 *X* 向磨耗补偿"0.00"，执行加工程序进行精加工，加工完成后零件如图 4.3-12 所示。

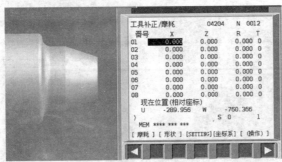

图 4.3-12 X 向磨耗补偿为"0"的加工结果

【任务小结】

工件加工动态模拟仿真可以比较真实地反映出实际的切削加工过程,不仅可检查数控代码的正确性,还可以检查加工过程中刀具与工件、刀具与机床以及刀具与夹具之间是否有干涉(碰撞或过切)现象。

数控仿真加工通常按以下步骤进行:

①工艺分析与设计;

②编制 NC 程序并存盘;

③打开仿真机床;

④机床开机回参考点;

⑤安装工件、刀具;

⑥对刀;

⑦编辑或上传 NC 语言;

⑧校验程序;

⑨自动加工。

【思考与练习】

1. 通过仿真机床实践,总结程序输入、编辑、加工的操作要点。

2. 思考用程序 O4204 加工工件时,为什么要通过修改补偿进行分层切削? 分析这样做的利弊。

3. 模仿 4.3.5 的仿真操作实践,输入图 4.2-5 工件编程练习的程序,进行仿真加工实践。

单元四 总结及练习

总 结

在单元四我们学习了人与数控车床交流的语言—数控加工程序,熟悉用FANUC 车削系统加工程序指令进行工艺表达的方法。

理解和编写加工程序要把握以下几点:

1. 加工程序要清楚、确定地表达人的加工意图；

2. 加工程序要用规定的指令，格式要准确。这是数控系统提出来的要求。

3. 加工程序指令字有顺序号字、准备功能字、坐标尺寸字、进给功能字、主轴转速功能字、刀具功能、辅助功能字，编程人员应熟练掌握程序指令字的含义。

本单元要求我们切实掌握的技能有：学会编写简单的数控车削程序，学会程序输入、编辑、校验，学会 MDI 方式执行程序、自动执行程序。这些技能要在数控车床或仿真机床软件上反复练习。

综 合 练 习

一、判断

(　　)1. 数控车床处于自动状态时，可对加工程序进行输入、编辑。

(　　)2. 辅助功能字又称 M 功能，主要用于数控机床系统状态的控制。

(　　)3. 对某一特定的 CNC 系统而言，每个指令字只能以规定的方式编写。

(　　)4. 指令分模态指令和非模态指令两种。非模态指令具有续效性，在后续程序段中，只要其他 G 代码未出现之前一直有效，直到被其他代码取代为止。

(　　)5. CNC 机床提供了快速运动定位的功能，它的主要目的就是缩短切削操作时间。

(　　)6. 数控装置处理程序时是以信息字为单元进行处理。信息字是组成程序的最基本单元，它由地址字符和数字字符组成。

(　　)7. FANUC 系统中，M98 指令是主轴低速范围指令。

(　　)8. MDI 方式下，可以通过 CRT/MDI 面板上直接输入程序段，并按启动键执行；执行后程序段不被存入程序存储器。

(　　)9. FANUC 系统中 M00 表示程序暂停，常用于测量工件和需要排除切屑时。

(　　)10. FANUC 系统中，M09 指令是切削液停。

二、选择

1. G96 S150 表示切削点线速度控制在(　　　)。

A. 150m/min　　　B. 150r/min　　　C. 150mm/min　　　D. 150mm/r

2. 程序停止，程序复位到起始位置的指令(　　　)。

A. M00　　　　　B. M01　　　　　C. M02　　　　　D. M30

3. 当执行了程序段中(　　　)指令之后，主轴停止，进给停止，冷却液关断，程序停止，重新按"循环启动"按钮，机床将继续执行下一程序段。

A. M02　　　　　B. M00　　　　　C. M30　　　　　D. G04

4. FANUC 车削系统进给速率由 F 指令给出，有毫米每分钟进给和毫米每转进给之分，由(　　　)来区分。

A. G94,G95　　　　　B. G98,G99　　　　　C. G96,G97　　　　　D. G90,G91

5. 在执行(　　)指令前,必须将刀具的刀位点先通过手动方式准确移动到设定坐标系的指定位置点。执行该指令后,刀具或机床并不产生运动,仍在原来位置。

A. G53　　　　　　B. G54~G59　　　　　C. T0101　　　　　D. G50

6. 在下面几种情况下,使用暂停指令 G04 不正确的是(　　)。

A. 对不通孔作深度控制时,在刀具进给到规定深度后,用暂停指令使刀具转一圈以上,然后退刀,可使孔底平整

B. 镗孔完毕后要退刀时,为避免在已加工孔壁上留下退刀螺旋状刀痕而影响孔表面质量,应用暂停指令,让主轴完全停止转动后再退刀

C. 向车槽到位后,用暂停指令,让主轴转过一转以后再退刀,使槽底平整

D. 一刀加工完毕后,使用暂停指令 G04 让机床停下来,以便对加工工件质量进行检测

7. FANUC 系统中(　　)表示任选停止,也称选择停止。

A. M01　　　　　　B. M00　　　　　　C. M02　　　　　D. M30

8. 数控机床(　　)时,可输入单一命令使机床动作。

A. 快速进给　　　　B. 手动数据输入　　C. 回零　　　　　D. 手动进给

9. 数控机床机床锁定开关的作用是(　　)。

A. 程序保护　　　　　　　　　　　B. 试运行程序

C. 关机　　　　　　　　　　　　　D. 屏幕坐标值不变化

10. 数控机床试运行开关扳到"DRY RUN"位置,在"MDI"状态下运行机床时,程序中给定的(　　)无效。

A. 主轴转速　　　　B. 快进速度　　　　C. 进给速度　　　　D. 以上均对

三、简答

1. 简述对数控加工程序的认识?

2. 简述对程序字、程序段、数控程序格式的认识?

3. 总结数控车削程序编写、输入、编辑、执行的操作注意点。

单元五　学习典型结构的数控车削

【单元导学】

适合车削的零件,不管其结构多么复杂,它的车削加工,总是由一些简单的、典型的结构加工组合起来的。典型结构车削加工一般有外圆车削、内孔车削、端面车削、槽车削、螺纹车削等。熟练掌握典型结构数控车削加工工艺、编程、操作方法,是我们掌握复杂零件数控车削加工的重要基础。实际工作中应当做到:

复杂的事情简单做,　　　简单的事情认真做,
认真的事情重复做,　　　重复的事情创造性地做。

任务 5.1　外圆车削工艺、编程、加工

【学习目标】

1. 熟悉外圆车削工艺;

2. 学会外圆车削编程,掌握 G01,G90,G71/G70,G73/G70 等外圆切削指令的应用;

3. 学会外圆加工操作及质量控制。

【基本知识】

5.1.1　车削外圆表面工艺

外圆表面是轴类零件的主要工作表面,外圆表面的加工中,车削得到了广泛的应用。如图 5.1-1 所示为车刀车削外圆。

车削不仅是外圆表面粗加工、半精加工的主要方法,也可以实现外圆表面的精密加工。

粗车可采用较大的背吃刀量和进给量,用较少的时间切去大部分加工余量,以获得较高的生产率。

半精车可以提高工件的加工精度,减小表面粗糙度,因而可以作为中等精度表面的最终工序,也可以作为精车的预加工。

精车可以使工件表面具有较高的精度和较小的表面粗糙度。通常采用较小的背吃刀量和进给量,较高的切削速度进行加工,可作为外圆表面的最终工序或光整加工的预加工。

如图 5.1-1(a)所示,车外圆而不需要考虑台阶时,可选用主偏角 75°车刀,其刀尖角大于等于 90°,刀头强度好,较耐用,适宜对铸锻件进行强力车削。

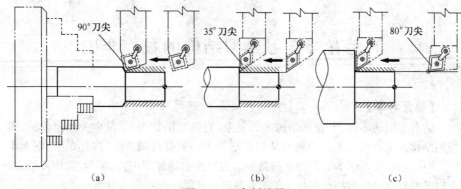

图 5.1-1 车削外圆

(a)75°偏刀车外圆 (b)90°偏刀车带低台阶外圆 (c)95°偏刀车带低台阶外圆

如图 5.1-1(b)所示,车外圆同时又需要考虑车低台阶时,可选用主偏角 90°车刀。

如图 5.1-1(c)所示,车外圆同时又需要考虑车较高台阶时,应选用主偏角大于 90°的车刀,如主偏角 93°或 95°车刀。

粗加工阶段应选用强度大、排屑好的车刀。刀具刀尖角大的刀具强度大,如图 5.1-1 中 90°,80°刀尖的刀具比 35°刀尖的刀具强度大。但 35°刀尖的刀具因为主、副偏角大,刀刃不容易干涉轮廓,更适合轮廓复杂的型面加工。

精加工刀刃要锋利,刀具前后角要大;刀尖要带修光刃,如带有合适大小的刀尖圆弧;同时刃倾角要大一些,使排屑顺畅,切屑流向待加工面。

5.1.2 G90 单一循环车削圆柱面

1. 用 G01 指令车削圆柱面

(1)**刀具切削起点** 编程时,对刀具快速接近工件加工部位的点,应精心设计,应保证刀具在该点与工件的轮廓应有足够的安全间隙。如图 5.1-2 所示,工件毛坯直径 50,工件右端面为 Z0,外圆有 5mm 的余量,刀具初始点在换刀点(X100,Z100),可设计刀具切削起点为(X54,Z2)。

(2)**刀具趋近运动工件的程序段** 首先将刀具以 G00 的方式运动到点(X54,Z2),然后 G00 移动 X 轴到切深,准备粗加工。

N10 T0101;

N20 G97 S700 M03;

N30 G00 X54. Z2. M08;

N40 X46.;

N50…

(3)**刀具切削程序段** 刀具以指令进给速度切削到指定的长度位置。

N60 G01 Z-20 F100;

(4)**刀具的返回运动** 刀具的返回运动时,先 X 向退到工件之外,再+Z 向以

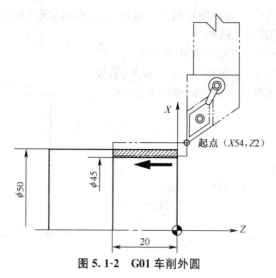

图 5.1-2　G01 车削外圆

G00 方式回到起点。

　　N70 G01 X54. ;

　　N80 G00 Z2. ;

　　N90 …

　　程序段 N60 为实际切削运动,切削完成后执行程序段 N70,刀具将脱离工件。

2. G90 单一循环车削圆柱面

　　(1)G90 单一车削循环　上述"用 G01 指令车削圆柱面",外圆车削路线可总结成四个动作:

　　①第一动作:刀具从起点以 G00 方式 X 方向移动到切削深度;

　　②第二动作:刀具 G01 方式切削工件外圆(Z 方向);

　　③第三动作:刀具 G01 切削工件端面;

　　④第四动作:刀具 G00 方式快速退刀回起点。

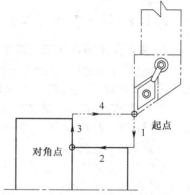

图 5.1-3　G90 单一循环车削圆柱面

　　四个动作路线围成一个封闭的矩形刀路。如图 5.1-3 所示。刀路矩形可看成由起点与对角点确定的矩形。

　　G90 单一车削循环是这样一个指令,可用它来调用圆柱面车削一系列四个动作。

　　G90 单一车削循环格式　G90 X(U)_ Z(W)_ F_ ;

　　G90 单一车削循环参数说明:当刀具已经运动到车削循环矩形路线的起点,本指令的"X(U)_ Z(W)_"给定矩形路线的对角点,从而确定矩形的刀路轨迹;指令中的"F"字给定工作进给的速率。

(2)G90单一循环车削圆柱面应用实例 用G90指令加工如图5.1-4所示工件的$\phi30$外圆,设刀具的起点为与工件具有安全间隙的 S 点(X55,Z2)。

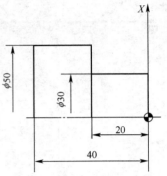

图 5.1-4　G90 车台阶轴使用举例

O5101

G98;

T0101 S800 M03;

G00 X55. Z2.;(快速运动至循环起点)

G90 X46. Z-19.8 F150;(X 向单边切深量 2mm,端面留精加工余量 0.2mm)

X42.;(G90 模态有效,X 向切深至 42 mm)

X38.;

X34.;

X31.;(X 向留单边余量 0.5 mm 用于精加工)

X30. Z-20 F100 S1200;(精车)

G00 X100. Z100.;

M30;

5.1.3　G71/G70 多重复合循环车外圆

1. 多重复合循环切削区域边界定义

FANUC 系统允许用循环指令,调用对切削区域的分层加工动作过程,这种指令称为多重复合循环。在多重复合循环指令中,要给定切削区域的切削工艺参数。

多重复合循环首先要定义多余的材料的边界,形成了一个完全封闭的切削区域,在该封闭区域内的材料,根据循环调用程序段中的加工参数进行有序切削。

从数学角度上说,定义一个封闭区域至少需要三个不共线的点,如图 5.1-5 所示为一个由三点定义的简单边界和一个由多点定义的复杂边界。S,P 和 Q 点则表示所选(定义)加工区域的极限点。

如图 5.1-5(b)所示,车削工件轮廓由点 P 开始,到点 Q 结束,它们之间还可以有很多点,这样由 P 开始到 Q 点结束形成了复杂的轮廓,P,Q 点间复杂轮廓应就是精加工的路线。这样由 S 点和 P 到 Q 精加工的路线就确定了一个完全封闭的切削区域。

2. 起点和 P,Q 点的设计

如图 5.1-5 所示的 S 点为切削循环的起点,起点是调用轮廓切削循环前刀具的 X,Z 坐标位置。认真选择起点很重要,它应趋近工件,并具有安全间隙。

P 点代表精加工轮廓的起点,Q 点代表精加工后轮廓终点。P,Q 点应在工件之外,与工件有一定的安全间隙。

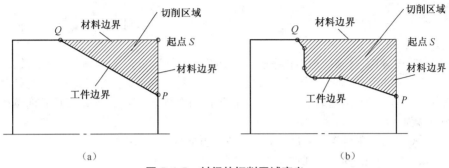

图 5.1-5　封闭的切削区域定义

(a)简单的三角形区域　(b)复杂的切削区域

3. G71 多重复合循环格式

G71 粗车固定循环，它适用于对棒料毛坯粗车外径和粗车内径。在 G71 指令前面，是运动到循环起点的程序段；在 G71 指令后面，是描述精加工轮廓的程序段。CNC 系统根据循环起点、精加工轮廓、G71 指令内的各个参数，自动生成加工路径，将粗加工待切除的余量切削掉，并保留设定的精加工余量。

格式　G71 U($\triangle d$)R(e)；

　　　G71 P(ns) Q(nf) U±($\triangle u$) W±($\triangle w$) F_ S_ T_；

其中　U($\triangle d$)——循环的切削深度(半径值，正值)；

　　R(e)——每次切削退刀量；

　　P(ns)——进给到精加工路线切入点 P 的程序段号；

　　Q(nf)——进给到精加工路线切出点 Q 的程序段号；

U±($\triangle u$)——X 向精车预留量；

W±($\triangle w$)——Z 向精车预留量。

G71 指令段内部参数的意义如图 5.1-6 所示，CNC 装置首先根据用户编写的精加工轮廓，在预留出 X 和 Z 向精加工余量$\triangle u$ 和$\triangle w$ 后，计算出粗加工实际轮廓的各个坐标值。刀具按层切法将余量去除，在每个切削层刀具指令 X 向切深 U ($\triangle d$)，每个层切削后按 R(e)指令值，沿 45°方向退刀，然后循环到下一层切削，直至粗加工余量被切除。然后，刀具沿与精加工轮廓 X 向相距$\triangle u$ 余量、Z 向相距 $\triangle w$ 余量的路线半精加工。G71 加工结束后，可使用 G70 指令最终完成精加工。其

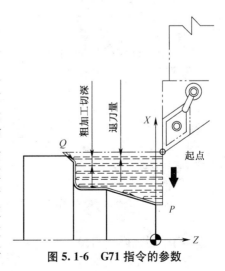

图 5.1-6　G71 指令的参数

他说明：

①描述精加工轮廓的程序段中指定的 F,S 和 T 功能,对粗加工循环无效,但对精加工有效；

② 在 G71 程序段或前面程序段中指定的 F,S 和 T 功能,对粗加工循环有效。

③X 向和 Z 向精加工余量△u 和△w 的正负符号判断的方法是：留余量的轮廓形状相对零件的最终轮廓形状,向 X,Z 的正向偏移则符号为正,向 X,Z 的负向偏移则符号为负。

④G71 固定循环第一个走刀动作应是 X 方向的走刀动作。

4. G71 多重复合循环应用实例

工件如图 5.1-7 所示,毛坯是直径 50 的棒料,工件右端面为 Z0,刀具初始点在换刀点($X100,Z100$)；切削区域、切削起点 S,P,Q 点设计如图 5.1-8 所示。利用 G71 多重复合循环编制粗加工程序如下：

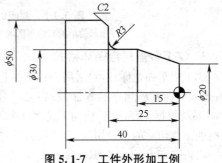

图 5.1-7 工件外形加工例

O5103；

G99；

T0101 M03 S500；

G00 X54. Z2. ；(到达 G71 固定循环起始点)

G71 U2. R0.5；(每层切深 2mm,退刀 0.5mm)

G71 P10 Q20 U0.3 W0.1 F0.2 ；
(X 向留单边精加工余量 0.3mm,Z 向 0.1mm,粗加工切进给量 0.2 mm/r ；P10 Q20 为描述工件精加工路线程序段的起、止段号)

N10 G0 X20；(→P 点,精加工轮廓开始程序段,第一个动作是 X 向运动)

G01 Z0. ；

G01 X30. Z-15. ；

G01 Z-22. ；

G02 X36 Z-25 R3 ；

G01 X46. ；

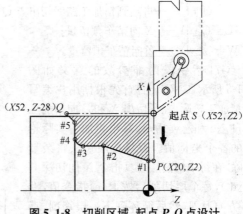

图 5.1-8 切削区域、起点 P,Q 点设计

N20 G01 X52. Z-28；(→Q 点,精加工轮廓结束)

…

5. 精车固定循环 G70

格式 G70 P(ns) Q(nf) F _ M _ S _；

G70 指令用于 G71,G72,G73 指令粗车工件的精车加工。G70 指令总是在粗加工循环之后,调用粗加工循环指令后的精加工轮廓路线。

宜在 G70 程序段之前编写刀具 T 指令和主运动指令,若不指定,则维持粗车指定的 F,S,T 状态。G70 到 G73 中 ns 到 nf 间的程序段不能调用子程序。当 G70 循环结束时,刀具返回到起点,并读下一个程序段。应用示例:

O5103

(粗加工程序)

……

(精加工程序,程序起点和刀具不变)

M03 S1000;

N100 G70 P10 Q20 F0.1;(调用精加工循环)

N110 G00 X100. Z100. ;

N120 M30;

5.1.4　G73/G70 成型加工复合循环粗车外圆

1. 锻造毛坯与圆棒料毛坯切削区域和粗车路线

如图 5.1-9 所示,对工件毛坯切削区域的粗加工,可以有几种不同切削进给路线选择,如图 5.1-9(a)所示的平行轮廓的"环切"路线,图 5.1-9(b)所示的平行坐标轴的"行切"走刀路线等。为使粗加工切削路线最短,要对具体加工条件具体分析。当工件毛坯为余量均匀的锻造毛坯,粗加工时,平行轮廓的"环切"路线最短。

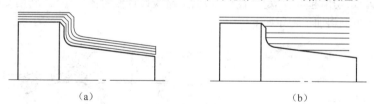

（a）　　　　　　　　　　　　（b）

图 5.1-9　切削区域与粗加工切削路线

（a）余量均匀毛坯加工　（b）圆棒料毛坯加工

G73 指令称之为成型加工复合循环,调用平行工件轮廓的"环切"路线,适合于余量均匀的锻造毛坯粗车。

2. G73 格式和指令介绍

格式　　G73 U（△i）W（△k）R（△d）;

　　　　　G73 P（ns）Q（nf）U±（△u）W±（△w）F_ ;

其中　　U（△i）——X 方向毛坯切除余量(半径值、正值);

　　　　　W（△k）——Z 方向毛坯切除余量(正值);

　　　　　R（△d）——粗切循环的次数;

　　　　　P（ns）——精加工程序的开始循环程序段的行号;

　　Q(nf)——精加工程序的结束循环程序段的行号;

　　U±(△u)——X向精车预留量;

　　W±(△w)——Z向精车预留量。

　　G73指令段内部参数的意义如图
5.1-10所示,CNC装置首先根据用户
编写的精加工轮廓,在预留出X和Z
向精加工余量△u和△w后,刀具按
平行于精加工轮廓的偏离路线进行粗
加工,切深为粗加工余量除以指令的
粗加工次数(R)。粗加工结束后,可使
用G70指令最终完成精加工。

　　用G73粗加工循环模式用于毛坯
为棒料的工件切削时,会有较多的空
刀行程,棒料毛坯应尽可能使用G71,
G72粗加工循环模式。

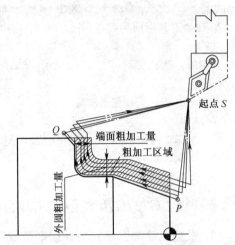

图5.1-10　G73 X向进刀的路线

3. G73指令应用示例

　　如图5.1-11所示,工件毛坯为锻
件。工件X向残留余量不大于5mm,Z向残留余量不大于3mm,要求采用G73方式
切削出该零件外形。

　　换刀点、切削起点、P,Q点设计,精加工路线设计参考图5.1-8。利用G73多重
复合循环编制粗加工程序如下:

O5104

G99;

T0101 S500 M03;

G00 X60. Z2. ;

G73 U5. W3. R5. ;

G73 P10 Q20 U0.3 W0.1 F0.2 ;

N10 G00 X20. ;

G01 Z0. ;

G01 X30. Z-15. ;

G01 Z-22. ;

G02 X36. Z-25. R3. ;

G01 X46. ;

N20 G01 X52. Z-28. ;(→Q点,精加工轮廓结束)

M03 S1200 ;

G70 P10 Q20 F0.1;(调用精加工循环)

G00 X100. Z100. ;

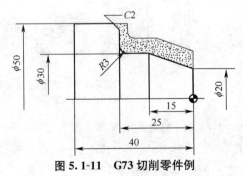

图5.1-11　G73切削零件例

M30;

【任务实践】

5.1.5 外圆车削编程加工实践

1. 加工任务分析

如图 5.1-12 所示的工件,设棒料外圆 $\phi 46_{-0.25}^{0}$ 及长度 95 ± 0.05 已经加工,试加工工件右端复杂外圆轮廓面,保证 $\phi 30$,$\phi 26.8\pm0.02$,$\phi 22_{-0.016}^{0}$,$45_{-0.05}^{0}$ 和 1:5 锥度等的尺寸精度要求,表面要求 $Ra1.6$。制定外圆轮廓加工工艺,编写切削程序,输入加工。

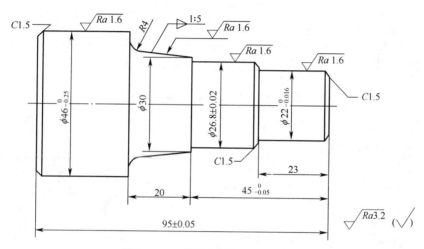

图 5.1-12 外圆车削加工工件图样

2. 加工方案设计

(1)加工区域分析及切削路线设计 工件是 $\phi 46$ 的棒料,加工区域如图 5.1-13 所示,设计刀具接近工件的点 $S(X48,Z2)$,精加工路线的切入点 $P(X15,Z2)$,切出点 $Q(X15,Z2)$,程序的加工区域由 S,P,Q 及 $P \rightarrow Q$ 精加工的路线围成;X 向留精加工余量 U0.5,Z 向留精加工余量 W0.1。设计用 G71/G70 加工循环路线粗、精加工切削区域。

(2)装夹方案 拟用三爪自定心卡盘进行装夹,夹持左端 $\phi 46_{-0.025}^{0}$ mm 柱面,伸长 70mm。工件坐标的零点选在右端面的中心。

(3)刀具及切削用量选择 选用刀尖角 80°、主偏角 95° 的一把外圆车刀,粗、精加工工件右端外圆轮廓面。

粗车轮廓时选用 $a_p=2$mm,精车轮廓时选用 $a_p=0.5$mm。主轴转速的选择与工件材料、刀具材料、工件直径的大小及加工精度和表面粗糙度要求等都有联系,这里拟选择外轮廓粗车转速 800r/min,精车转速 1200r/min。选择外轮廓粗精车的进给

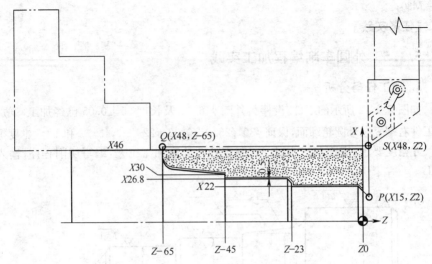

图 5.1-13　G71/G70 切削路线设计

量分别为 0.2mm/r 和 0.1mm/r。

3. 加工程序填写

参考图 5.1-13 编制加工程序如下：

O5105；

（T01 粗加工右端外形）

G99；

M03 S800 T0101；

G00 X48．Z2．;（快进到外径粗车循环起刀点 S）

G71 U2.R0.5；（外径粗车循环）

G71 P30 Q40 U0.5 W0.1 F0.2；

N30 G00 X15.；（到精加工轮廓起点 P）

G01 X22．Z-1.5；

Z-23.；

X24.85；

X26.85 Z-24.5；

Z-45.；

X30.；

X33.28 Z-61.398；

G02 X41.24 Z-65.R4.；

N40 G01 X5.2；（到精加工轮廓终点 Q）

G00 X100．Z50.；

M05；

M00；

（T01 精加工右端外形）

G99；

M03 S1200 T0101；

G00 X52. Z2. ；

G70 P30 Q40 F0.1；

G00 Z50. X100. ；

M05；

M30；

4. 车削加工实践

（1）工具准备　数控车床，棒料，外圆车刀，卡尺。

（2）加工准备

①开机前检查，启动数控车床，回参考点操作；

②装夹工件，露出加工的部位，确保定位精度和装夹刚度；

③根据加工方案准备刀具，安装车刀，确保刀尖高度正确和刀具装夹刚度；

④对刀测量，填写补偿值或零点偏置值，并认真检查补偿数据的正确性；

⑤输入程序并校验程序。

（3）加工操作

①执行每一个程序前检查其所用的刀具，检查切削参数是否合适；开始加工时，宜把进给速度调到最小，密切观察加工状态，有异常现象及时停机检查；

②在操作过程中必须集中注意力，谨慎操作，运行前关闭防护门；运行过程中，一旦发生问题，及时按下复位按钮或紧急停止按钮；

③在加工过程中不断优化加工参数，达最佳加工效果；粗加工后检查工件是否有松动，检查位置、形状尺寸；

④精加工后检查位置、形状尺寸，调整加工参数，直到工件与图纸及工艺要求相符；

⑤拆下工件，把刀架停放在远离工件的换刀位置，及时清洁车床。

【任务小结】

总结上述的学习，外圆切削加工中应考虑的问题有：理解外圆切削特点，根据加工条件、加工要求特点进行工艺设计。外圆车削应认真分析切削区域，合理设计切削路线和切削用量。认真理解 G01，G90，G71，G70，G73 等外圆切削指令的应用。

建议在外圆切削实践中认真体会外圆切削工艺、编程、加工操作要点，认真体会外圆加工质量控制的方法。

【思考与练习】

1. 说说车削外圆时刀具如何选用？

2. 说说外圆车削时，如何分析切削区域，并进行合理的切削路线设计。

3. 理解 G01,G90,G71/G70,G73/G70 等指令在外圆切削时的应用。

4. 参考图 5.1-12 所示的工件外圆车削工艺、编程和加工,对如图 5.1-14 所示的工件制定工艺、编程和加工。

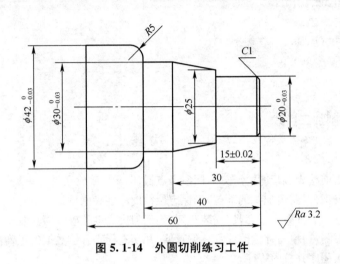

图 5.1-14 外圆切削练习工件

任务 5.2 学会制订端面车削工艺、编程、加工

【学习目标】

1. 熟悉端面车削工艺;

2. 学会端面车削编程,掌握 G01,G94,G72/G70 等指令在端面切削时的应用;

3. 学会端面加工操作及质量控制。

【基本知识】

5.2.1 熟悉车削端面工艺

车削端面工序用于加工工件的端面,从而得到平端面或阶梯端面。如图 5.2-1 所示,端面切削刀具要将工件端面加工为图纸指定的 Z 向长度位置,车削端面时利用刀具沿 X 轴方向的进给来完成。

如图 5.2-2 所示,车削端面时,可以用偏刀或 45°端面车刀。

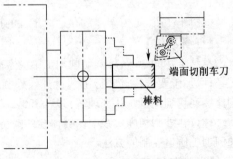

图 5.2-1 车削端面示意图

如图 5.2-2(a)所示,当用偏刀由外圆向中心进给车削端面,这时起主要切削作

用的是副切削刃,由于偏角大,刀尖角小,刀具受工件反作用力挤压,刀尖容易扎入工件而形成凹面,切削不顺利,影响表面质量。

如图 5.2-2(b)所示,用左偏刀由外圆向中心进给车削端面,这时是用主切削刃进行切削,切削顺利,同时切屑是流向待加工表面,加工后工件表面粗糙度值较小,适于车削较大平面的工件。

如图 5.2-2(c)所示,用 45°车刀车削端面,是用主切削刃进行切削的,故切削顺利,工件表面粗糙度值较小,工件中心的凸台是逐步切去的,不易损坏刀尖。45°车刀的刀尖角为 90°,刀头强度较高,适于车削较大的平面,并能倒角。

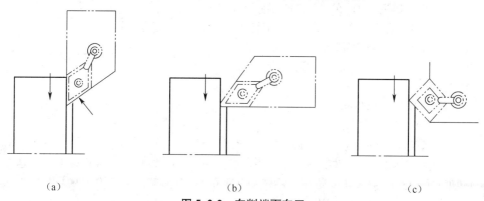

(a)　　　　　　　　　　　　(b)　　　　　　　　　　　　(c)

图 5.2-2　车削端面车刀

(a)右偏刀副切削刃车削端面　(b)左偏刀主切削刃车削端面　(c)45°端面车刀

车削端面时,刀具为横向车削,由于车刀刀尖在工件端面上的运动轨迹是一条阿基米德螺旋线。刀具愈近中心或进给量愈大时,车刀实际工作前角愈大,后角愈小。前角过大、后角过小容易让刀尖断裂并影响加工质量。刀具车削端面时,不宜选用过大的横向进给量。

G96 恒线速度模式可以使主轴旋转速度能随直径的改变而自动发生改变,但切削速度保持不变。适合用恒线速度方式切削。

5.2.2　学会用 G94 单一循环切削端面

1. G01 单次车削端面

(1)刀具切削起点　编程时,对刀具快速接近工件加工部位的点应精心设计,应保证刀具在该点与工件的轮廓应有足够的安全间隙。如图 5.2-3 所示,工件毛坯直径 50,工件右端面为 Z0,右端面有 0.5mm 的余量,刀具初始点在换刀点(X100,Z100)。可设计刀具切削起点为(X55,Z0)。

(2)刀具趋近运动工件的程序段　首先 Z 向移动到起点,然后 X 向移动到起点。这样可减小刀具趋近工件时发生碰撞的可能性。

N36 T0101;

N37 G97 S700 M03；

N38 G00 Z0 M08；

N39 X55.；

N40…

若把 N38，N39 合写成：G00 X55 Z0 可简便一些，但必须保证定位路线上没有障碍物。

（3）*刀具切削程序段*

N40 G01 X-1. F50；

由于刀尖圆弧的存在，当 X 向切削到 X0 时，端面中心常常留下了一小点不能完全切削；X 向切削到 X-1，可避免这种情况的发生。

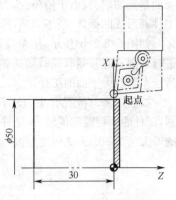

图 5.2-3　G01 单次车削端面

（4）*刀具的返回运动*　刀具的返回运动时，宜首先 Z 向退出。

N41 G00 Z2.；（Z 向退出）

N42 …

2. G94 单一循环切削端面

（1）*G94 循环格式*　G94 循环指令用于定义一系列直端面车削或锥端面车削运动过程。

格式　G94 X(U)_ Z(W)_ F_；

（2）*G94 循环特点*　G94 指令允许 CNC 编程员为每次车端面走刀指定切削深度。G94 端面切削指令也是模态指令，执行车削端面工序后必须用 G00 指令注销。

G94 与 G90 的区别是：G90 先沿 X 方向快速走刀，再车削工件外圆面，退刀光整端面，再快速退刀回起点。

如图 5.2-4 所示，G94 的刀具走刀路线：第一刀为 G00 方式 Z 方向快速进刀，第二刀切削工件端面，第三刀 Z 向退刀光整工件外圆，第四刀 G00 方式快速退刀回起点。

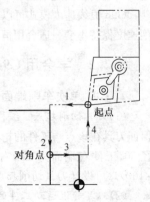

（3）*G94 循环编程示例*　用 G94 循环编写如图 5.2-5 所示工件的端面切削程序。设刀具的起点为与工件具有安全间隙的 S 点（X54，Z2）。加工程序如下：

O5201

N10 G99 T0101；

N20 G00 X50. Z1. S500 M03；

N30 G94 X20.2 Z-2. F0.2；（粗车第一刀，Z 向切深 2mm，X 向留直径 0.2mm 的余量）

图 5.2-4　G94 端面加工路线

N40 Z-4. ;

N50 Z-6. ;

N60 Z-8. ;

N70 Z-9.8;

N80 X20. Z-10. F0.15 S900 ;（精加工）

N90 G00 X100. Z100. M05;

N100 M30;

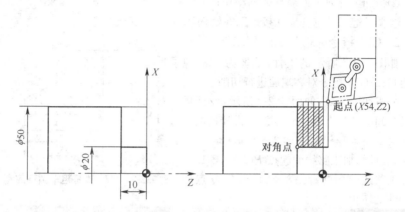

图 5.2-5 G94 端面加工图例

5.2.3 G72/G70 复合循环切削端锥面

1. G72 指令介绍和格式

端面粗车循环指令的含义与 G71 类似,不同之处是:它是先 Z 向引入切削深度,然后刀具平行于 X 轴方向切削,即从外径方向往轴心方向切削端面的粗车循环。该循环方式适用于对长径比较小的盘类工件端面粗车。其内部参数如图 5.2-6 所示。

格式 G72 W(d) R (e);

G72 P(ns) Q(nf) U± (△u) W±(△w) F _ S _ T _;

其中 W(d)——循环每次的切削深度 （正值）;

R(e)——每次切削后 Z 向退 刀量;

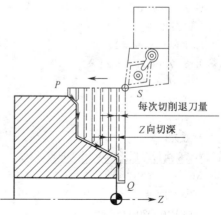

图 5.2-6 G72 端面粗车循环路线参数

P(ns)——精加工程序的开始循环程序段的行号；

Q(nf)——精加工程序的结束循环程序段的行号；

U±(△u)——X 向精车预留量；

W±(△w)——Z 向精车预留量。

说明：

①X,Z 向精车预留量 u,w 的正负判断同 G71 所述；

②精加工首刀进刀须有 Z 向动作；

③循环起点的选择应在接近工件处，但要有一定安全间隙。

2. G72 指令外形加工编程示例

如图 5.2-7 所示的工件，毛坯为 φ52，现应用 G72/G70 指令对右端面进行切削。

分析切削区域，如图 5.2-8 所示，设计具有安全间隙的起点 S(X54,Z2)。设计精加工路线由 P→♯1→♯2→♯3→♯4→♯5→Q 组成，设计精加工路线的起点 P(X54,Z-12)，精加工路线的终点 Q(X8,Z2)，S,P,Q 点均在工件毛坯轮廓之外。

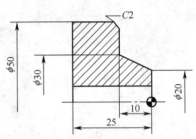

图 5.2-7 G72 端面粗车循环应用实例

O5203；

G99；

T0101 S500 M03；

G00 X54. Z2. ；

G72 W2. R0.5；

G72 P10 Q20 U0.1 W0.5 F0.15；

N10 G00 Z-12. ；(→P)

G01 X50. ；(→♯1)

X46. Z-10. ；(→♯2)

X30. ；(→♯3)

X20. Z0；(→♯4)

X8；(→♯5)

N20 X8. Z2. ；(→Q)

(G72 执行完后刀具又回到起点 S)

M00；

M03 S800；

G70 P10 Q20 F0.1；

(G70 执行完后刀具又回到起点 S)

G00 X100. Z100. ；

M05；

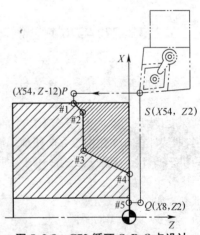

图 5.2-8 G72 循环 S,P,Q 点设计

M30；

【任务实践】

5.2.4　端面车削工艺编程加工实践

1. 加工任务

制定如图 5.2-9 所示的工件右端轮廓加工工艺,编写切削程序,输入加工。

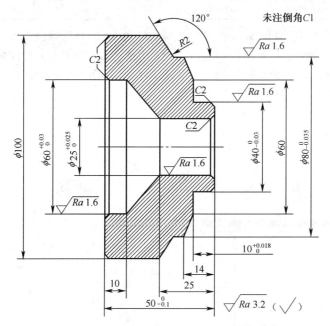

图 5.2-9　端面车削编程加工工件图样

毛坯为 $\phi100$ 的棒料,工件右端轮廓面有 $\phi40_{-0.03}^{0}$, $\phi80_{-0.035}^{0}$, $10_{0}^{+0.018}$ 的尺寸精度要求,表面要求 $Ra1.6$。

2. 右端轮廓加工方案设计

(1)加工过程

①用 G72 粗加工件右端轮廓,Z 向留 0.5、X 向留 0.1 的精加工余量。

②车床停,测量尺寸 $\phi40_{-0.03}^{0}$, $10_{0}^{+0.018}$,填写磨损补偿值。

如:测量粗加工后,端面位置尺寸为 9.42,与理论值(10.009－0.5＝9.509)相差 0.089,则 Z 向磨损补偿值填写－0.089。

③用与粗加工相同的刀具,在正确设置磨损补偿的情况下,用 G70 循环精加工右端轮廓。

(2)装夹方案　拟用三爪自定心卡盘进行装夹,夹持左端 $\phi100$ 柱面,伸长 28。工件坐标的零点选在右端面的中心。

（3）**刀具及切削用量选择** 轮廓粗、精加工刀具选用刀尖角为 80°、主偏角为 93° 的外圆车刀。刀具及切削参数见表 5.2-1。

表 5.2-1 刀具及切削参数

序号	加工内容	刀具号	刀具类型	背吃刀量 /mm	切削速度 /m/min	进给量 /mm/r
1	粗车右端面	T01	93°外圆车刀（刀尖80°）	1.5	80	0.2
2	精车右端面	T01	93°外圆车刀（刀尖80°）	0.5	120	0.1

（4）**刀具路线** 如图 5.2-10 所示，右端轮廓由直线 1→2、圆弧 2→3、直线 3→4、直线 4→5、直线 5→6、直线 6→7、直线 7→8 组成。为控制刀具安全地切入、切出工件，增设接近工件的点 S，轮廓切入点 P，轮廓切出点 Q。以右端面中心为零点建立 XOZ 直角坐标系，可得各点坐标见表 5.2-2。

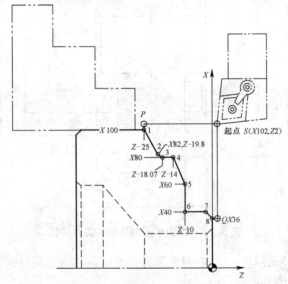

图 5.2-10 端面车削刀具路线设计

表 5.2-2 工件右端轮廓各点坐标

	S	P	1	2	3	4	5	6	7	8	Q
X	102	102	100	82	80	80	60	40	40	36	36
Z	2	-25	-25	-19.8	-18.07	-14	-10	-10	-2	0	2

3. 加工程序填写

根据以上加工设计和工艺数据，参考程序 O5203，填写加工程序。

4. 右端轮廓车削加工实践

工具准备：数控车床、棒料、外圆车刀、卡尺。参考 5.1.5－4 的加工准备和加工操作。

【任务小结】

总结上述的学习,端面切削加工中应考虑的问题有:

1. 理解端面切削特点,根据特点进行工艺设计;

2. 端面车削应认真分析切削区域,合理设计切削路线和切削用量;

3. 认真理解 G01,G94,G72,G70 的外圆切削指令的应用;

4. 通过端面切削实践体会端面轮廓切削工艺、编程、加工操作要点,认真体会端面加工质量控制的方法。

【思考与练习】

1. 说说端面车削时刀具如何选用?

2. 说说端面车削时,如何分析切削区域,并进行合理的切削路线设计。

3. 理解 G94,G72/G70,G73/G70 等指令在端面车削时的应用。

4、参考如图 5.2-9 所示的端面车削加工工件的工艺制订、编程、加工,对如图 5.2-11 所示的工件进行工艺编程加工。

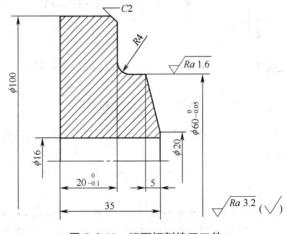

图 5.2-11　端面切削练习工件

任务 5.3　内孔车削工艺、编程、加工

【学习目标】

1. 熟悉车床上钻孔、扩孔、铰孔的加工工艺及编程;

2. 学会内孔车削工艺的制定、编程、加工。

【基本知识】

很多零件如齿轮、轴套、带轮等,不仅有外圆面,而且有内孔面。在车床上加工内结构有钻孔、扩孔、铰孔、车孔等加工方法。内孔面加工应根据零件内结构尺寸以及技术要求的不同,选择相应的工艺方法。

5.3.1　数控车床中心线上钻、扩、铰孔编程加工

在车床上进行钻、扩、铰加工时,刀具在车床主轴中心线上。

1. 麻花钻钻孔

如图 5.3-1 所示,钻孔常用麻花钻头(高速钢制造)。麻花钻钻孔的主要工艺特点如下:

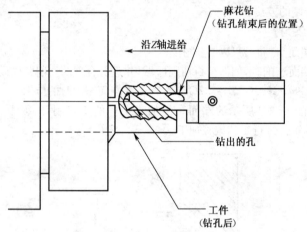

图 5.3-1　麻花钻钻孔

钻头的两个主刀刃不易磨得完全对称,切削时受力不均衡;钻头刚性较差,钻孔时钻头容易发生偏斜。

通常麻花钻头钻孔前,用刚性好的钻头,如用中心钻钻一个小孔,用于引正麻花钻的定位和钻削方向。

麻花钻头钻孔时切下的切屑体积大,钻孔时排屑困难,产生的切削热大而冷却效果差,使得刀刃容易磨损。因而限制了钻孔的进给量和切削速度,降低了钻孔的生产率。可见,麻花钻钻孔加工精度低(IT12 ~ IT13)、表面粗糙度值大($Ra12.5\mu m$),一般只能作粗加工。钻孔后,可以通过扩孔、铰孔或镗孔等方法来提高孔的加工精度和表面质量。

2. 硬质合金可转位钻头钻孔

如图 5.3-2 所示,CNC 车床常常也使用安装硬质合金刀片的可转位钻头。可转位刀片的钻孔允许的切削速度通常要比高速钢麻花钻高很多。刀片钻头适用于钻孔直径范围为 16~80mm 的孔。刀片钻头需要较高的功率和高压冷却系统。如果孔的公差要求小于±0.05mm,则需要增加镗孔或铰孔等第二道孔加工工序,使孔加工到要求的尺寸。

3. 扩孔

扩孔是用扩孔钻对已钻或铸、锻出的孔进行再加工。扩孔时的背吃刀量为 0.85～4.5mm 范围内,切屑体积小,排屑较为方便,因而扩孔钻的容屑槽较浅而钻心较粗,刀具刚性好,一般有 3～4 个主刀刃,每个刀刃的切削负荷较小。因为棱刃多,使得导向性好,切削过程平稳。扩孔能修正孔轴线的歪斜。扩孔钻无端部横刃,切削时轴向力小,因而可以采用较大的进给量和切削速度。扩孔的加工质量和生产率比钻孔高,加工精度可达 IT10,表面粗糙度值为 $Ra6.3～3.2\mu m$。采用镶有硬质合金刀片的扩孔钻,切削速度可以提高 2～3 倍,大大地提高了生产率。扩孔常常用作铰孔等孔精加工的准备工序,也可作为要求不高孔的最终加工。

4. 铰孔

铰孔是孔的精加工方法之一,铰孔的刀具是铰刀。铰孔的加工余量小(粗铰为 0.15～0.35mm,精铰为 0.05～0.15mm)。铰刀的容屑槽浅,刚性好,刀刃数目多(6～12 个),导向可靠性好,刀刃的切削负荷均匀。铰刀制造精度高,其圆柱校准部分具有校准孔径和修光孔壁的作用。铰孔时排屑和冷却润滑条件好,切削速度低(精铰 2～5m/min),切削力、切削热都小,并可避免产生积屑瘤。因此,铰孔的精度可达 IT6～IT8,表面粗糙度值为 $Ra1.6～0.4\mu m$。铰孔的进给量一般为 0.2～1.2mm/r,约为钻孔进给的 3～4 倍,可保证有较高的生产率。铰孔直径一般不大于 80 mm。铰孔不能纠正孔的位置误差,孔与其他表面之间的位置精度,必须由铰孔前的加工工序来保证。

5. 中心线上钻、扩、铰孔加工编程

如图 5.3-2,车床上的钻、扩、铰加工时,刀具在车床主轴中心线上加工,即 X 值为 0。

(1)主运动模式　CNC 车床上所有中心线上孔加工的主轴转速都以 G97 模式,即每分钟的实际转数(r/min)来编写,而不使用恒定表面速度模式(CSS)。

(2)刀具趋近运动工件的程序段　如图 5.3-2 所示,首先将 Z 轴移动到安全位置,然后移动 X 轴到主轴中心线,最后将 Z 轴移动到钻孔的起始位置。这种方式可以减小钻头趋近工件时发生碰撞的可能性。该程序段为:

N36 T0202;

N37 G97 S700 M03;

N38 G00 Z5. M08;

N39 X0;

N40…

(3)刀具切削和返回运动　程序段为:

N40 G01 Z-30. F30;

N41 G00 Z2. ;

程序段 N40 为钻头的实际切削运动,切削完成后执行程序段 N41,钻头将 Z 向退出工件。

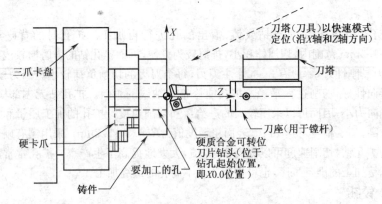

图 5.3-2　硬质合金可转位刀片钻头钻孔

刀具的返回运动时,从孔中返回的第一个运动总是沿 Z 轴方向的运动。

6. 啄式钻孔循环(深孔钻循环)

(1)啄式钻孔循环格式　啄式钻孔如图 5.3-3 所示。对于较深孔的钻削加工,钻头钻下去一段距离后退回一段距离,然后再钻进一段距离,如此反复,直到孔底,最后快速退回到起点,如同啄木鸟在木头上啄孔,这种加工方式有利于钻头冷却、排屑,啄式钻孔循环格式如下:

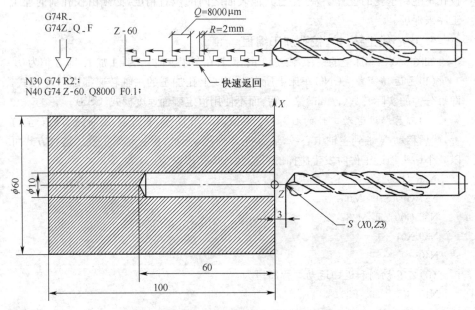

图 5.3-3　工件端面啄式钻孔例图

G74 R _;

G74 Z_Q_F_；

式中　R_——每次啄式退刀量；

　　　Z_——Z 向终点坐标值(孔深)；

　　　Q_——Z 向每次的切入量。

(2)啄式钻孔示例　如图 5.3-3 所示:在工件上加工直径为 10mm 的孔,孔的有效深度为 60mm。工件端面及中心孔已加工,程序如下:

O5301；

N10 T0505；(φ10mm 麻花钻)

N20 G00 X0 Z3. S700 M03；

N30 G74 R2. ；

N40 G74 Z-60. Q8000 F0.1；

N50 G00 Z50. ；

N60 X100. ；

N70 M05；

N80 M30；

5.3.2　数控车床镗孔加工编程

1. 镗孔加工工艺

镗孔一般用于将已有孔扩大到指定的直径,可用于加工精度要求较高的孔。车床镗孔主要优点是工艺灵活、适应性较广。一把结构简单的内孔车刀,有时既可进行孔的粗加工,又可进行半精加工和精加工。加工精度范围为 IT10 至 IT7～IT6,表面粗糙度值 Ra 为 12.5μm 至 0.8～0.2μm。镗孔还可以校正原有孔轴线歪斜或位置偏差。

镗孔时,镗孔刀具的回转直径应小于预加工孔,而刀杆的长度要大于孔深,刀杆又要保证一定的强度和刚度。用车孔的方法加工小尺寸孔的困难是:刀具回转直径要足够小的同时又要保证刀具的强度和刚度。车(镗)孔更适于加工中、大直径的孔。

镗孔切削时在径向力的作用下,刀具容易产生变形和振动,影响镗孔的质量。特别是加工孔径小、长度大的孔时,不如铰孔容易保证质量。因此,镗孔时多采用较小的切削用量,以减小切削力的影响。

如图 5.3-4 所示,根据不同的加工情况,内孔车刀可分为通孔车刀和盲孔车刀两种。

通孔车刀切削部分的几何形状基本上与外圆车刀相似,为了减小径向切削抗力,防止车孔时振动,主偏角应取得大些,一般在 60°～75°,副偏角在 15°～30°。

盲孔车刀用来车削盲孔或台阶孔,切削部分的几何形状基本上与偏刀相似,它的主偏角大于 90°,一般为 92°～95°。

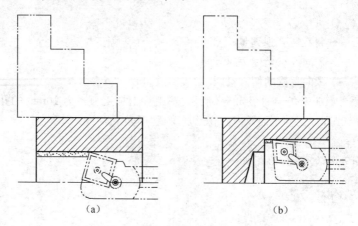

图 5.3-4 通孔车刀和盲孔车刀车内孔

(a)75°偏刀车通孔 (b)95°偏刀车盲孔

2. 数控镗削内孔编程要点

数控车削内孔的指令与外圆车削指令基本相同,但也有区别,编程时应注意以下方面:

①粗车循环指令 G71,G73,车外径时,余量 U 为正,但在车内轮廓时,余量 U 应为负。

②加工内孔轮廓时,切削循环的起点 S、切出点 Q 的位置选择要慎重,要保证刀具在狭小的内结构中移动而不干涉工件。起点 S、切出点 Q 的 X 值一般取比预加工孔直径稍小一点的值。

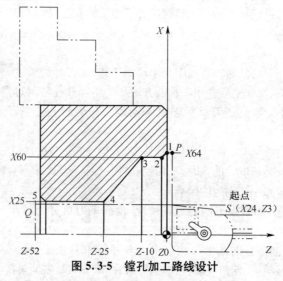

图 5.3-5 镗孔加工路线设计

3. 数控车床上孔加工工艺编程实例

(1)加工任务及要求 如图 5.2-9 所示,毛坯为 $\phi100$ 的棒料,工件内孔面有

$\phi 25^{+0.025}_{0}$, $\phi 60^{+0.03}_{0}$ 的尺寸精度要求, 表面要求 Ra 1.6。制定工件内孔加工工艺, 编写切削程序, 并输入加工。

(2)设计加工方法及过程

①车端面;

②选用 $\phi 3$ 的中心钻钻削中心孔;

③钻 $\phi 22$ 的孔;

④G71/ G70 粗、精镗削内孔。

(3)装夹方案 如图 5.3-5 所示, 工件拟用三爪自定心卡盘进行装夹, 夹持右端 $\phi 100$ 柱面, 露出左端面。工件坐标的零点选在左端面的中心。

(4)刀具路线设计 如图 5.3-5 所示, 根据内孔车削的区域特点拟用 G71/G70 循环路线进行加工。设计接近工件的点 S, 轮廓切入点 P, 轮廓切出点 Q, 内轮廓精加工路线是 $S \rightarrow P \rightarrow 1 \rightarrow 2 \rightarrow 3 \rightarrow 4 \rightarrow 5 \rightarrow Q \rightarrow S$。精加工余量 U-0.5, W0.1。

(5)加工程序填写 根据以上加工设计和工艺数据, 填写粗、精镗孔加工程序 O5302。

(T02 粗加工左端内形)

O5302

G99;

M03 S800 T0202;(换 2 号内孔镗刀)

G00 X24. Z3. ;(快进到内径粗车循环起刀点)

G71 U1.5 R0.5;

G7l P10 Q20 U-0.5 W0.1 F0.2;

N10 G00 X64. ;

G01 Z0;

X60. Z-2. ;

Z-10. ;

X25. Z-25. ;

Z-52.

N20 G01 X24. ;

G00 Z50. X100. ;

M05;(主轴停转)

M00;(程序暂停)

(T02 精加工左端内形)

G99;

M03 S1200 T0202;

G00 X24. Z3. ;(快速进刀)

G70 P10 Q20 F0.1;

G00 Z50. X100. ;

M05；

M30；

【任务实践】

5.3.3　内孔车削编程加工实践

1. 加工任务

加工如图 5.3-6 所示孔类零件，材料为 45 钢，设外圆及端面已加工完毕，要求按图纸加工该零件内结构。

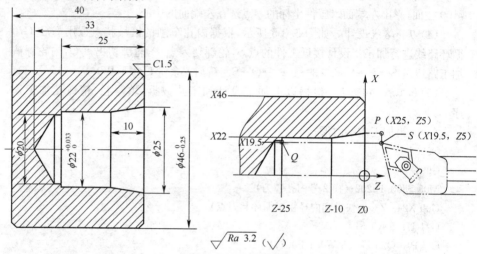

图 5.3-6　孔类零件

2. 加工方法

①选用 $\phi 3$ 的中心钻（T01）钻削中心孔；

②选用 $\phi 20$ 的钻头（T02）钻 $\phi 20$ 的孔；

③选用主偏角 95°内镗刀（T03）粗镗削内孔；

④选用主偏角 95°内镗刀（T04）精镗削内孔。

设 T01，T02，T03，T04 均采用自动加工，工序设计见表 5.3-1。

表 5.3-1　孔类零件加工工序设计

序号	加工内容	刀具号	刀具类型	背吃刀量 /mm	进给量 /mm/r	主轴转速 /m/min	程序号
1	$\phi 3$ 的中心钻钻削	T01	中心钻	$\phi 3$	0.05	1500	O5303
2	钻 $\phi 20$ 的孔	T02	钻底孔钻头	$\phi 20$	0.1	400	O5303
3	粗加工工件内形	T03	内孔车刀	1.5	0.2	800	O5303
4	精加工工件内形	T04	内孔车刀	0.5	0.1	1000	O5303

3. 参考程序

O5303

[以下是 φ3 的中心钻(T01)G01 钻削中心孔]

G98;

M03 S1500 T0101;(换 1 号刀,φ3 的中心钻)

G00 X0 Z5.;

G01 Z-7. F50.;

G04 P1000;

G00 Z5.;

G00 Z50. X100.;

M05;(主轴停转)

M00;(程序暂停)

[以下是 φ20 钻头(T02)钻削孔]

G98;

T0202 M03 S400;(换 2 号刀,φ20 的钻头)

G00 X0 Z5. M08;

G74 R3.;

G74 Z-33. Q8000 F60;

G00 Z50. X100. M09;

M05;(主轴停转)

M00;(程序暂停)

[以下是 T03 粗加工内形,刀具路线如图 5.3-6 所示]

G98;

M03 S800 T0404;(换 4 号内孔镗刀)

G00 X19.5 Z5.;(快进到内径粗车循环起刀点)

G71 U1. R0.5;

G71 P10 Q20 U-0.5 W0.1 F150;

N10 G00 X25.;

G01 Z0;

X22.0 Z-10.;

Z-25.;

N20 X19.5;

G00 Z50. X100.;

M05;(主轴停转)

M00;(程序暂停)

(以下是 T04 精加工内形,刀具路线如图 5.3-6 所示)

G98;

M03 S1000 T0404;

G00 X19.5 Z5.;

G70 P10 Q20 F80.;

G00 Z50. X100.；

M05；

M30；

4. 内孔车削加工实践

工具等准备：数控车床，棒料 $\phi46 \times 40$，中心钻、$\phi20$ 钻头、内孔车刀，游标卡尺等。加工准备、加工操作参考 5.1.5—4。

【任务小结】

1. 车床上钻孔、扩孔、铰孔加工时，刀具在车床主轴中心线上加工。镗孔（车孔）工艺灵活、适应性较广，用一把刀可将已有孔扩大到指定的直径，达到一定的精度。

2. 内孔车削应认真分析切削区域，合理设计切削路线和切削用量。在保证镗刀回转直径小于预加工的孔径，刀杆的长度大于孔深的前提下，尽量增加刀柄的截面积，尽可能缩短刀柄的伸出长度，以增加车刀刀柄刚性，减小切削过程中的振动。

【思考与练习】

1. 比较和总结内孔、外圆数控车削的特点。

2. 认真理解 G74，G71/G70 指令在内孔切削编程中的应用。

3. 通过内孔车削实践体会镗孔加工质量控制的方法。

任务 5.4 车刀刀尖圆弧半径补偿应用

【学习目标】

1. 理解可转位车刀片刀尖圆弧的存在理由及选用；

2. 学会可转位车刀片的刀尖圆弧半径补偿应用。

【基本知识】

5.4.1 可转位车刀片的刀尖圆弧的存在及选用

1. 可转位车刀片的刀尖圆弧

数控车削中，可转位车刀得到越来越多的使用。可转位机夹刀具使用有多个切削刃车刀片，当刀片的一个切削刃用钝以后，只要松开夹紧元件，将刀片转一个角度，换另一个新切削刃，并重新夹紧就可以继续使用；当所有切削刃用钝后，更换新刀片即可继续切削。

可转位刀片的刀尖一般存在刀尖圆弧，如型号为"VBMT110308ER"的硬质合金可转位刀片，"08"为刀尖圆弧半径代号，表示刀尖圆弧半径 0.8mm。

在主、副切削刃间用圆弧过渡，形成刀尖圆弧，一方面它提高了刀具耐用度；另一方面，在一定程度上有利于降低残留面积高度，从而提高加工表面质量。

2. 具有刀尖圆弧车刀片的刀位点

如图 5.4-1(a)所示，尽管一般认为车刀刀尖是主副切削刃的交点，但由于刀尖圆弧的存在,这个刀尖事实是不存在的,是刀具外的虚构点。

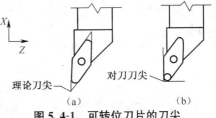

(a) (b)

图 5.4-1 可转位刀片的刀尖

如图 5.4-1(b)所示,对刀时,一般把与刀刃相切的 X 和 Z 向直线的交点称为对刀刀尖,并往往用它代表刀具在工件坐标系的几何位置,即编程轨迹上的动点,但对刀刀尖事实是不在实际刀刃上,是个虚点。

对刀刀尖不在刀具上导致的问题是:刀位点所在的编程轨迹与刀具切削形成的工件轮廓并不总是一致,并由此可能产生加工误差,如图 5.4-2,图 5.4-3 所示。

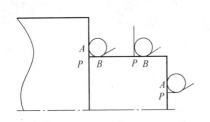

图 5.4-2 带刀尖圆弧车刀片加工直圆柱面、直端面

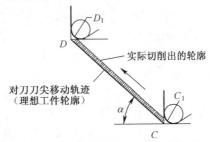

图 5.4-3 带刀尖圆弧车刀片加工圆锥面

3. 车刀片刀尖圆弧的工艺选择

数控车刀片刀尖圆弧半径为重要的选择参数。车削和镗削中最常见的刀尖圆弧半径是:0.4mm,0.8mm,1.2mm 等。选择刀尖圆弧半径的大小时,工艺考虑有以下几点:

①刀尖圆弧半径不宜大于零件凹形轮廓的最小半径,以免发生加工干涉;该半径又不宜选择太小,否则会因其刀头强度太弱或刀体散热能力差,使车刀容易损坏。

②刀尖圆弧半径应与最大进给量相适应,刀尖圆弧半径宜大于等于最大进给量的 1.25 倍,否则将恶化切削条件,甚至出现螺纹状表面和打刀等问题。另一方面,又要顾虑刀尖圆弧半径太大容易导致刀具切削时发生颤振;一般说来,刀尖圆弧半径在 0.8mm 以下时不容易导致加工颤振。

③刀尖圆弧半径与进给量在几何学上与加工表面的残留高度有关,从而影响到加工表面的表面粗糙度。残留高度与刀尖圆弧半径、进给量的关系可用下式表示:

$$h \approx \frac{f^2}{8R} \qquad \text{(式 5-1)}$$

式中 h——加工残留高度(μm);

f——进给量(mm/r);

R——刀尖圆弧半径(mm)。

可见小进给量、大的刀尖圆弧半径,可减小残留高度,得到小的表面粗糙度 Ra 值。

④刀尖圆弧半径还与断屑的可靠性有关。从断屑可靠出发,通常对于小余量、小进给车加工作业可采用小的刀尖圆弧半径,反之宜采用较大的刀尖圆弧半径。

⑤在 CNC 编程加工时,若考虑经测量认定的刀具圆弧半径,并进行刀尖半径补偿,该刀具圆弧相当于在加工轮廓上滚动切削,刀具圆弧制造精度和刀尖半径测量精度应当与轮廓的形状精度相适应。

5.4.2 带刀尖圆弧可转位刀片的应用

1. 以对刀刀尖作为刀位点的编程应用

在程序控制数控加工中,编程轨迹是代表刀具的刀位点在工件坐标系中的移动轨迹。在程序控制加工前应确定刀具在工件坐标系中的准确初始位置。出于刀具刀刃在 X、Z 坐标方向接触对刀的方便,常常把如图 5.4-1(b)中的对刀刀尖作为刀位点,用它来代表刀具在编程轨迹上移动。但由于刀尖圆弧的存在,用对刀刀尖代表刀具的刀位点却在刀具实体之外,这就引起了实际刀具切削的轮廓与刀位点所在的编程轨迹存在误差,下面将讨论这种误差如何影响加工精度。

(1)刀具车削直圆柱面及端面误差分析 如图 5.4-2 所示,以对刀刀尖为刀位点,刀具切削直圆柱面时,形成工件轮廓的刀刃 B 点虽然与刀位点 P 点不重合,但一前一后地在同一加工圆柱面上。

刀具切削直端面时,形成工件轮廓的刀刃 A 点虽然与刀位点 P 点不重合,但一上一下地在同一加工直端面上。

可见形成轮廓的刀具刀刃上的点虽然与刀位点不重合,但并未引起直圆柱面直端面的加工误差,只是在台阶的根部产生与刀具圆弧大小一样的圆角。因此,对台阶类圆柱形工件,当台阶根部允许这种圆角残留,刀具以对刀刀尖为刀位点编程加工是可行的。

(2)刀具车削锥面误差分析 如图 5.4-3 所示,以对刀刀尖为刀位点时,要加工的理想锥面轮廓线为 CD。用带刀尖圆弧车刀片车削时,若对刀刀尖 P 点移动轨迹按照 CD 编程,用带刀尖圆弧车刀实际切削出轮廓为 D_1C_1,产生 CDD_1C_1 的区域残留误差。

(3)加工圆弧面的误差分析与偏置值计算 以对刀刀尖为刀位点时,带刀尖圆弧车刀片加工圆弧面和加工圆锥面基本相似。如图 5.4-4 所示为分别加工的 1/4 凸、凹圆弧,理想轮廓 CD,O 点为圆心,半径为 R,对刀刀尖从 C 运动到 D 时,刀具实际切削出凸圆弧 C_1D_1 或圆凹弧 C_2D_2,产生 CDC_1D_1 或 CDC_2D_2 残留区域误差。

2. 以刀尖圆弧圆心为刀位点的半径补偿

(1)刀位点取在圆弧圆心的理由 由上述分析可见,把对刀刀尖作为刀位点的编程应用的前提是:假定工件被切削轮廓轨迹是由刀具上的一个固定不变的点移动形成的。事实上,由于刀尖圆弧的存在,对刀刀尖的轨迹不能代表刀具切削形成的

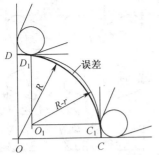 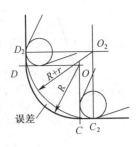

图 5.4-4　带刀尖圆弧车刀片加工 90°凸凹圆弧

轮廓,尤其是在加工锥面和圆弧面时存在误差。因此应在刀具上寻找一个更为恰当的刀位点。

　　研究如图 5.4-7 所示的带刀尖圆弧刀具切削工件形成的轮廓可以发现:工件的轮廓是由刀尖圆弧上不同点切削而成的,或可理解为圆弧刀刃在轮廓上滚动切削,而不只是刀具上的一个固定不变的点移动形成轮廓。可以发现,不管圆弧刀刃与轮廓相切的点怎样变化,圆弧的圆心始终与切削形成的轮廓保持一个半径的距离,只要圆弧的轮廓度准确,圆心偏离轮廓一个半径的距离是稳定的。因此,选择刀尖圆弧的圆心为刀位点,并使编程轨迹偏离实际要加工的轮廓一个半径,只要圆弧的圆度好,半径准确,不管被加工轮廓是锥面还是圆弧面或是曲面,得到的加工轮廓是没有误差的。这就是具有刀尖圆弧的刀具在锥面、圆弧面、曲面轮廓精加工时,取圆弧圆心为刀位点,运用半径补偿编程的原因。

　　(2)找寻作为刀位点的圆弧圆心位置　尽管选择圆弧圆心作为刀位点能够解决锥面、圆弧面、曲面轮廓精加工的误差,但在对刀时不容易直接测量得到;尽管刀位点在对刀刀尖时,锥面、圆弧面、曲面轮廓精加工存在误差,但容易用硬接触法、试切法、光学对刀法等方法直接测量得到对刀刀尖。

　　要寻找作为刀位点圆弧圆心位置,一般方法是通过一些信息间接地推算得到,如图 5.4-5 所示,这些信息包括:

　　①对刀刀尖的位置;

　　②圆心相对对刀刀尖的方位信息;

　　③圆弧的半径。

　　如图 5.4-6 所示,是 FANUC 系统对刀刃圆弧圆心相对对刀刀尖点的方位编号规定,主要用于刀尖圆弧半径补偿。

　　(3)数控系统的半径补偿功能　刀位点选择在圆弧圆心时,编程轨迹应与理想的加工轮廓相距一个半径。现代数控系统一般都有刀具圆角半径补偿器,具有刀尖圆弧半径补偿功能,编程员可直接根据零件轮廓形状进行编程。当编程者给定理想的加工轮廓,给定偏离的半径、偏离的方向,由 CNC 自动计算圆弧圆心所在的偏离轨迹是轻而易举的事。半径补偿指令如下:

图 5.4-5　推算圆弧圆心位置的信息

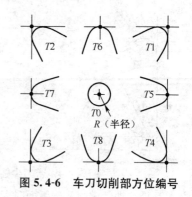

图 5.4-6　车刀切削部方位编号

G41——左补偿功能；

G42——右补偿功能；

G40——取消补偿。

(4)半径补偿应用　要成功地实现半径补偿进给运动,编程人员和车床操作者要做如下工作:

①编程人员:编程提供工件被加工轮廓轨迹,半径补偿的起止点,偏离的方向(G41 向左、G42 向右),补偿值的存储地址信息(如 T0101)。

②操作人员:对刀测量对刀刀尖的几何偏置补偿值或调整对刀刀尖相对工件到指定的准确位置;测量或确认刀尖圆弧的半径值;打开 CNC 的几何尺寸偏置寄存器见表 5.4-1,填写对刀刀尖的几何偏置补偿值、刀尖圆弧半径、圆心相对刀尖的方位。

3. 带刀尖圆弧可转位刀片半径补偿应用实例

(1)外圆车削用半径补偿示例　数控车床用半径补偿精车削如图 5.4-7(a)所示的工件轮廓,刀具的刀尖圆弧半径为 0.8mm,刀尖圆弧半径补偿值的输入方法参见表 5.4-1,刀具切入轮廓的起点设在锥面轮廓的延长线上的一点,刀具切出轮廓的点设在倒角轮廓的延长线上的一点,并计算精加工路线的各点坐标如图 5.4-7(b)所示。按绝对坐标编制的加工程序为:

O5401

...

N50 G00 X37.5 Z35. T0101;(刀具接近轮廓并位置补偿)

N60 G42 G00 Z10. ;(建立刀具半径补偿)

N70 G01 X57.81 Z71.24;(N70~N100 为刀具半径补偿加工轮廓)

N80 G02 X77.656 Z-80. ;

N90 G01 X92. ;

N100 G01 X108. Z-88. ;

N120 G00 G40 X200. ;(取消刀具半径补偿)

...

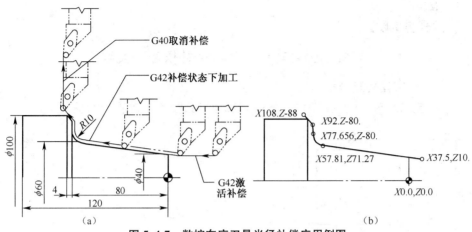

图 5.4-7 数控车床刀具半径补偿应用例图

表 5.4-1 刀具几何尺寸偏置寄存器——刀具补正/形状

刀具补正/形状				O0010 N00001
编号	X_偏置	Z_偏置	半径 R	刀尖 T
G01	-168.429	-384.482	0.8	3
G02	-201.457	-362.769	0.000	0
G03	-176.404	-376.396	0.400	3
·············				
【NO检索】	【测量】	【C·输入】	【＋输入】	【输入】

建立刀尖半径补偿、刀尖半径补偿加工轮廓、取消刀尖半径补偿的过程如图
5.4-7(a)所示。应注意的是:激活刀尖半径补偿前,刀具应定位于工件要加工轮廓的
附近,并使刀具与工件轮廓的距离远大于刀尖半径的两倍;同样,取消刀尖半径补偿
地点与轮廓的距离也应大于刀尖半径的两倍。

(2)内孔车削用半径补偿示例 对如图 5.3-6 所示的工件内孔轮廓进行刀尖圆
弧半径补偿精加工。

在加工内轮廓时,半径补偿指令用 G41,刀具方位编号是"2"(注意在加工外径
时,半径补偿指令用 G42,刀具方位编号是"3")。以下是 T04 用半径补偿精加工左
端内形的程序,刀具路线如图 5.3-6 所示。

...

G98;

M03 S1200 T0404;

G0 G41 X19.5 Z5;(快速进刀,引入半径补偿)

G70 P10 Q20 F100;

G40 G0 Z50 X100;

M05;

M30;

【任务实践】

5.4.3 带刀尖圆弧可转位刀片半径补偿应用实践

1. 加工任务及分析

制定如图 5.4-8 所示工件右端外圆轮廓加工工艺,编写切削程序,输入加工。

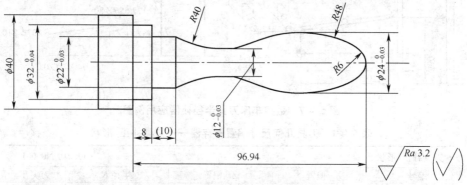

图 5.4-8 外圆车削加工工件图样

毛坯为 $\phi40$ 的棒料,工件右端外轮廓由四段圆弧连接而成,外轮廓面有 $\phi32_{-0.04}^{0}$,$\phi22_{-0.03}^{0}$,$\phi24_{-0.03}^{0}$,$\phi12_{-0.03}^{0}$ 的尺寸精度要求,表面粗糙度 $Ra\,3.2$。曲面轮廓应用带刀尖圆弧可转位刀片的刀具进行半径补偿切削加工是合适的。

2. 加工方案设计

(1)加工过程

①端面切削;

②用 G90 循环方式下,切削 $\phi32_{-0.04}^{0}$ 圆柱面和 $\phi24.5$ 表面;

③G73 粗加工件圆弧轮廓外圆面;

④用 G70 精加工工件外圆面。

(2)装夹方案 拟用三爪自定心卡盘进行装夹,夹持左端 $\phi40$ 柱面,伸长 100。工件坐标的零点选在右端面的中心。

(3)刀具及切削用量选择

①刀具的选择。选用刀尖角 80°、主偏角 93°的外圆车刀,切削 $\phi32_{-0.04}^{0}$ 圆柱面、$\phi24.5$ 表面、粗车圆弧轮廓外圆面;选用刀尖角 35°、主偏角 93°的外圆车刀精车圆弧轮廓外圆面。

②背吃刀量的选择。粗车轮廓时选用 $a_p = 2\text{mm}$,精车轮廓时选用 $a_p = 0.5\text{mm}$。

③主轴转速的选择。主轴转速的选择与工件材料、刀具材料、工件直径的大小及加工精度和表面粗糙度要求等都有联系,选择外轮廓粗车转速 800r/min,精车转速 1500r/min。

④进给量选择。选择外轮廓粗精车的进给量分别为 0.2mm/r 和 0.1mm/r。

刀具及切削参数见表 5.4-2。

表 5.4-2　刀具及切削用量选择

序号	加工工序	刀具号	刀具类型	主轴转速 /r/min	进给速度 /mm/r
1	粗车外形	T01	93°外圆车刀(刀尖角 80°)	800	0.2
2	精车外形	T02	93°菱形外圆车刀(刀尖角 35°)	1500	0.1

（4）刀具路线　如图 5.4-9 所示，为 G90 切削 $\phi32_{-0.04}^{0}$ 圆柱面和 $\phi24.5$ 表面的路线设计。

如图 5.4-10 所示，可见圆弧轮廓由圆弧 1→2，圆弧 2→3，圆弧段 3→4 组成。为控制刀具安全地切入、切出工件，增设接近工件的点 S，轮廓切入点 P，轮廓切出点 Q。以右端面中心为零点建立 XOZ 直角坐标系，可得各点坐标见表 5.4-3。

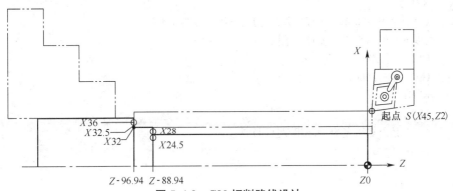

图 5.4-9　G90 切削路线设计

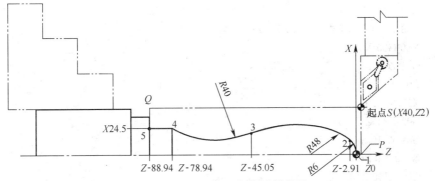

图 5.4-10　G73/G70 切削路线设计

表 5.4-3　外圆车削加工各点坐标

	S	P	1	2	3	4	5	Q
X	40	0	0	10.29	17.45	22	22	40
Z	2	2	0	−2.91	−44.43	−78.94	−88.94	−88.94

3. 加工程序填写

参考加工程序如下：

O5402；

G99；

T0101；

M03 S600；

G00 X65. Z3. ；

G90 X45. Z-96.94 F0.3；

X36.0；

X32.5；

X28. Z-88.94；

X24.5；

（以上是用 G90 单一循环车外圆，刀具路线参考图 5.4-9）

（以下是用 G94 单一循环车端面）

G94 X-1. Z0. F0.1；

G00 X100 Z100；

M05；

M00；

（以下是用 G73 复合循环粗车型面）

G99；

T0202；

M03 S800；

G00 X40 Z2；

G73 U12. R6；

G73 P80 Q120 U0.5 W0.1 F0.2；

N80 G00 X0.；

G01 Z0.0；

G03 X10.29 Z-2.91 R6. ；

X17.45 Z-44.43 R48.0；

G02 X22. Z-78.94 R40. ；

G01 W-10. ；

N120 X40. ；

G00 X100 Z100；

M05；

M00；

（以下是用 G70 复合循环半径补偿精车型面）

G99；

T0202 M03 S1500；

G42 G00 X40 Z2；

G70 P80 Q120 F0.1；

G40 G00 X100. Z100. ；

M05；

M30；

【任务小结】

带刀尖圆弧的可转位刀片在编程应用有两种方法：

第一种方法，忽略刀尖半径圆弧的存在，以对刀刀尖作为刀位点，认为它进给运动形成加工的轮廓。其优点是编程和对刀操作方便，但在锥面，圆弧曲面的精加工中存在误差。

第二种方法，考虑到刀尖半径圆弧的存在，以圆弧圆心作为刀位点，认为它进给运动轨迹与加工形成的轮廓始终相距一个半径。这种方法的优点是：在锥面、圆弧面、曲面的精加工中能消除第一种方法引起的误差。

可见，带刀尖圆弧的可转位刀片的数控车刀，不仅可作为尖形车刀使用，而且可作为圆弧车刀使用。当在锥面、圆弧面、曲面的加工要求不高、粗加工、加工直圆柱面直端面，刀具直接以对刀刀尖为刀位点，刀具用作尖形车刀。在加工要求高的锥面、圆弧面、曲面的精加工时，刀具应以刀尖圆弧圆心为刀位点，刀具用作圆弧形车刀。

事实上，同一把带刀尖圆弧的可转位刀片的数控车刀，在同一个加工程序中，可时而用作尖形车刀，时而用作圆弧形车刀。从一种使用类型转换到另一种使用类型是方便的，其方法是：刀具半径补偿时用作圆弧车刀，刀位点在圆心；取消刀具半径补偿时用作尖形车刀，刀位点在对刀刀尖。

【思考与练习】

1. 如何理解可转位车刀片刀尖圆弧存在的理由及选用？

2. 什么时候适合应用可转位车刀进行刀尖圆弧半径补偿加工？

3. 总结实现刀尖圆弧半径补偿加工的要点。

4. 判断如图 5.1-12、图 5.1-14 所示的工件外轮廓的加工是否需要刀尖圆弧半径补偿加工？ 如需要请编写半径补偿加工程序。

任务 5.5　切槽、切断车削加工

【学习目标】

1. 学会简单凹槽车削工艺、编程、加工；

2. 学会精确凹槽车削工艺、编程、加工；

3. 学会切断车削工艺、编程、加工。

【基本知识】

5.5.1 凹槽加工工艺要点

1. 凹槽形状、位置、尺寸

凹槽加工是 CNC 车床加工的一个重要组成部分。工业领域中使用有各种各样的槽,主要有工艺凹槽及油槽等,也有凹槽作为带传动电动机的滑轮,如 V 形槽,或用于填充密封橡皮的环槽等。常见沟槽加工位置有:在外圆面上加工沟槽,在内孔面上加工沟槽,在端面上加工沟槽,如图 5.5-1(a)所示。

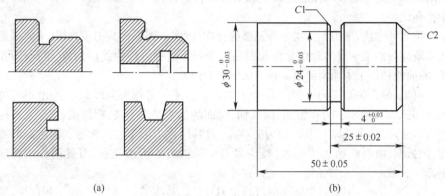

(a)   (b)

图 5.5-1 各种槽形状及位置

(a)各种槽形状及位置 (b)一个精确槽的尺寸标注

凹槽加工尺寸包括槽的位置、槽的宽度和深度以及各拐角的情况。如图 5.5-1(b)所示,为一个有精度要求的凹槽标注方法,以端面为基准标注位置尺寸 25 ± 0.02,凹槽的宽度尺寸 $4^{+0.03}_{0}$,凹槽形状尺寸 $\phi24^{0}_{-0.03}$。

2. 凹槽加工刀具

凹槽加工刀具有整体式高速钢切槽刀,或是安装在特殊刀体上的硬质合金刀片的可转位切槽刀。

如图 5.5-2 所示,是用于圆柱面上的切槽刀具,刀具几何参数如图所示。刀以横向进给为主,前端的切削刃为主切削刃,两侧的切削刃是副切削刃。

凹槽加工刀片的类型各种各样,如图 5.5-3 所示,分别为凹槽加工刀片组装的外圆切槽刀、内孔切槽刀、切断刀。

3. 切槽刀具选用

加工槽时,主切削刃宽度不能大于槽宽。主切削刃太宽会因切削力太大而振动,可以使用较窄的刀片经过多次切削加工一个较宽的槽;主切削刃太窄又会削弱刀片强度。

刀片长度要略大于槽深,刀片太长,强度较差。在选择刀具的几何参数和切削用量时,要特别注意切槽刀的强度、刚度问题。

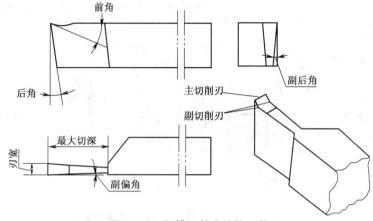

图 5.5-2 切槽刀基本结构形状

切槽刀安装时,不宜伸出过长,同时切槽刀的中心线必须装得与工件中心线垂直,以保证两个副偏角对称。主切削刃必须装得与工件中心等高。

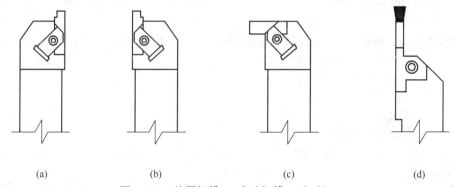

(a)   (b)   (c)   (d)

图 5.5-3 外圆切槽刀、内孔切槽刀、切断刀

(a)切槽刀片左切 (b)切槽刀片右切 (c)内孔切槽刀片 (d)切断刀

切槽刀有左右两个刀尖,一般选左刀尖作为刀位点。

5.5.2 简单凹槽切削工艺、编程

简单的凹槽就是其刀片切削刃宽度等于槽宽的槽,不需要倒角,尺寸精度要求不高,如图 5.5-4 所示。

这种凹槽的编程加工很直接:快速移动刀具至起始位置,然后进给至槽深,刀片在凹槽底部做短暂的停留,然后快速退刀至起始位置,这样凹槽就完成了加工。

下面的程序 O5501 中,使用与凹槽宽度相等的标准 4mm 方形凹槽加工刀片,凹槽深度为 2mm。

O5501;(简单凹槽加工程序)

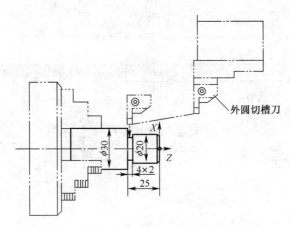

外圆切槽刀

图 5.5-4　简单凹槽实例——刀片宽度等于槽宽

N32 G21 G98；

N33 T0303；(调用第 3 号刀具)

N34 G97 S650 M03；

N35 G00 X36. Z-25. M08；(到达起始点)

N36 G01 X16. F40.；(进刀至凹槽底部)

N37 G04 X0.4；(在槽底暂停 0.4*s*)

N38 X36. F400.；(从槽底退刀)

N39 G00 X100. Z100.；

N40 M05；

N41 M30；(程序结束)

虽然这个特定的凹槽加工实例很简单，但是仍然可以从中得到很多东西，它包含凹槽加工工艺、编程方法的几个重要原则：

①注意凹槽切削前起点与工件间的安全间隙，本例刀具位于工件直径上方 3mm 处。

②凹槽加工的进给率通常较低。

③简单的凹槽加工的实质是成型加工，刀片的形状和宽度就是凹槽的形状和宽度，这也意味使用不同尺寸的刀片就会得到不同的凹槽宽度。

5.5.3　精确凹槽加工技术

1. 精确凹槽加工基本方法

简单进退刀加工出来的凹槽不会很好，凹槽的侧面比较粗糙，其外部拐角非常尖锐且宽度取决于刀具的宽度和磨损情况。大多数的加工任务中并不能接受这样的凹槽加工结果。

要得到高质量的槽，凹槽需要分粗、精加工。用比槽宽小的刀具粗加工，切除大部分余量,在槽侧及槽底留出精加工余量,然后对槽侧及槽底进行精加工。

如图 5.5-1 所示的工件槽结构,槽由尺寸 25 ± 0.02 定位,槽宽 $4^{+0.03}_{0}$,槽深至 $\phi24^{0}_{-0.03}$,槽口有 C1 的倒角。

如图 5.5-5 所示,拟用尺寸比槽宽小,刃宽为 3mm 的刀具粗加工,刀具起点设计在 S_1 点($X32$,Z-24.5)。向下切除如图所示的粗加工区域,同时在槽侧及槽底留出 0.5 的精加工余量。

对槽的左右两侧分别进行精加工,并加工出 C1 的倒角。

槽左侧及倒角精加工起点设在倒角轮廓延长线的 S_2 点(左刀尖到达 S_2),刀具沿倒角和侧面轮廓切削到槽底,抬刀至 $\phi32$。

槽右侧及倒角精加工起点设在倒角轮廓延长线的 S_3 点(右刀尖到达 S_3),刀具沿倒角和侧面轮廓切削到槽底,抬刀至 $\phi32$。

2. 凹槽公差控制

若凹槽有严格的公差要求,精加工时可通过调整切槽刀的 X 向和 Z 向的偏置补偿值方法得到较高要求的槽深和槽宽尺寸。

加工中经常遇到并对凹槽宽度影响最大的问题是刀具磨损。随着刀片的不断使用,它的切削刃也不断磨损并且实际宽度变窄。其切削能力没有削弱,但是加工出的槽宽可能不在公差范围内。消除尺寸落在公差带之外的方法是:在精加工操作时,根据加工测量的尺寸,使用调整刀具偏置值的方法。

假定在程序中,以左刀尖为刀位点,对槽的左右两侧分别进行精加工使用同一个偏移量,如果加工中由于刀具磨损而使槽宽变窄,在不换刀的情况下,正向或负向调整 Z 轴偏置,将改变凹槽位置精度,但是不能改变槽宽。

若要既能改变凹槽位置,又能改变槽宽,则需要控制凹槽宽度的第二个偏置。

设计左侧倒角和左侧面使用一个偏置(03)进行精加工,右侧倒角和右侧面则使用另一个偏置,为了便于记忆,将第二个偏置的编号定为 13。这样调整 03 号偏置,可调节槽宽精度,调整 13 号偏置,可调节槽的位置精度。

3. 凹槽精确加工程序(图 5.5-5)

O5502;(精确凹槽加工程序)

G21 G98;

...

N41 T0303;[调用第 3 号刀具(偏置 03)]

N42 G96 S40. M03;

N43 G00 X32. Z-24.5 M08 ;(刀具左刀尖到达 S_1)

N44 G01 X25. F40. ;

N45 G00 X32. ;(刀具左刀尖回到 S_1)

N46 W-2.5;(偏置为 03 时切削槽左侧,刀具左刀尖到达 S_2)

N47 G01 U-4. W2. F30. ;

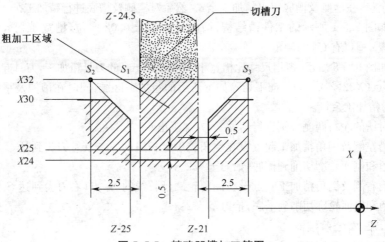

图 5.5-5 精确凹槽加工简图

N48 X24.；

N49 Z-24.5；

N50 X32. F200.；

N51 W2.5 T0313；(偏置 13 时切削槽右侧,刀具右刀尖到达 S_3)

N52 G01 U-4. W-2. F30.；

N53 X24.；

N54 Z-24.5；

N55 X32. Z-24.5 F200. T0303.；(刀具偏置重新为 03)

N56 G00 X100. Z100. M09；

N57 M30；

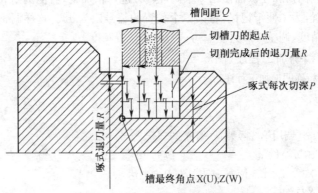

图 5.5-6 G75 槽切削复合循环路线

在上述的精确槽加工程序中,一把刀具使用了两个偏置,其目的是控制凹槽宽度而不是它的直径。基于程序实例 O5502,应注意以下几点。

①开始加工时两个偏置的初始值应相等(偏置 03 和 13 有相同的 X, Z 值);

②偏置 03 和 13 中的 X 偏置总是相同的,调整两个 X 偏置可以控制凹槽的深度公差;

③要调整凹槽左侧面位置,则改变偏置 03 的 Z 值;

④要调整凹槽右侧面位置,则改变偏置 13 的 Z 值。

5.5.4　G75 沟槽复合循环

1. G75 槽切削复合循环特点

FANUC 数控车床有两种用于啄式切削的复合循环 G74 和 G75,G74 用于沿 Z 轴切削,多用于啄式进给式钻孔;G75 用于沿 X 轴切削,多用于简单凹槽加工。

如图 5.5-6 所示,G75 主要用于凹槽加工。沿 X 轴切削时,刀具不直接进给切削到槽底,而是 X 向进给切削一段距离;然后,向相反方向快速后退一小段距离,再进给切削,再快速后退……如此反复,直到槽底。可形象地称为啄式切削(如同啄木鸟啄洞),其主要目的是断屑、排屑、冷却,这种加工动作特点在深槽粗加工和切断操作中很有用。

当刀具沿 X 向啄式切削槽底后,刀具后退到凹槽之上位置,然后刀具可按指定的 Z 向移动量,移动到另一 Z 向位置后,将进行下一次 X 向啄式切削,如此反复,直到完成指令的凹槽切削任务。

根据 G75 切削循环的特点,G75 切削循环常常用于深槽、切断、宽槽、等距多槽切削,但不用于高精度槽的加工。当 G75 用于径向啄式钻孔时,需配备动力刀具。

2. G75 切削循环指令格式

G75 的动作及参数如图 5.5-6 所示,格式如下:

G75 R(e);

G75 X (U) Z (W) P_ Q_ R(d) F_;

其中　R(e)——X 向啄式切削每次退刀量;

　　　X (u)——最终凹槽槽底直径;

　　　Z (w)——最终凹槽 Z 向位置值;

　　　　P_——X 向啄式切深;

　　　　Q_——Z 向槽间距;

　　　R(d)——切削到槽底的退刀量(可以缺省)。

注意点:

①如图 5.5-7 所示,G75 循环的切削区域由两个部分组成:一是由刀具起点与最终切削槽的角点决定的矩形区域,二是与刃宽相等的槽。可见,切削区域大小由刀具起点、槽最终角点、刀具刃宽决定。

②G75 循环执行完毕后,刀具的刀位点重回到刀具起点。G75 循环的刀具起点选择要慎重,X 向位置的选择要保证刀具与工件有一定的安全间隙,Z 向位置与槽右

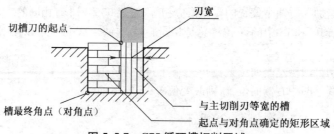

图 5.5-7 G75 循环槽切削区域

侧相差一个刃宽。

3. G75 切削循环用于宽槽编程示例

如图 5.5-8 所示的工件槽结构是一个较宽的径向槽,槽由尺寸 55 定位,槽宽 40,槽深 10,从 $\phi 50$ 至 $\phi 30$,非常适合用 G75 循环编程加工。

拟用刃宽为 4mm 的外切槽刀具加工,刀具起点设计在 S 点($X54,Z-19$),刀具在 X 向与工件有 2mm 的安全间隙,刀位点 Z 向位置与槽右侧相差刃宽 4mm,槽最终角点坐标为($X30;Z-55$)。

设计 X 向啄式切深 3mm,Z 向槽间距 3mm,相邻两刀有 1mm 的重叠量。用 G75 切削宽槽程序 O5503 示例如下:

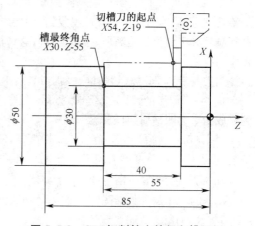

图 5.5-8 G75 切削较宽的径向槽图例

O5503;(宽槽切削)
N50 G21 G98;
N51 T0303;
N52 G96 S40. M03;
N53 G00 X54. Z-19. M08;
N54 G75 R1. ;
N55 G75 X30. Z-55. P3000 Q3000 F50. ;
N56 G00 X100. Z100. M09;
N57 M05;
N58 M30;

4. G75 切削循环用于等距多槽编程示例

如图 5.5-9 所示的工件槽结构是等距多个径向槽,第一个槽由尺寸 30 定位,共有 4 个槽,槽间距 15,槽宽 5,槽深 10(从 $\phi 60$ 至 $\phi 40$)。对等距多个径向槽亦可用 G75 循环编程加工,给编程带来方便。

设槽的精度要求不高,各槽拟用刃宽为 5mm 的外切槽刀一次加工完成,刀具起

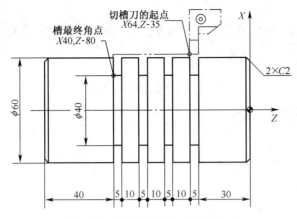

图 5.5-9 G75 切削轴向等距槽工件

点设计在 S 点($X64,Z-35$),刀具在 X 向与工件有 2mm 的安全间隙,刀具 Z 向处于起始位置时,刀刃与第一个槽正对。最后槽最终角点坐标为($X40,Z-80$)。

设计 X 向啄式切深 2mm,Z 向槽间距 15 mm。用 G75 切削宽槽程序 O5504 示例如下:

O5504;

N05 G99 G97;

N10 T0202 S300 M03;(切槽刀,刃口宽 5 mm)

N20 G00 X64. Z-35. ;

N30 G75 R1. ;

N40 G75 X40. Z-80. P3000 Q15000 F0.1;

N50 G00 X100. Z100. ;

N60 M05;

N70 M30;

注意:

利用 G74,G75 指令循环加工后,刀具回循环的起点位置。切槽刀要区分是左刀尖还是右刀尖对刀,防止编程出错。

5.5.5 学会切断工艺编程

1. 切断工艺

(1)切断工艺特点 切断是车床的常见加工操作。切断与凹槽加工的目的略有区别,因为切断是从棒料上分离出完整的工件,而凹槽加工是在工件上加工出有一定宽度、深度和精度的槽。

(2)切断刀及选用 切断刀的设计与切槽刀相似,它们之间有一个主要区别,切断刀的伸出长度比切槽刀要长得多,这也使得它可以适用于深槽加工。切断刀刀刃宽度及刀头长度,不可任意确定。

切断刀主切削刃太宽,会造成切削力过大而引起振动,同时也会浪费工件材料;主切削刃太窄,又会削弱刀头强度,容易使刀头折断。通常,切断钢件或铸铁材料时,可用下面公式计算:

$$a=(0.5\sim0.6)\sqrt{D} \qquad\qquad\text{(式 5-2)}$$

式中　a——主切削刃宽度(mm);

　　　D——工件待加工表面直径。

切断刀太短,不能安全到达主轴旋转中心;刀具过长则没有足够的刚度,在切断过程中会产生振动甚至折断。刀头长度 L 可用下列公式计算:

$$L=H+(2\sim3) \qquad\qquad\text{(式 5-3)}$$

式中　L——刀头长度(mm);

　　　H——切入深度(mm)。

(3)切断刀安装　切断刀安装时,切断刀的中心线必须与工件轴线垂直,以保证两副偏角对称。切断刀主切削刃,不能高于或低于工件中心,否则会使工件中心形成凸台,并损坏刀头。

(4)切断工艺要点　如同切槽一样,冷却液需要应用在刀刃上,使用的冷却液应具有冷却和润滑的作用,一定要保证冷却液的压力足够大,尤其是加工大直径棒料时,压力可以使冷却液到达刀刃并冲走堆积的切屑。

当切断毛坯或不规则表面的工件时,切断前先用外圆车刀把工件车圆,或开始切断毛坯部分时,尽量减小进给量,以免发生"啃刀"。

工件应装夹牢固,切断位置应尽可能靠近卡盘,当切断用一夹一顶装夹工件时,工件不应完全切断,而应在工件中心留一细杆,卸下工件后再用榔头敲断。否则,切断时会造成事故并折断切断刀。

切断刀排屑不畅时,使切屑堵塞在槽内,造成刀头负荷增大而折断。故切断时应注意及时排屑,防止堵塞。

2. 切断实例

以如图 5.5-8 所示工件的切断为例。当工件其他结构加工完毕后,选用刃宽为 4mm 的切断刀,选择(X54,Z-89)为切断起点。切断点 X 向应与工件外圆有足够的安全间隙。Z 向坐标与工件长度有关,又与刀位点选择在左或右刀尖有关。

如图 5.5-10 所示,设刃宽为 4mm 切断刀的刀位点为左刀尖时,切断的起始点的位置坐标为(X54,Z-89);刀位点为右刀尖时,切断的起始点的位置坐标为(X54,Z-85)。选择切断刀左刀尖为刀位点,快速移动刀具到切断的起始点的位置。切断可用 G01 方式直接切断工件,如果切深大还可用 G75 啄式切削方式。

切断时切削速度通常为外圆切削速度的 60%~70%,进给量一般选择 0.05~0.3mm/r。用 G01,G75 方式切断程序分别如下:

　　O5505;(切断刀 G01 切断)

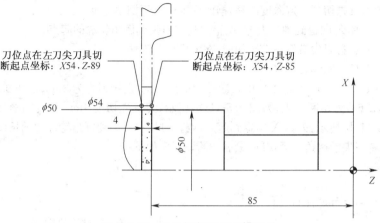

刀位点在左刀尖刀具切断起点坐标：X54,Z-89

刀位点在右刀尖刀具切断起点坐标：X54,Z-85

图 5.5-10 G75 切削径向宽槽工件

N60 G21 G98；

N61 T0404；

N62 G96 S40 M03；

N63 G00 X54. Z-89. M08；(刀具左刀尖到达起点)

N64 G01 X0. F50.；

N65 G00 X54.；

N66 G00 X100. Z100. M09；

N67 M05；

N68 M30；

O5506；(切断刀 G75 切断)

N60 G21 G98；

N61 T0404；

N62 G96 S40. M03；

N63 G00 X54. Z-89. M08；(刀具左刀尖到达起点)

N64 G75 R1.；

N65 G75 X0. P3000 F50.；

N66 G00 X100. Z100. M09；

N67 M05；

N68 M30；

3. 用切断刀先切倒角,再切断实例

如图 5.5-9 所示,当工件的右端面上有倒角要求时,一般加工方法是:先切断,然后,掉头装夹车端面,保证 Z 向尺寸,再车倒角。

当工件 Z 向尺寸要求不是很高情况下,切断刀切断工件前,可用切断刀先切倒角,然后切断工件,这样的好处是:免除掉头装夹车端面、倒角的麻烦。

加工技巧总结如下:

①刀具先切削一定深度的槽,槽的深度应大于倒角宽度;

②刀具 X 向退到槽口上方,调整刀具右刀尖到倒角轮廓的起点;

③刀具右刀尖沿倒角轮廓切削,在随后切断工件;

④刀具返回起始位置。

以如图 5.5-11 所示工件的切断并切倒角为例,选用刃宽为 3mm 的切断刀,选择 (X34,Z-63)为切断起点,如图 5.5-11(a)所示,刀具先切削 4mm 深度的槽;然后,如图 5.5-11(b)所示,刀具 X 向退到起点,调整刀具右刀尖到倒角轮廓的延长线上的一点,用右刀尖沿倒角轮廓切削,最后切断。程序如下:

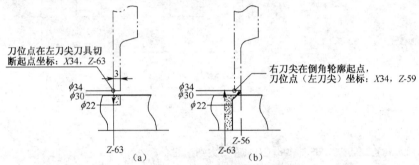

图 5.5-11　切断刀先切倒角,再切断

O5507;(切断刀先切倒角,再切断)

G98 G21;

T0404;

G96 S40 M03 M08;

G00 X34. Z-63.;(左刀尖到起点)

G01 X22. F50.;

G00 X34.;

G00 Z-59.;(此时,右刀尖在 Z-56)

G01 U-4. W-2. F30.;(切倒角)

G01 X0;

G01 X34. F200;

G00 X100. Z100. M09;

M05;

M30;

【任务实践】

5.5.6　槽切削编程加工实践

1. 加工任务

如图 5.5-12 所示,为一槽加工工件,$\phi46$ 的外圆、端面及 34±0.05 长度、C1.5 倒

角已经加工,试定槽切削工艺,编写切削程序,并输入加工。

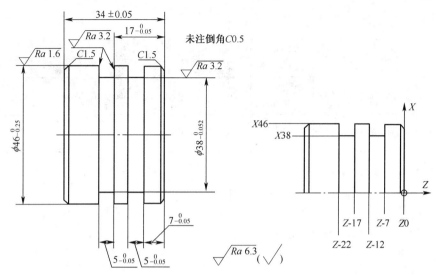

图5.5-12 槽切削编程加工实践工件

2. 槽加工方案设计

拟用三爪自定心卡盘进行装夹,夹持左端 $\phi46$mm 柱面,伸出24mm。工件坐标的零点选在右端面的中心。因为槽的位置、槽深、槽宽均有尺寸精度要求,且槽侧、槽底有表面质量要求,槽分粗精加工。选择一把刃宽为3mm外切槽刀,设刀具刀号为T05,左刀尖为刀位点,槽的粗精加工路线设计如图5.5-13所示。

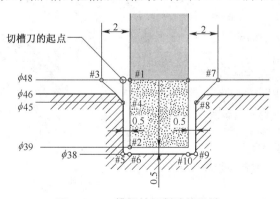

图5.5-13 槽粗精切削路线设计

设计使用(T0505)偏置调节槽宽精度,使用(T0515)偏置调节槽的位置精度,T0505,T0515 的 X 偏置为相同的值,共同调节槽深精度。槽切削工艺安排见表5.5-1。

表 5.5-1 槽切削工艺安排

序号	加工内容	刀具号	刀具类型	背吃刀量 /mm	进给量 /mm/r	主轴转速 /r/min	补偿号	程序号
1	槽粗加工	T05	外切槽刀 刃宽 4mm	4	0.06	400	T0505	O5508
2	槽左侧精加工	T05	外切槽刀 刃宽 4mm	0.5	0.06	600	T0505	O5508
3	槽右侧精加工	T05	外切槽刀 刃宽 4mm	0.5	0.06	600	T0515	O5508

3. 加工程序填写

因为两个槽的加工要求相同,加工程序相同,设计一个槽的加工程序作为子程序,并在主程序中进行两次调用。

(T05 车 5×φ38 两槽主程序)

O5508;

G99;

T0505 S400 M03;

G00 X50. Z-7.;(到达起点)

M98 P5509;(调用槽加工子程序)

G00 X50. Z-17.;

M98 P5509;(调用槽加工子程序)

G00 X100. Z50.;退刀

M05;

M30;

(T05 车一个槽的子程序)

O5509

G00 W4.5;(左刀尖到♯1)

G01 X39. F0.06;(到♯2)

G00 X48.;(左刀尖到♯1)

M03 S600;

W-2.;(左刀尖到♯3)

G01 W1.5 X45.;(左刀尖到♯4)

X38.;(左刀尖到♯5)

W0.5;(左刀尖到♯6)

G00 X48.;(左刀尖到♯1)

W2.;(右刀尖到♯7)

T0515;(使用 T0515 偏置调节槽的位置精度)

G01 X45. W-1.5;(右刀尖到♯8)

G01 X38. ;(右刀尖到♯9)

W-0.5 ;(右刀尖到♯10)

G00 X48. ;

T0505 S400;

M99;

4. 多槽车削加工实践

工具等准备:数控车床,棒料φ46,外圆车刀、外切槽刀、卡尺。

加工准备、加工操作参考 5.1.5—4。

【任务小结】

总结上述的学习,槽和切断加工中应考虑的问题有:

1. 认真理解凹槽形状、位置、尺寸要求,注意凹槽加工工艺要点,选择合适的切槽刀具和切削用量。注意切槽刀切削路线的设计,切削起点与工件间的安全间隙设计;

2. 领会 G75 沟槽复合循环的应用,子程序在多槽加工中的应用;

3. 简单的凹槽加工的实质是成型加工,要得到高质量的槽,凹槽需要分粗、精加工。

【思考与练习】

1. 通过槽切削、切断加工实践,体会槽和切断加工工艺、编程、加工操作要点;

2. 认真体会槽加工质量控制的方法。

任务5.6　螺纹车削加工工艺及编程加工

【学习目标】

1. 熟悉螺纹车削工艺要点;

2. 学会螺纹车削程序编制、加工。

【基本知识】

5.6.1　螺纹加工工艺

1. 螺纹加工简述

车削螺纹加工是在车床上,控制进给运动与主轴旋转同步,加工特殊形状螺旋槽的过程。螺纹形状主要由切削刀具的形状和安装位置决定,螺纹导程由刀具进给量决定,如图 5.6-1 所示为螺纹车削加工。

CNC 编程加工最多的是普通螺纹,螺纹牙型为三角形,牙型角为 60°。普通螺纹分粗牙普通螺纹和细牙普通螺纹。粗牙普通螺纹的螺距是标准螺距,其代号用字母"M"及公称直径表示,如 M16,M12 等;细牙普通螺纹代号用字母"M"及公称直径×螺距表示,如 M24×1.5,M27×2 等。

2. 螺纹加工刀具

普通螺纹加工刀具的刀尖角通常为 60°，螺纹车刀片的形状跟螺纹牙型一样，螺纹车刀不仅用于切削，而且使螺纹成型。

机夹式螺纹车刀如图 5.6-2 所示，分为外螺纹车刀和内螺纹车刀两种。可转位螺纹车刀是

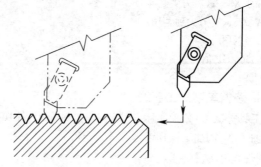

图 5.6-1　车削螺纹加工

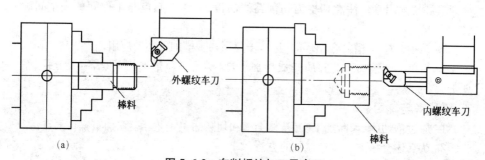

图 5.6-2　车削螺纹加工及车刀

(a)车削外螺纹　(b)车削内螺纹

弱支撑，刚度与强度均较差，所以切深不可以选得太大。

装夹外螺纹车刀时，刀尖应与主轴线等高（可根据尾座顶尖高度检查）。车刀刀尖角的对称中心线必须与工件轴线垂直，装刀时可用样板来对刀。

3. 螺纹加工过程

一个螺纹的车削需要多次切削加工而成，每次切削逐渐增加螺纹深度，否则，刀具寿命也比预期的短得多。为实现多次切削的目的，车床主轴必须恒定转速旋转，且必须与进给运动保持同步，保证每次刀具切削开始位置相同，保证每次切削深度都在螺纹圆柱的同一轴向位置上，最后一次走刀加工出适当的螺纹尺寸、形状、表面质量和公差，并得到合格的螺纹。

如图 5.6-3 所示，每次螺纹加工走刀至少有 4 次基本运动（直螺纹）。

运动①：将刀具从起始位置 X 向快速（G00 方式）移动至螺纹计划切削深度处；

运动②：加工螺纹——轴向螺纹加工（进给率等于螺距）；

运动③：刀具 X 向快速（G00 方式）退刀至螺纹加工区域外的指定位置；

运动④：快速（G00 方式）返回至起始位置。

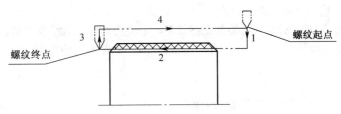

图 5.6-3　螺纹加工路线

4. 螺纹加工工艺注意事项

(1)螺纹切削起始位置　螺纹切削起始位置既是螺纹加工的起点,又是最终返回点,必须定义在工件外,但又必须靠近它。刀具 X 轴方向相对工件比较合适的最小间隙大约为 2.5mm,粗牙螺纹的间隙更大一些。

Z 轴方向的间隙需要一些特殊考虑。在螺纹刀接触材料之前,其速度必须上升到 100% 编程进给率。由于螺纹加工的进给量等于螺纹导程,所以需要一定的时间达到编程进给率。如同汽车在达到正常行驶速度以前需要时间来加速一样。确定前端安全间隙量时必须考虑加速距离的影响,故必须设置合理的导入距离。导入距离一般为螺纹导程长度的 3~4 倍。同理,螺纹切削结束前,存在减速问题,故必须合理设置的导出距离。

在某些情况下,由于没有足够空间而必须减小 Z 轴间隙,唯一的补救办法就是降低主轴转速(r/min)——但不要降低进给量。

(2)从螺纹退刀　为了避免损坏螺纹,刀具沿 Z 轴运动到螺纹末端时,必须立即离开工件,退刀运动有两种形式——沿 X 轴向直线离开,或 X,Z 轴合成运动方向斜线离开,如图 5.6-4 所示。

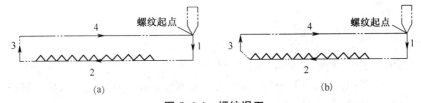

图 5.6-4　螺纹退刀

(a)单向退出　(b)斜线退出

通常如果刀具在比较开阔的地方结束加工,例如有退刀槽或凹槽,那么可以使用 X 向直线退出,车螺纹 Z 向终点位置一般选在退刀槽的中点,使用快速运动 G00 指令编写直线退出动作,如:

…

N63 G32 Z-20.F2.；(螺纹加工程序)

N64 G00 X50.；

…

如果刀具结束加工的地方并不开阔，那么最好选择斜线退出，斜线退出运动可以加工出更高质量的螺纹，也能延长螺纹刀片的使用寿命。斜线退出时，螺纹加工 G 代码和进给率必须有效。退出的长度通常为导程，推荐使用的角度为 45°，退出程序如下：

……

N63 G32 Z-20. F2. ;(螺纹加工程序)

N64 U4. W-2. ;(斜线退出，螺纹加工状态)

N65 G00 X50. ;(快速退出)

……

(3)螺纹加工直径和深度　由于螺纹不能一次切削加工出所需深度，所以总深度必须分成一系列可操控的深度。每次的深度取值，不仅要考虑螺纹直径，还要考虑加工条件，如刀具类型、材料以及安装的总体刚度。

螺纹加工中随着切削深度的增加，刀片上的切削载荷越来越大。对螺纹、刀具或两者的损坏可以通过保持刀片上的恒定切削载荷来避免。要保持恒定切削载荷，一种方法是逐渐减少螺纹加工深度。

每次切削深度的计算并不需要复杂的公式，但需要一些常识和经验。螺纹加工循环在控制系统中建立了自动计算切削深度的算法，手动计算的思路是一样的。有关螺纹加工的一些数值可由下列经验计算方法得到(应用中常综合工艺因素，适当调整计算结果)：

外螺纹小径＝外圆直径－2×牙高；

螺纹牙高＝$0.61343P \approx 0.6P$；

走刀次数＝$2.8P+4$；

$$最大切深＝\frac{牙高}{\sqrt{走刀次数}}；$$

$$最小切深＝\frac{最大切深}{\sqrt{走刀次数}}。$$

式中　P——螺纹导程，单线螺纹的导程与螺距相同。

车三角形外螺纹时，由于受车刀挤压会使螺纹大径尺寸胀大，所以车螺纹前大径一般应车得比基本尺寸小约 0.1P。车削三角形内螺纹时，内孔直径会缩小，所以车削内螺纹前的孔径要比内螺纹小径略大些，可采用下列近似公式计算：

车外螺纹前外圆直径＝公称直径 $d-0.1P$；

车削塑性金属的内螺纹底孔直径$\approx$公称直径 $D-P$

车削脆性金属的内螺纹底孔直径$\approx$公称直径 $D-1.05P$

(4)主轴转速以及进给率　螺纹加工时将以特定的进给量切削，进给量与螺纹导程相同，CNC 在螺纹加工模式下控制主轴转速与螺纹加工进给同步运行。螺纹加工是典型高进给率加工，比如加工导程为 3 mm 的螺纹，进给量则是 3mm/r。

螺纹加工的主轴转速应使用恒定转速(r/min)编程，而绝不是恒线速度(CSS)，

这就意味着准备功能 G97 必须与地址字 S 一起使用来指定每分钟旋转次数,例如
"G97 S500 M03",表示主轴转速为 500r/min。那么如果加工导程为 3mm 的螺纹,其
进给速度计算如下:

$$F=500\times3=1500\text{(mm/min)}$$

为保证正确加工螺纹,在螺纹切削过程中,主轴速度倍率功能失效,进给速度倍
率无效。

5.6.2　G32 螺纹切削指令应用

G32 是 FANUC 控制系统中最简单的螺纹加工代码,该螺纹加工运动期间,控
制系统自动使进给率倍率无效。

1. G32 螺纹切削指令

指令格式:

G32 X(U)_ Z(W)_ F_ Q_;(等螺距螺纹切削指令)

其中　X(U)_,Z(W)_——直线螺纹的终点坐标;

　　　　　F_——直线螺纹的导程,如果是单线螺纹,则为直线螺纹的螺距;

　　　　　Q_——螺纹起始角,该值为不带小数点的非模态值,其单位为
　　　　　　　　0.001°,如果是单线螺纹,则该值不用指定,这时该值
　　　　　　　　为 0。

2. G32 螺纹切削编程实例

试用 G32 指令,编写如图 5.6-5 所
示工件的螺纹加工程序。

(1)相关工艺　设计螺纹切削导入
距离 6mm,刀具退出的方式为 45°斜线,
长度为导程 1.5mm,如图 5.6-6(a)
所示。

车外螺纹前外圆直径=公称直径 d
$-0.1P=24-0.1\times1.5=23.85\text{(mm)}$;

螺纹牙高$=0.61343P=0.61343\times$

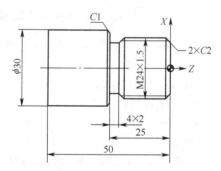

图 5.6-5　螺纹加工工件

$1.5\approx0.92\text{(mm)}$;

外螺纹小径=外圆直径-2×牙高=23.85-2×0.92=22.01(mm);

设计螺纹分五次切削加工出所需深度,第一刀切深 0.32mm,然后,每刀逐渐减
少螺纹加工深度。分层切削余量分配如图 5.6-6(b)所示。

拟定主轴转速使用恒定转速 500r/min,进给量则是导程 1.5mm/r。

(2)螺纹加工程序　编写螺纹加工程序 O5601 如下:

O5601;

G21 G99;

T0404；(调用第 4 号外螺纹刀具)

G97 S500 M03；

N20 G00 X30.Z6. M08；(起始点，导入距离 5mm)

N21 G00 X23.21；(刀具 X 向移动至计划切削深度处)

N22 G32 Z-21. F1.5；(轴向螺纹加工，进给率等于螺距)

N23 U4. W-2.；(刀具退出的方式为 45°斜线，保持螺纹切削状态)

N24 G00 X30.；(刀具 X 向快速退刀至螺纹加工区域外的 X30 位置)

N25 Z6.；(快速 G00 方式返回至起始位置)

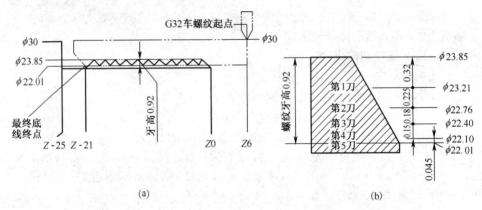

(a) (b)

图 5.6-6 示例工件螺纹加工相关设计

(N21～N25 完成螺纹的第一刀切削)

N26 G00 X22.76；

N27 G32 Z-21. F1.5；

N28 U4. W-2.；

N29 G00 X30.；

N30 Z6.；

(N26～N30 完成螺纹的第二刀切削)

...

N40 G00 X22.01；

N41 G32 Z-21. F1.5；

N42 U4. W-2.；

N43 G00 X30.；

N44 Z6.；

(N40～N44 完成螺纹的最后切削)

G00 X100. Z100. M09；

M05；

M30；(程序结束)

5.6.3　螺纹切削单一固定循环 G92

1. 单一循环螺纹加工指令 G92 简介

由程序 O5601 可见,用 G32 编写螺纹多次分层切削程序是比较烦琐的,每一层切削要五个程序段,多次分层切削程序中包含大量重复的信息。FANUC 系统可用 G92 指令的一个程序段代替每一层螺纹切削的五个程序段,可避免重复信息的书写,方便编程。

G92 指令称单一循环加工螺纹指令,如图 5.6-7 所示,G92 螺纹加工程序段在加工过程中,刀具运动轨迹为:

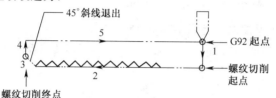

图 5.6-7　G92 螺纹切削路线

首先刀具沿 X 轴进刀至螺纹计划切削深度 X 坐标,第二步沿 Z 轴切削螺纹,第三步启动 45°倒角(螺纹斜线切出),第四步刀具沿 X 轴退刀至 X 初始坐标,第五步沿 Z 轴退刀至 Z 初始坐标。

在 G92 程序段里,须给出每一层切削动作相关参数,必须确定螺纹刀的循环起点位置,螺纹切削的终止点位置。

2. 单一循环螺纹加工指令 G92 格式

指令格式:G92 X(U)_ Z(W) _ F_ R_ ;

其中　X(U)_,Z(W)_——螺纹切削终点处的坐标;

　　　　F_——螺纹导程的大小,如果是单线螺纹,则为螺距的大小;

　　　　R_——圆锥螺纹切削参数,R 值为零时,可省略不写,螺纹为圆柱螺纹。

45°斜线螺纹切出距离在 $0.1L$ 至 $12.7L$ 之间指定,指定单位为 $0.1L$,可通过系统参数进行修改(L 为导程)。

3. G92 编程示例

螺纹加工程序 O5601 用 G92 编程可改写成程序 O5602。

O5602;

G21 G99;

T0404;(调用第 4 号外螺纹刀具)

G97 S500 M03;

N20 G00 X30. Z6. M08;(外螺纹刀具到达切削起始点,导入距离 6mm)

G92 X23.21 Z-23. F1.5;(完成第一层螺纹切削)

X22.76;(完成第二层螺纹切削)

X22.40;(完成第三层螺纹切削)

X22.10;(完成第四层螺纹切削)

X22.01;(完成螺纹的最后切削)

G00 X100. Z100. M09;

M05;

M30;(程序结束)

显然用 G92 编程的程序 O5602 比 O5601 简洁多了。

5.6.4 螺纹切削复合循环 G76

1. 复合循环螺纹加工指令 G76 简介

CNC 发展的早期,G92 单一螺纹加工循环方便了螺纹编程。随着计算机技术的迅速发展,CNC 系统提供了更多重要的新功能,这些新功能进一步简化了程序编写。螺纹复合加工循环 G76 就是螺纹车削循环的新功能,它具有很多功能强大的内部特征。

使用 G32 方法的程序中,每刀螺纹加工需要 4 个甚至 5 个程序段;使用 G92 循环每刀螺纹加工需要一个程序段;而 G76 循环能在一个程序段或两个程序段中加工任何单头螺纹,在车床上修改程序也会更快更容易。

如图 5.6-8 所示,表明 G76 指令的加工动作。G76 螺纹加工循环需要输入加工工艺数据。

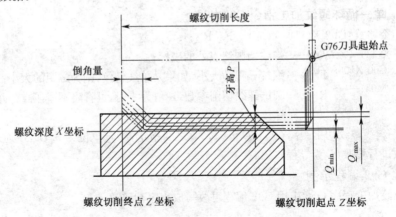

Q_{max} 螺纹第一刀切深; Q_{min} 螺纹最小切深

图 5.6-8 G76 螺纹切削路线及有关参数

2. 复合螺纹加工循环指令 G76 格式

FANUC 0i 复合螺纹加工循环指令 G76 格式分两个程序段:

G76 P(mrα) Q_ R_ ;

G76 X(U)_ Z(W)_ R_ P_ Q_ F_;

第一程序段中:

P(mrα)——m:精加工重复次数,为1～99的两位数;r:倒角量,当螺距为 L,从 0.01L 到99L 设定,单位为0.1L,为1～99的两位数;α:刀尖角度,选择80°,60°,55°,30°,29°,0°六种中的一种,由两位数规定;

Q_——最小切深(μm,用半径值指定),切深小于此值时,切深钳制在此值;

R_——精加工余量。

第二程序段中:

X(U),Z(W)_——螺纹最后切削的终端位置的 X,Z 坐标,X(U)表示牙底深度位置;

R_——锥螺纹半径差,圆柱直螺纹切削时省略;

P_——牙高(μm,半径正值);

Q_——第一刀切削深度(μm,半径正值);

F_——螺距正值(mm)。

3. G76 外螺纹切削编程示例

(1)G76 程序段　螺纹加工程序 O5601 用 G76 编程可改写成程序 O5603。

O5603;

G21 G99;

T0404;(调用第 4 号外螺纹刀具)

G97 S500 M03;

N20 G00 X30. Z6. M08;(外螺纹刀具到达切削起始点,导入距离 6mm)

N30 G76 P011060 Q100 R0.1;(螺纹参数设定)

N40 G76 X22.01 Z-23. P920 Q320 F1.5;

G00 X100. Z100. M09;

M05;

M30;(程序结束)

显然用 G76 编程的程序 O5603 比 O5601 和 O5602 又简洁多了。

(2)G76 程序段部分说明

①程序段"N30 G76 P011060 Q100 R0.1;"中:

P011060——精加工次数是一次,倒角量为一个导程,刀尖角度60°;

　Q100——最小切深钳制在半径值 100μm;

　R0.1——精加工余量 0.1mm。

②程序段"N40 G76 X22.01 Z-21. P920 Q320 F1.5;"中:

X22.01 Z-23.——牙底深度 X 值为 X22.01;螺纹切削 Z 终点 Z-23.;

　　　P920——牙高为半径值 920μm;

　　　Q320——第一刀切深为半径值 320μm;

　　　F1.5——螺距 1.5mm。

5.6.5 内螺纹切削编程示例

试编写如图 5.6-9 所示工件的内螺纹加工程序。

1. 工艺设计

螺纹加工前的底孔直径≈公称直径 $D-P=30-2=28$(mm)；

确定工件坐标系如图 5.6-9 所示。

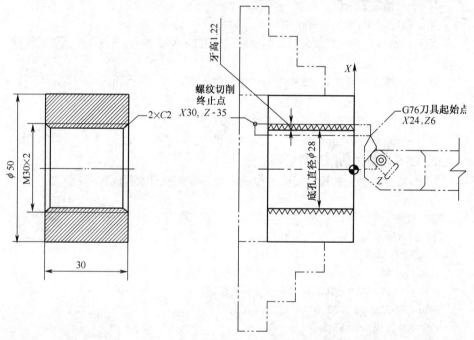

图 5.6-9　内螺纹示例工件及加工相关设计

设计螺纹切削循环 G76 起点在 $(X24,Z6)$，选择 $X24$ 不仅保证刀具 X 向与实体的安全间隙，又避免螺纹刀退出时碰撞工件。$Z6$ 是螺纹切削导入距离 6mm。如图 5.6-9 所示。

设计螺纹最后一刀切削的终点(与起点相对形成矩形切削区域)坐标是 $(X30,Z-35)$。$X30$ 为内螺纹的牙底直径。$Z-35$ 保证刀具足够切出距离，又不至于让刀具碰撞到夹具，如图 5.6-9 所示。

内螺纹的其他切削参数计算如下：

螺纹牙高 $=0.61343P=0.61343×2≈1.22$(mm)；

走刀次数 $=2.8P+4≈9$；

最大切深 $=\dfrac{牙高}{\sqrt{走刀次数}}=\dfrac{1.22}{\sqrt{9}}=0.4$(mm)；

$$最小切深=\frac{最大切深}{\sqrt{走刀次数}}=\frac{0.4}{\sqrt{9}}=0.13(mm);$$

拟定主轴转速使用恒定转速 400r/min，进给量则是导程 2mm/r。

2. 内螺纹加工程序

设螺纹底孔已经加工完毕，内螺纹加工程序 O5604 如下：

O5604；

G21 G99；

T0404；（调用第 4 号外螺纹刀具）

G97 S400 M03；

N20 G00 X24. Z6. M08；（外螺纹刀具到达切削起始点，导入距离 6mm）

N30 G76 P011060 Q130 R-0.1；（注意：内螺纹精加工余量取负值）

N40 G76 X30. Z-35. P1220 Q400 F2. ；

G00 X100. Z100. M09；

M05；

M30；（程序结束）

【任务实践】

5.6.6　螺纹车削编程加工实践

1. 加工任务

制订如图 5.6-10 所示外螺纹加工工件的加工工艺，编写切削程序，并输入加工。

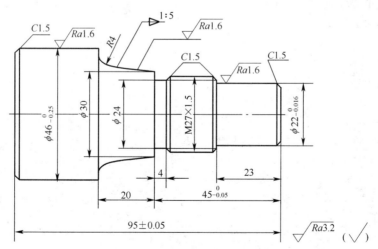

图 5.6-10　外螺纹加工工件

（1）螺纹加工前的准备　调头夹持 $\phi46_{-0.25}^{0}$ 外圆，找正，夹紧；粗、精车外圆；车外槽。

(2)相关数据及工艺参数计算和设计 设外螺纹刀为 T06,如图 5.6-11 所示,是外螺纹加工路线设计,相关数据及工艺参数计算和设计如下:

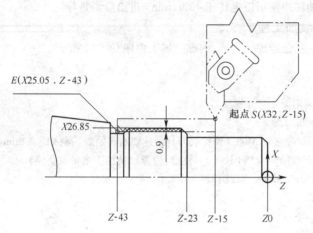

E(X25.05,Z-43)

X26.85

0.9

起点 S(X32,Z-15)

Z-43   Z-23 Z-15   Z0

图 5.6-11 外螺纹加工路线设计

车外螺纹前外圆直径=公称直径 $d-0.1P=27-0.1\times1.5=26.85$(mm);

螺纹牙高$\approx0.6P=0.9$(mm);

外螺纹小径=外圆直径$-2\times$牙高$\approx26.85-2\times0.9=25.05$(mm);

最大切深≈0.3(mm);

最小切深≈0.1(mm);

精加工余量≈0.1(mm)。

2. 加工程序填写

(T06 车削 M27×1.5 外螺纹)

O5605;

G99 G97;

T0606 S500 M3;

G00 X32. Z-15. ;(进到外螺纹复合循环起刀点)

G76 P011060 Q10 R0.1;

G76 X25.05 Z-43 P900 Q300 F1.5;

G00 X100. Z50. ;(退刀)

M05;

M30;

【任务小结】

数控车床车削螺纹时,车床主轴必须恒定转速旋转,且必须与进给运动保持同步。螺纹导程由刀具进给量决定。螺纹形状主要由切削刀具的形状决定。一个螺纹的车削需要多次切削加工而成,每次切削逐渐增加螺纹深度,否则,刀具寿命要比预期的短得多。为实现多次切削的目的,螺纹切削工艺设计应注意起始位置、螺纹退刀、螺纹加工直径和深度、主轴转速以及进给率的选择特点。

【思考与练习】

1. 说说数控车床车削螺纹的工艺要点。

2. 理解 G32,G92,G76 等螺纹切削指令的应用。

3. 通过加工操作,认真体会总结螺纹加工质量控制的方法。

单元五 总结及练习

总 结

本单元我们学习数控车削加工的典型结构有:外圆车削、端面车削、内轮廓车削、沟槽车削、螺纹车削。熟练掌握适合数控车削的典型结构加工工艺、编程方法,是我们掌握复杂零件车削加工工艺的重要基础。

数控车削对加工余量较大的表面,FANUC 系统允许用循环指令调用对切削区域的多次分层加工动作过程,这种指令称为多重复合循环。在多重复合循环指令中要给定切削区域和切削工艺参数。采用循环编程,可以缩短程序段的长度,方便程序编写。

综 合 练 习

一、判断

(   )1. 数控车削尽可能采用可转位刀片的原因是刀片不容易磨损。

(   )2. 车刀圆弧刃每一点都可能是圆弧形车刀的刀尖,因此,它的刀位点有很多。

(   )3. 同一把带刀尖圆弧的可转位刀片的数控车刀,在同一个加工程序中,可时而用作尖形车刀,时而用作圆弧形车刀。

(   )4. 车孔工艺灵活、适应性较广,用一把刀可将已有孔扩大到指定的直径,达到一定的精度。

(   )5. 切槽刀安装时,不宜伸出过长,同时切槽刀的中心线必须装得与工件中心线垂直,以保证两个副偏角对称。

(   )6. 要得到高质量的槽,凹槽需要分粗、精加工。

(   )7. 螺纹加工是典型高进给率加工,比如加工导程为 3mm 的螺纹,进给量则是 3mm/r。

(   )8. 铰孔不能纠正孔的位置误差,孔与其他表面之间的位置精度,必须由铰孔前的加工工序来保证。

(   )9. 粗车循环指令 G71,G73 车外径时,余量 U 为正,但在车内轮廓时,余量 U

应为负。

（　　）10. 加工内孔轮廓时，切削循环的起点 S、切出点 Q 的 X 值一般取 $X0$。

二、选择

1. 在 G71 P(ns)Q(nf)U±(△u)W±(△w)S500 程序格式中，（　　）表示 Z 轴方向上的精加工余量。

A. △u　　　　　　B. △w　　　　　　C. ns　　　　　　D. nf

2. G75 指令，主要用于（　　）的加工，以便断屑和排屑。

A. 切槽　　　　B. 钻孔　　　　C. 外圆　　　　　D. 螺纹

3. 采用固定循环编程，可以（　　）。

A. 加快切削速度，提高加工质量　　B. 缩短程序的长度，减少程序所占内存

C. 减少换刀次数，提高切削速度　　D. 减少吃刀深度，保证加工质量

4. 下列关于切断的工艺考虑正确的是（　　）（注：多项选择）。

A. 切断刀主切削刃太宽，会造成切削力过大而引起振动，同时也会浪费工件材料

B. 主切削刃太窄，会削弱刀头强度，容易使刀头折断

C. 切断刀主切削刃，不能高于或低于工件中心

D. 切断前先用外圆车刀把工件车圆

5. 设计数控车床镗内孔工艺、编程时，下列工艺考虑不正确的是（　　）。

A. 镗孔刀具的最大回转直径应小于预加工孔

B. 刀杆的长度要大于孔深　　　　C. 镗孔前不必预先加工孔

D. 可通过修改补偿值控制孔的加工精度

6. 用多重复合循环给编程带来方便，多重复合循环表达工艺时，下列说法错误的是（　　）。

A. 复合循环要定义加工区域边界　　B. 复合循环要给出精车预留量信息

C. 复合循环应给出切深信息　　　　D. 复合循环不必定义进给率信息

三、简答

1. 简述外圆车削工艺编程要点。

2. 简述内孔车削工艺编程要点。

3. 思考刀尖圆弧半径补偿的应用方法。

4. 简述端面切削工艺编程要点。

5. 简述槽车削工艺编程要点。

6. 简述螺纹车削工艺编程要点。

四、工艺编程综合

1. 用数控车床完成如单元五综合练习图 1 所示工件的加工，零件材料为 45 钢，

工件毛坯为 $\phi55mm$ 的棒料,未注尺寸公差按 IT12 加工和检验。对该零件加工工艺进行设计,并编写数控车削工序卡、加工程序等资料。

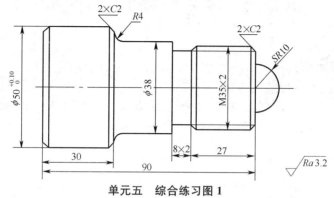

单元五 综合练习图 1

2. 用数控车床完成如单元五综合练习图 2 所示零件的加工,零件材料为 45 钢,工件毛坯为 $\phi45mm$ 的棒料。对该零件加工工艺进行设计,并编写数控车削工序卡、加工程序等资料。

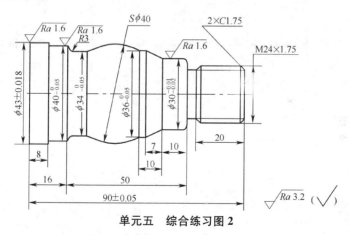

单元五 综合练习图 2

单元六 熟悉数控车削工艺设计

【单元导学】

请看下面的单元学习案例：

现要用数控车床完成如图 6.0-1 所示工件的加工，工件材料为 45 钢。工件毛坯为 ϕ50mm×97mm，未注尺寸公差按 IT12 加工和检验。

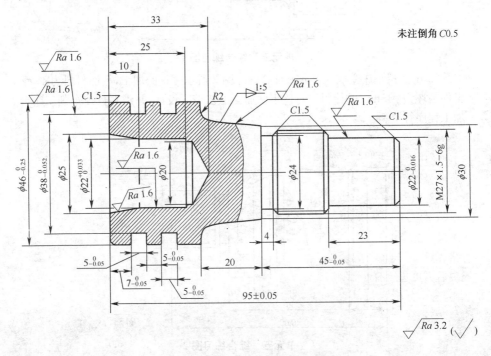

图 6.0-1 综合工艺编程实例工件图样

该轴类工件含有外圆、内孔、端面、槽、螺纹等结构，具有较高的加工要求。在一台数控车床完成这些结构的加工可称为一个数控车削工序。

要在保证加工质量的前提下，高效、低成本地完成工件的数控车削加工，首先要进行合理的数控车削工序工艺设计。

数控车削工序设计，首先，应根据工件图样，明确数控车削工序的加工的内容、要求，以此作为制定数控车削加工工艺的依据；

其次，设计加工方法、过程，选择车床，确定工件定位装夹方案，确定每次装夹（工位）的工步数和次序；

再次,确定每个工步的刀具规格、刀具路线、切削参数;

最后,填写工艺文件,填写加工程序,校验程序和加工设计优化等。

任务 6.1　熟悉数控车削工序工艺设计过程

【学习目标】

1. 熟悉数控加工工序设计一般过程;

2. 熟悉数控加工工艺设计主要技术文件。

【基本知识】

6.1.1　数控车削工序工艺设计过程

1. 分析数控加工内容和要求

对适合数控加工的工件图样进行分析,以明确加工内容和要求。分析工件图是其加工工艺的开始,工件图提出的要求又是加工工艺的结果和目标。

(1)加工结构及尺寸标注的分析　车削的零件,不管多么复杂,都是由典型的结构组合起来的。典型结构一般有外圆、内孔、端面、槽、螺纹等。工艺设计首先要分析工件有哪些加工结构及其位置分布,分析工件的毛坯,分析加工结构、加工余量大小及余量是否足够。

工件图样用尺寸标注确定工件形状、结构大小和位置要求。对尺寸标注的分析是正确理解加工要求的主要依据之一。

尺寸标注分析首先要分析工件加工结构定形、定位尺寸是否唯一确定。当发现有错、漏、矛盾、模糊不清的情况时,应向图样的设计人员或技术管理人员及时反映,解决后方可进行程序编制工作。

其次,分析定位基准面的可靠性,以便设计装夹方案时,采取措施减少定位误差。

(2)公差要求分析　分析工件图样上的公差要求,以确定控制其尺寸精度的加工工艺。影响到尺寸加工精度的工艺因素有机床选择、刀具选择、对刀方案、工件装夹、切削用量等因素。

尺寸公差表示工件加工尺寸所允许的误差范围,它的大小影响零件的使用性能。从加工工艺的角度来解读公差,它首先是生产命令之一,它规定加工中所有加工因素引起误差大小的总和必须在该公差范围内,或者说所有的加工因素"分享"了这个公差,公差是所有加工因素公共的允许误差。

由机床、夹具、刀具和工件所组成的统一体称为"工艺系统"。工艺系统的种种误差,是产生加工尺寸误差和几何误差的根源。对数控加工而言,工艺系统误差有控制系统的误差,机床伺服系统的误差,工件定位误差,对刀测量误差,机床、工件、刀具的刚性引起的误差,还包括程序编制的坐标数据值、刀具补偿值、刀具磨损补偿值等的误差。

(3)表面粗糙度要求 表面粗糙度是保证工件表面微观精度的重要要求,也是合理选择机床、刀具及确定切削用量的重要依据。机械加工时,表面粗糙度形成的原因,主要有两方面:一是几何因素,二是物理因素。

影响表面粗糙度的几何因素,主要是刀具相对工件作进给运动时,在加工表面留下的切削层残留面积。残留面积越大,表面越粗糙。残留面积的大小与进给量、刀尖圆弧半径及刀具的主副偏角有关。

物理因素是与被加工材料性质和与切削机理相关的因素。如当刀具中速切削塑性材料时产生积屑瘤与鳞刺,使加工表面的粗糙程度高;工艺系统中的高频振动,使刀刃在加工表面留下振纹,增大了表面粗糙度值。

(4)材料与件数要求 图样上给出的工件材料要求,是选择刀具(材料、几何参数及使用寿命)和选择机床型号及确定有关切削用量等的重要依据。工件的加工件数,对装夹与定位、刀具选择、工序安排及走刀路线的确定等都是重要的考虑因素。

2. 选择数控车床

(1)数控车床的类型选择 不同类型的数控车床,其使用范围也有一定的局限性,只有加工与工作条件相适合的工件,才能达到最佳的效果。如卧式数控车床适合加工径向尺寸较小的工件,立式数控车床适合加工径向尺寸粗大且重的工件,顶尖式数控车床适合车削较长的轴类零件及直径不太大的盘、套类零件,卡盘式数控车床适于车削盘类、短轴类零件。

(2)车床规格的选择 应根据被加工典型工件大小尺寸选用相应规格的数控车床。对数控车床主要考虑卡盘直径、顶尖间距、主轴孔尺寸、最大车削直径及加工长度,X向、Z向坐标进给行程等。

(3)车床精度的选择 影响数控车床加工精度的因素很多,如编程精度、插补精度、伺服系统跟随精度、机械精度等,在车床使用过程中还会有很多影响加工精度的因素发生,如温度的影响,力、振动、磨损的影响等。对用户选用车床而言,主要考虑的是综合加工精度,即加工一批工件,然后进行测量,统计、分析误差分布情况。

选择车床的精度等级应根据被加工工件关键部位的加工精度要求来确定。一般来说,批量生产工件时,实际加工出的精度公差数值为车床定位精度公差数值的1.5~2倍。

(4)考虑主电机功率及进给驱动力等 使用数控车床加工时,常常是粗、精加工在一次装夹下完成。因此,选用时要考虑主电动机功率是否能满足粗加工要求,转速范围是否合适。铰孔和攻螺纹时要求低速大扭矩。钻孔时,尤其钻直径较大的孔,要验算进刀力是否足够。对有恒切削速度控制的车床,其主电机功率要相当大,才能实现实时速度跟随,例如 $\phi360mm$ 的数控车床,主电动机功率达 27kW。

3. 确定数控车削方案

数控车床的加工方案的内容包括:对数控加工工序内容进行合理分析,确定安装次数和工步数目,确定加工的先后顺序,确定车床、刀具、量具,设计合适的装夹方案、定位基准、工件坐标系,确定加工刀具的路线、刀具的切削用量等内容,确定对刀方案和刀具的补偿方案。

(1)装夹方案　夹具的选择主要考虑工件的生产类型和精度要求。选用的夹具应能保证定位和夹紧要求。单件小批生产时,应尽量选择通用夹具及车床附件;大批量生产时,可采用高生产率的气动、液压等快速专用夹具,做到工件装夹快速有效。

(2)选择合适的刀具、量具、检具　根据工件加工内容、要求、材料性能、切削用量、车床特性等因素,正确选择刀具的刀具类型、刀具材料、刀具几何参数,并使刀具安装调整方便,保证刀具具有一定的刚性、耐用度,刀具尺寸稳定,安装调整简便。

各工序选用的量具、检具精度必须与工件加工精度相适应,在一般加工条件下,应尽量使用通用量具,必要时可选用高效率的专用检具或使用精密量具和量仪。

(3)工步划分和加工余量的选择　数控车床加工面余量的大小等于加工同一表面的各工步或工序加工余量的总和,加工同一表面的各工步或工序间的加工余量的选择可根据下列方法进行:

①从加工工作量角度看,工件毛坯余量要尽量小;从保证加工的精度的角度看,加工余量又要足够;

②加工余量要与加工工件的尺寸大小相适应,一般来说工件越大,由于切削力、内应力所引起的变形也越大,故加工余量也相应大些;

③决定加工余量时,应考虑到工件热处理引起的变化,以免产生废品;

④决定加工余量时,应考虑加工方法和加工设备的刚性,以免工件发生变形。

(4)选择合理的刀具路线　刀具路线是加工过程中,刀具刀位点相对工件进给运动轨迹和方向。合理地选择刀具路线要兼顾到刀具进给运动的安全性、加工质量、加工效益。

(5)确定合理的切削用量　合理确定刀具切削运动过程中主运动、进给运动的大小,即合理选用切削速度、背吃刀量及进给量,以满足加工质量要求,充分发挥加工潜能,力求降低加工成本。

(6)数控车床加工方案合理制定和方案优化　确定加工方案时,对于同一工件的加工方案可以有很多个,应选择最经济、最合理、最完善的加工工艺方案,从而达到质量优、效率高和成本低的目的,即对加工方案存在优化的要求。

4. 数学处理和填写加工程序

编程前,有必要设定适当的工件坐标系,计算组成刀具运动轨迹坐标数据,实现刀具路线"数据化"。对于由直线和圆弧组成的比较简单的工件轮廓加工,要计算出工件轮廓各几何元素的起点、终点坐标,作为进给运动轨迹描述的依据。

刀具路线、工艺参数(如切削用量等)以及刀位数据确定后,按数控系统规定的功能指令代码和程序段格式,编写工件加工程序单,并把加工程序输入到CNC。

5. 首件试加工与现场处理特殊的工艺问题

编制好的程序必须经过校验和试切才能用于正式加工。可在带有刀具轨迹动态模拟显示功能的数控系统上,切换到 CRT 图形显示状态下模拟运行所编程序,据自动报警内容及所显示的刀具轨迹或工件图形是否正确来调试、修改。还可采用不装刀具、工件,开车空运行来检查、判断程序执行中车床运动是否符合要求。

以上方法只能检验车床运动是否正确,而不能检验被加工工件的实际加工质量,因此需要进行工件的首件试切。对于较复杂的工件,可先采用塑料或铝等易切削材料进行首件试切。当首件试切有误差时,应分析产生原因并加以修改。

零件程序通过校验和首件试切合格后,可进行正式批量加工生产。对经过实践检验的加工工艺进行整理修改并定稿存档。

6. 数控加工专用技术文件的编写

编写数控加工专用技术文件是数控加工工艺设计的内容之一。这些专用技术文件既是数控加工及产品验收的依据,也是需要操作者遵守、执行的规程。主要数控加工专用技术文件,介绍如下。

(1)数控加工工序卡 数控加工工序卡简明扼要地说明数控工序的加工工艺。包括:安装次数、工步数目、加工顺序,各工步的主要加工内容、要求,各工步所用刀具及刀号、切削参数。其他工艺信息如所用车床型号、刀具补偿、程序编号等。

(2)数控刀具调整单 数控加工时,对刀具管理要求严格,一般要对刀具组装、编号。数控刀具调整单主要包括数控刀具明细表(简称刀具表)和数控刀具卡片(简称刀具卡)两部分。

数控刀具明细表,表明数控加工工序所用刀具的刀号、规格、用途,是操作人员调整刀具的主要依据。

刀具卡主要反映刀具编号、刀具结构、尾柄规格、组合件名称代号、刀片型号和材料等,它是组装刀具的依据。

【任务实践】

6.1.2 轴类零件数控车削工序设计实践

现对如图 6.0-1 所示的工件进行数控车削加工工序设计。

1. 工件图的加工内容和加工要求分析

分析图样可见,该工件的主要的加工内容和加工要求如下:

①圆柱面 $\phi 46_{-0.025}^{0}$,表面要求 *Ra* 1.6;圆柱面 $\phi 22_{-0.016}^{0}$,表面要求 *Ra* 1.6;

②圆孔面 $\phi 22_{0}^{+0.033}$,表面要求 *Ra* 1.6;

③两端面总长保证 95 ± 0.05;

④槽 2 处,定位尺寸 $7_{-0.05}^{0}$,$5_{-0.05}^{0}$;定形尺寸 $5_{-0.05}^{0}$,$\phi 38_{-0.052}^{0}$;

⑤退刀槽 $4 \times \phi 24$,定位尺寸 $45_{-0.05}^{0}$;

⑥锥面,锥度 $1 : 5$,*Ra* 1.6;

⑦螺纹 M27×1.5－6g;

⑧倒角 C1.5 四处。

2. 加工方案

工件有内外结构的加工要求,根据加工结构的分布特点,左端内结构与右端的螺纹、锥面结构不能够在同一次装夹完成,因而有必要把工件的加工大致分为左右两次装夹加工。

(1)左端加工　加工方法:选用 $\phi3$ 的中心钻钻削中心孔,钻 $\phi20$ 的孔(钻削中心孔、钻 $\phi20$ 的孔可用手动加工的方法);$\phi46_{-0.25}^{0}$ 柱面的粗精加工,车 $5_{-0.05}^{0}×\phi38_{-0.052}^{0}$ 两槽,镗削内孔。

(2)右端加工　加工方法:车削右端面保证总长 95±0.05;钻中心孔(单件生产时,车削右端面、钻中心孔可用手动加工),$\phi22_{-0.016}^{0}$ 柱面、锥面的粗精加工,车 $4×\phi24$ 槽,车 M27×1.5－6g 外螺纹。

(3)加工过程设计

①粗、精加工工件左端外形。

②车 $5_{-0.05}^{0}×\phi38_{-0.052}^{0}$ 两槽。

③用 G71 粗加工件左端内形,用 G70 精加工工件左端内形。

④调头校正,手工车端面,保证总长 95±0.05,钻中心孔,顶上顶尖。

⑤用 G71 粗加工工件右端外形,用 G70 精加工工件右端外形。

⑥车 $4×\phi24$ 槽。

⑦用 G76 螺纹复合循环加工 M27×1.5－6g 外螺纹。

3. 加工设备选用

(1)车床选用　选择车床型号 CAK6140VA,车床最大车削直径 400mm,最大加工长度 1000mm,可用于轴类、盘类的精加工和半精加工,可以车削回转表面、车削螺纹、镗孔、铰孔等。

数控系统为 FANUC 0i-mate TC 系统,中文液晶显示及图形轨迹显示。

主轴速度范围 50～3000 rpm,可实现无级调速与恒速切削,主电机功率 7.5kW。

进给轴 X,Z,全数字交流伺服闭环控制,X 轴快移速度 4m/min,Z 轴快移速度 8m/min,X/Z 轴重复定位精度 0.005/0.01mm。

车床加工尺寸精度 IT6～IT7,表面粗糙度 Ra 1.6μm,圆度 0.004mm,圆柱度 0.02mm/300mm,平面度 0.020mm/ϕ300mm。

机床配置六工位刀架,刀具安装尺寸 20mm×20mm;手动卡盘;手动尾座。

(2)刀具选择　根据加工内容加工要求,选用刀具见表 6.1-1。加工工件材料为 45 钢,刀具材料选用 YT15。

(3)夹具选用　夹持右端加工左端:拟用三爪自定心卡盘进行装夹。工件坐标的零点选在左端面的中心。

夹持左端加工右端:先手动加工右端面保证总长 95±0.05,手动钻中心孔,然后

表 6.1-1 刀具选用

刀具号	刀具类型	刀片规格	刀杆	备注
T01	外圆粗车刀	CNMG120408	PCLNR2020M08	刀尖 80°
T02	外圆精车刀	DNMG160404	DDHNR2020M98	刀尖 55°
T03	内孔粗车刀	CPNT090304	S16R—SCLPR1103	刀尖 80°
T04	内孔精车刀	DCMT11T304	B20S—SDUC11T3	刀尖 55°
T05	外切槽刀	MWCR3	MTFH32—3	刃宽 3mm 刀尖圆弧 0.2mm
T06	外螺纹刀	TTE200	MLTR2020	刀尖 60°

采用一夹一顶的装夹方案。注意调整卡盘夹持工件的长度,夹持长度不宜过长,顶上顶尖,再进行外圆、槽、螺纹的自动控制加工。

【任务小结】

数控车削加工工序工艺设计的一般过程是:确定数控加工内容,工序工艺设计,填写程序及校验,整理工艺文件。数控工序加工工艺的设计主要包括:根据加工要求选择工艺装备,设计加工过程,设计各工步的刀具路线和切削参数等。

【思考与练习】

1. 如何分析车削工件的加工内容、要求?
2. 如何根据加工要求选择合适的数控车床?
3. 什么是工步?一个工步的设计需要确定哪些工艺内容?
4. 为什么要编写数控车削加工技术文件?数控车削工艺一般用哪些技术文件来表达?

任务 6.2 学会数控车削刀具路径的拟定

【学习目标】
1. 熟悉数控车削刀具路径规划原则;
2. 学会拟定安全的、保证质量的、高效的数控车削刀具路径的方法。

【基本知识】

6.2.1 刀具路径规划原则

CNC 加工的刀具路径指在加工过程中,刀具刀位点相对于工件进给运动的轨迹和方向。刀具路径一般包括:从起始点快速接近工件加工部位,然后以工进速度加工工件结构,完成加工任务后,快速离开工件,回到某一设定的终点。可归纳为两种典型的运动:点到点的快速定位运动——空行程;工作进给速度的切削加工运动——切削行程。

确定刀具走刀路线的原则主要有以下几点：

①规划安全的刀具路径,保证刀具切削加工的正常进行;

②规划适当的刀具路径,保证加工工件满足加工质量要求;

③规划最短的刀具路径,减少走刀的时间,提高加工效益。

6.2.2　规划安全的刀具路径

在数控加工拟定刀具路径时,把安全考虑放在首要地位更切实际。规划刀具路径时,最值得注意的安全问题就是刀具在快速的点定位过程中与障碍物的碰撞。快速点定位时,刀具以最快的设定速度移动,一旦发生碰撞后果不堪设想。

1. 快速点定位路线起点、终点的安全设定

工艺编程时,对刀具快速接近工件加工部位路线的终点和刀具快速离开工件路线的起点的位置应精心设计,应保证刀具在该点与工件的轮廓应有足够的安全间隙,避免刀具与工件的碰撞。

如图 6.2-1 所示,刀具相对工件在 Z 向或 X 向的趋近点的安全间隙设置多少为宜呢?间隙量小可缩短加工时间,但间隙量太小对操作工来说却是不太安全和方便,容易带来潜在的撞刀危险。对间隙量大小设定时,应考虑到 Z 向左端面是否已经加工到位,若没有加工,还应考虑可能最大的毛坯余量。若程序控制是批量生产,还应考虑更换新工件后 Z 向尺寸带来的新变化,以及操作员是否有足够的经验。

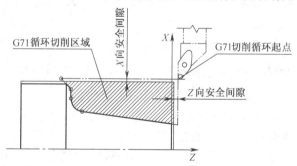

图 6.2-1　车削加工 X,Z 向安全间隙设计

切削循环的起点,不仅是刀具快速接近工件加工部位路线的终点,又是刀具快速离开工件路线的起点,该点应与工件间有足够的安全间隙。

值得注意的是:在接近工件区域或近障碍物区域,在无把握的情况下,应避免使用快速的移动路线,可用 G01 方式替代 G00 方式定位,确保刀具相对工件的安全运动。

2. 避免点定位路径中有障碍物

(1)关注刀具移动路线中可能的障碍物　程序员拟定刀具路径必须使刀具移动路线中没有障碍物,计算机因为无法像操作工在手动操作加工时能用眼睛检测到障碍物,预见到安全的威胁,并及时操作使刀具运动改变,避开障碍物。数控车床一些常见的障碍物,如尾架顶尖、卡盘、其他的刀架、工件结构等。对各种影响路线设计因素的考虑不周,将容易引起撞刀危险的情况。

(2)注意刀具点定位路线的特点 G00 的目的是把刀具从相对工件的一个位置点快速移动到另一个位置点,但不可忽视的是 CNC 控制的两点间的定位路线不一定是直线,如图 6.2-2 所示。定位时往往是先几轴等速移动,然后单轴趋近目标点的折线,忽视这一点将可

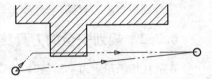

图 6.2-2 点定位路线并非直线

能忽略了阻碍在实际移动折线路线中的障碍物。还应注意到的是撞刀不仅仅是刀头与障碍物的碰撞,还可能是刀具其他部分如刀柄与它物的碰撞。

(3)G70 精车循环的起点设计 如图 6.2-3 所示,在使用 FANUC 系统的 G70 精车切削循环时,为减少走刀路线长度,循环的起点选在精加工的轮廓起点,致使刀具在循环快速回到起点时撞上工件。图 6.2-4 为 G70 精车切削循环正确起点选择。

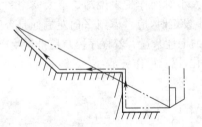

图 6.2-3 G70 精车切削循环错误起点

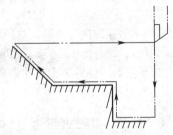

图 6.2-4 G70 精车切削循环正确起点

(4)内孔切削时起点设计 在使用 FANUC 系统切削循环进行内孔切削时,切削循环的刀具起点的选择应特别注意。如图 6.2-5(a)所示是正确的起点选择,刀具起点的 X 值应略小于或等于预加工孔径。如图 6.2-5(b)所示,刀具起点的 X 值过分大于预加工孔径时,致使刀具刀尖在循环返回起点时撞上工件;刀具起点的 X 值

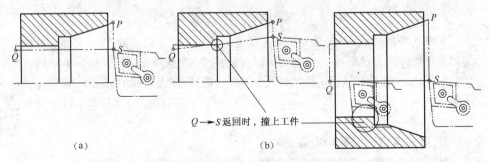

(a)   (b)

图 6.2-5 内孔切削时起点设计

(a)正确的起点设计 (b)错误的起点设计

过分小于预加工孔径时,致使刀背在循环返回起点时撞上工件。

6.2.3　规划保证加工质量的刀具路径

在数控加工中,加工路线的确定在保证加工安全性的前提下,应必须保证被加工零件的尺寸精度和表面质量,其次考虑数值计算简单,走刀路线尽量短,效率较高等。

1. 避免刀具对工件的过切

刀具对工件的过切虽然不像撞刀那样引起破坏刀具、工件、车床的严重后果,但往往引起工件的报废,程序员应仔细核对刀具路线,确保路线意图的正确,并符合 CNC 对进给运动控制规则。

加工如图 6.2-6 所示的过象限的椭圆轮廓(椭圆轮廓位于第一、二象限),为了避免车刀的切削刃过切工件的轮廓,应对刀具的主偏角和副偏角进行限制。因此,尽管如图 6.2-6 所示的外圆刀(刀尖角 80°)从刀具强度的角度看,适合粗加工,但不适合安排它走如图 6.2-6 所示的、与过象限轮廓平行的走刀路线,因为刀具副切削刃将与工件轮廓发生过切。

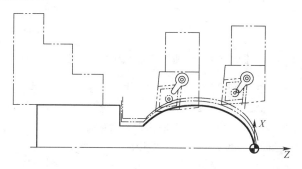

图 6.2-6　发生过切的刀路路线设计

若选择刀尖角 35°的刀具,虽然适合安排它走与过象限轮廓平行的走刀路线,但刀具强度低,则不适合大切削量的粗加工。

如图 6.2-7 和图 6.2-8 所示,是一种较为合理的粗、精加工刀具路线设计。在图 6.2-7 中,选用切槽刀和刀尖角 80°外圆刀进行粗加工,好处是:刀具几何特征适合粗加工,又不必加工过象限的轮廓,在如图设计的刀路中不会过切工件。图 6.2-8 中,选择刀尖角 35°的刀具进行余量小精加工,可以一刀连续切出过象限轮廓,保证轮廓的质量。

2. 设计加工中有利于保持工艺系统刚度的刀具路线

刀具路线的设计,应考虑到刀具切削力对工艺系统刚度的影响,尽量采用选择保证装夹刚度和工件加工变形小的路线,使加工平稳、震动小,提高切削的质量。

如图 6.2-9 所示,对零件切削区域 A 车削加工时,可以有端面粗切和外圆粗切两

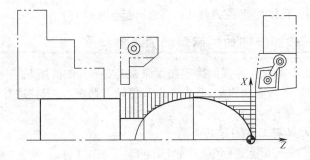

图 6.2-7　合理的粗加工刀具路线设计

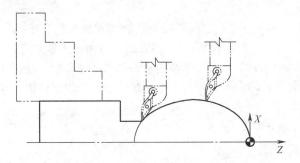

图 6.2-8　合理的精加工刀具路线设计

种切削路线的安排。注意到区域 A 的径向尺寸大于轴向尺寸,若用端面分层粗切路线效率要高,但还应注意切削路线的选用是否会影响装夹的刚度。对如图 6.2-9(a)所示的工件的切削区域 A,可用端面粗切路线,但对如图 6.2-9(b)所示的工件,由于装夹时悬伸量大,径向装夹刚度不好,宜采用外圆分层粗切路线。

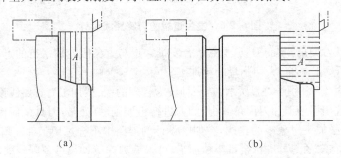

(a)　　　　　　　　　　　　　　(b)

图 6.2-9　切削区域 A 端面粗切、外圆粗切两种切削路线安排

(a)G72 端面粗切循环加工　(b)G71 外圆粗切循环加工

3. 设计保证工件表面质量的刀具路线

设计保证工件表面质量的精加工路线的要求,可归结为两点:一是减少刀具相对工件运动轨迹形成的残留;二是精加工路线有利于维持工艺系统的稳定性,避免

物理因素对精加工的干扰。

（1）保证精加工余量均匀 加工工件切削区域如图 6.2-10（a）所示，毛坯为棒料。

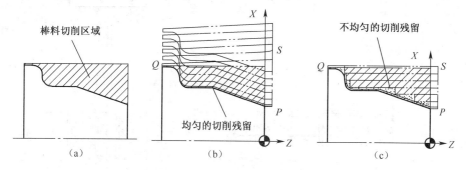

图 6.2-10 刀具轨迹与形成的残留

选用如图 6.2-10（c）所示的矩形走刀路线，优点是刀路短、效率高。缺点是相邻两行走刀路线的起点和终点间留下凹凸不平的残留，不利于精加工时工艺系统的稳定性，残留高度与行距有关。

选用如图 6.2-10（b）所示的平行轮廓的走刀路线，优点是加工余量均匀稳定，有利于精加工时工艺系统的稳定性，从而得到高的表面质量。缺点是刀路长、效率低。

如果先用矩形走刀路线粗加工，后用平行轮廓的走刀路线半精加工，最后沿轮廓半径补偿精加工，这样的走刀路线设计，有利提高粗加工效率，并保证精加工时工艺系统的稳定性。

（2）精加工路线要减少接刀痕迹 除了注意残留量的控制和保证精加工时的工艺系统稳定性，最终轮廓精加工，宜一次走刀连续加工出来，注意精加工进、退刀路线设计，以减少接刀痕迹。

如图 6.2-1 所示，精加工路线设计时，安排刀具从轮廓的延长线切入，从轮廓的延长线切出。刀具精加工时可减少接刀痕迹，并有利于切削平稳性。

4. 合理设计螺纹加工升、降速段路线，符合 CNC 同步运行控制特点

由于数控车床主运动机构与进给运动机构之间，没有机械方面的直接联系，CNC 在控制等距螺纹或变距螺纹加工时，必须控制主轴旋转与刀具进给保持一定的协调关系，即同步运行关系。这就意味着当主轴处于特定转速时，进给运动的速度必须达到相应的定值才能正确加工螺纹。

如当主轴 500r/min 时，加工螺距为 2mm 的螺纹，进给速度必须达到 $2 \times 500 = 1000$（mm/min）的速度时，加工的螺纹才是正确的。

因此数控车床的螺纹加工时，无论是车削螺纹还是攻内螺纹，在拟定螺纹加工路线时，须设置足够长的进给运动的升速段和降速段，如图 6.2-11 所示，保证工件的螺纹段加工时，主运动与进给运动处于正确的同步关系，这样可避免因车刀升降而影响螺距的稳定。

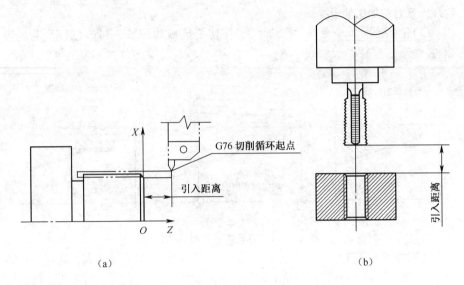

图 6.2-11　有利于保证螺纹加工质量的刀具路线设计

(a)车外螺纹　(b)攻内螺纹

6.2.4　规划高效率的刀具路径

刀具相对工件的进给运动,实际上可总结为两种典型的运动,即点到点的定位运动,为快速、非切削的空行程状态;刀具以工进速度切削工件的切削加工运动。规划提高效率的刀具路径,最实际的就是寻求最短刀具路线;缩短路线前提是保证路线的安全性和满足质量要求。

1. 拟定尽量短的点定位路线

(1)换刀点、起刀点的设置　对于数控车削,刀具切削工件前,要从某初始点开始快速运动接近工件,接近工件的点为刀具切削起点;刀具完成切削任务后,又离开工件回到适当的归宿点位置,通常是换刀点或机床参考点。要缩短刀具接近工件的路线和切削后的回归路线,换刀点、起刀点的设置,要尽量靠近工件的加工部位,但要保证换(转)刀及其他操作的方便和安全。

如图 6.2-1 所示,车刀切削起点设计时,在考虑 X,Z 向安全间隙的同时,要考虑切削循环的起点要尽量靠近工件。

(2)刀具从一个结构到另一个结构的定位路线　若同一刀具要对装夹工件的多个结构加工,应设计好刀具从一个结构到另一个结构的点定位路线,当一个结构加工完成,不必把刀具回到换刀点或机床参考点,各结构加工宜连贯进行,衔接自然合理,减少定位次数,前一刀终点与后一刀起点间的距离尽量减短,使定位路线总长最短。

2. 拟定尽量短的进给切削路线

在安排粗加工或半精加工的切削进给路线时,切削进给路线短,可有效地提高生产效率,降低刀具损耗等。

对工件某切削区域的粗加工,可以有几种不同切削进给路线选择,如平行轮廓的"环切"路线,平行坐标轴的"行切"路线等。究竟何种切削路线最短,要具体问题具体分析。如图 6.2-12(a)所示的工件为余量均匀的锻造毛坯,粗加工时,平行轮廓的"环切"路线最短。对如图 6.2-12(b)所示的毛坯为圆棒料的大余量切削区域,平行坐标轴的"行切"路线长度总和为最短。

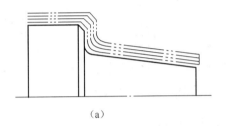 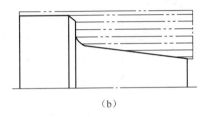

(a)   (b)

图 6.2-12 追求短的粗加工切削路线

(a)余量均匀毛坯加工   (b)圆棒料毛坯加工

总之,影响走刀路线拟定因素,包括被加工工件加工内容要求,车床、装夹夹具、刀具的工艺系统现状特点,计算机自动控制的特点等因素。路径规划时,要重视这些因素,全局、宏观地考虑这些因素对加工的影响,力求避开不利因素,利用有利条件,并使之适合于加工条件,规划合理的走刀路线。

合理的走刀路线,是指安全的、能保证零件加工精度、表面粗糙度要求、走刀路线短的高效率路线。以保证安全、质量,提高效率为原则拟定走刀路线才是全面和客观的。

【任务实践】

6.2.5 典型零件内、外轮廓的粗、精加工路线设计及校验

对如图 6.0-1 所示典型轴类零件的加工,请根据安全、质量、效率的原则,设计各结构加工时刀具的粗、精加工路线,然后在车床或仿真机床上校验刀路的合理性,并讨论评价刀路设计的利弊。刀路设计任务如下:

①工件左端外形粗、精加工刀具路线设计;

②工件左端车 $5^{~0}_{-0.05} \times \phi38^{~0}_{-0.052}$ 两槽刀具路线设计;

③工件左端内形粗、精加工刀具路线设计;

④工件右端外形粗、精加工刀具路线设计;

⑤工件右端车 $4 \times \phi24$ 槽刀具路线设计;

⑥工件右端车 M27×1.5-6g 外螺纹刀具路线设计。

【任务小结】

CNC 加工的刀路设计是 CNC 工艺编程的重要内容,合理的走刀路线,是指安全,有利于保证加工质量,走刀路线短的高效率路线。

影响走刀路线拟定因素,包括加工内容要求,车床、装夹、刀具的工艺系统现状特点,数控特点等因素。重视这些因素,全局、宏观地考虑这些因素对加工的影响,力求避开不利因素,利用有利条件,规划适合于加工要求、条件,合理的走刀路线。

刀具路线规划,要求程序员,以严谨的态度,对涉及刀具路线的各个细节予以关注,对涉及加工运动安全、质量、效率的各个因素予以关注。

【思考与练习】

1. 拟定刀路、优化刀路的原则是什么?
2. 列举数控车削加工设计安全刀路的注意点。
3. 列举数控车削加工设计有利于保证加工质量的刀路注意点。
4. 列举数控车削加工设计有利于提高加工效率的刀路注意点。

任务 6.3　坐标数据数学计算

【学习目标】

1. 熟悉手工编程刀路基点坐标数学处理方法;
2. 熟悉用三角函数的计算方法求解基点坐标。

【基本知识】

6.3.1　数控编程坐标计算概述

根据工件图样及编程坐标系,按照已确定的刀具路线和允许的编程误差,计算数控系统所需输入的坐标数据,称为数控编程坐标计算。坐标值的确定是程序编制中一个关键性环节。

1. 坐标系原点的选择

在工件图纸上设定的编程坐标系,用于在该坐标系上采集图纸上点、线、面的位置坐标值作为编程数据用,坐标原点选得不同,程序中尺寸字中的数据就不一样,所以编程之前首先要选定原点。

选择坐标系原点或编程零点时,要尽量满足坐标基准与零件设计基准重合,采集编程数据简单、尺寸换算少、引起的加工误差小等要求。

2. 基点坐标的计算

原点选定后,就应把各个对应点的尺寸换算成从原点开始的坐标值,用作编程数据。工件的轮廓曲线一般由许多不同的几何元素组成,如由直线、圆弧、二次曲线等组成。通常把各个几何元素间的连接点称为基点,如两条直线的交点、直线与圆弧的切点或交点、圆弧与圆弧的切点或交点等。

在手工编程中,一些基点坐标值可以根据图样直接得到,有些基点坐标值要经过较为复杂的数学计算求出,如用三角函数或解析几何的计算方法。为了提高效率,降低出错率,还可利用计算机辅助完成坐标数据的计算。

6.3.2　三角函数计算法在数控编程计算中的应用

三角函数计算法简称三角计算法。在数控加工的手工编程工作中,因为这种方法比较容易掌握,所以应用十分广泛,是进行数学处理时应重点掌握的方法之一。

1. 解直角三角形基础知识

在如图 6.3-1 所示的直角三角形 $\triangle ACB$ 中,有:

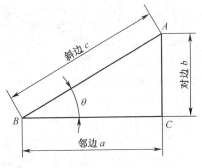

$$\sin\theta = \frac{\text{对边}}{\text{斜边}} = \frac{AC}{AB}; \qquad (式 6\text{-}1)$$

$$\cos\theta = \frac{\text{邻边}}{\text{斜边}} = \frac{BC}{AB}; \qquad (式 6\text{-}2)$$

$$\tan\theta = \frac{\text{对边}}{\text{邻边}} = \frac{AC}{BC}; \qquad (式 6\text{-}3)$$

且有:$a^2 + b^2 = c^2$。　　　(式 6-4)

图 6.3-1　直角三角形的边与角

2. 解直角三角形应用举例

如图 6.3-2 所示的车削零件,求数控编程时基点 D,B 的坐标。

(1)解题分析　图 6.3-2 所示的零件,尽管其轮廓非常简单,但是从编程的角度看,图中并未定义圆弧的起点位置 D 和圆弧运动的终点 B,因此为了确定 D,B 点在选定的编程坐标系 ZOX 的位置,必须进行较为复杂的运算,本题拟用解直角三角形的方法计算。

根据图样的尺寸标注,作几何关系分析图,如图 6.3-3 所示。显然,要求得 B 点

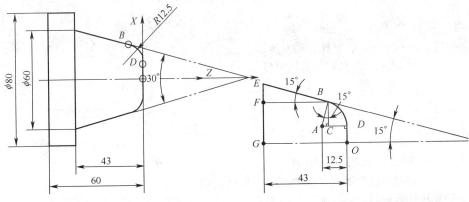

图 6.3-2　车削零件直角三角形计算举例　　　**图 6.3-3　车削零件直角三角形几何分析**

相对 O 点位置坐标,应知 GF,CD 的距离;$GF=GE-EF,CD=AD-AC$;现已知 $GE=30,AD=12.5$,那么就需要计算 EF,AC 的距离;EF,AC 分别是直角$\triangle ACB$,直角$\triangle BFE$ 的边,因此解直角$\triangle ACB$,直角$\triangle BFE$ 是解题的关键。

(2)解题过程

①解直角三角形$\triangle ACB$,求 CB,AC,然后求 CD。

在三角形$\triangle ACB$ 中,$\angle ABC=15°$,$AB=12.5$;

$CB=\cos\angle ABC\times AB=\cos15°\times12.5=12.07408$;

又 $\sin\angle ABC=\dfrac{AC}{AB}$,

$AC=\sin\angle ABC\times AB=\sin15°\times12.5=3.23524$;

$CD=AD-AC=12.5-3.23524=9.26476$。

②解直角三角形$\triangle BFE$,求 EF,然后求 GF,OD。

由 $BF=GO-CD=43-9.26476=33.73524$,$\angle FBE=15°$,

在直角三角形$\triangle BFE$ 中:

$EF=BF\times\tan15°=33.73524\times\tan15°=9.03932$;

$GF=GE-EF=30-9.03932=20.96068$,

$OD=GF-CB=20.96068-12.07408=8.88660$。

(3)解题结论 整理 D,B 在 ZOX 坐标系中的绝对坐标(其中 X 为直径编程,数值精确到 0.001)。

对 D 点 $X_D=2\times OD=2\times8.88660=17.773$,$Z_D=0$;

对 B 点 $X_B=2\times GF=2\times20.96068=41.921$,$Z_B=CD=-9.265$。

3. 解一般三角形基本知识

一般三角计算法主要应用正弦定理和余弦定理,现将有关定理的表达式列出如下。

(1)正弦定理 在如图 6.3-4 所示的一般三角形中有:

$$\frac{a}{\sin A}=\frac{b}{\sin B}=\frac{c}{\sin C}=2R \qquad (\text{式 }6\text{-}5)$$

式中 a,b,c——角 A,B,C 的对边;

R——三角形外接圆半径。

(2)余弦定理 在如图 6.3-4 所示的一般三角形中有:

$$\cos A=\frac{b^2+c^2-a^2}{2bc} \qquad (\text{式 }6\text{-}6)$$

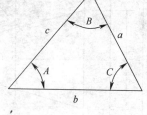

图 6.3-4 一般三角形

4. 解一般三角形应用例

已知编程用轮廓尺寸如图 6.3-5 所示,试用三角计算法计算车刀运动轨迹上基点 B,C 点的绝对坐标值。

(1)解题分析 如图 6.3-5 所示,根据零件轮廓图尺寸的要求,精加工刀具运动

的编程轨迹在 ZOX 坐标系的基点有 A,B,C,D,E，其中 A,D,E 的坐标可由尺寸标注直接获得，如：

对 A 点，$X_A=13,Z_A=0$；

对 D 点，$X_D=32,Z_D=-35$。

但 B,C 为圆弧与两直线的切点，要经一定的数学方法计算求得，下面用三角函数的方法求 B,C 点的坐标。

根据零件轮廓图尺寸的几何关系，作计算分析图，如图 6.3-6 所示。由图可见，当已知 A,D 点的坐标，若要求 B,C 点的坐标，应知 BL,AL,PC,PD 的线段距离，即解直角△CPD 和直角△ALB。

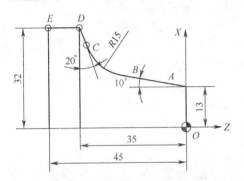 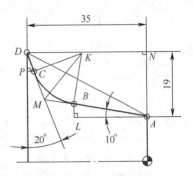

图 6.3-5 车削零件一般三角形计算举例　　图 6.3-6 车削零件一般三角形几何分析

已知，$\angle PDC=20°$和$\angle LAB=10°$，那么解直角△CPD 和直角△ALB 的关键是求线段 AB 和 CD 的距离。

又，$CD=DM-CM$，$AB=AM-BM$，那么求线段 AB 和 CD 的距离的关键是求 AM 和 DM 和 CM,BM，即解△ADM 和△MBK 以及△MCK。

(2)解题步骤

①解三角形△ADM。要解△ADM 求 DM 和 AM，必须先知道 AD 和△ADM 的各角角度，可在△ADN 中求得 AD 和$\angle ADN$，$\angle DAN$。

在△ADN 中　$AD=\sqrt{DN^2+AN^2}=\sqrt{19^2+35^2}=39.8246155$，

$$\angle ADN=\arctan\frac{AN}{DN}=\arctan\frac{19}{35}=28.49563862°，$$

$$\angle DAN=90°-28.49563862°=61.50436138°；$$

因此　$\angle MDA=90°-28.49563862°-20°=41.50436138°$，

$$\angle MAD=90°-61.50436138°-10°=18.49563862°，$$

$$\angle DMA=180°-41.50436138°-18.49563862°=120°；$$

则在△ADM 中由正弦定理：

$$\frac{AM}{\sin\angle MDA}=\frac{AD}{\sin\angle DMA},$$

$$AM=39.8246155\times\sin41.50436138°\div\sin120°=30.4735391;$$

$$\frac{DM}{\sin\angle MAD}=\frac{AD}{\sin\angle DMA},$$

$$DM=39.8246155\times\sin18.49563862°\div\sin120°=14.58809526。$$

②解三角形△MCK 和△MBK 求 CM,BM。

直角△MCK≌△MBK,又∠AMK=∠DMK=∠DMA÷2=120°÷2=60°,
BK=15,

则 $CM=BM=\cot60°\times15=8.660254038$。

③解直角△CPD 和直角△ALB 求 BL,AL,PC,PD。

直角△ALB 中:

$AB=AM-BM=30.4735391-8.660254038=21.81328506$,

$BL=\sin10°\times21.81328506=3.7878$,

$AL=\cos10°\times21.81328506=21.4819$;

直角△CPD 中:

$CD=DM-CM=14.58809526-8.660254038=5.927841222$,

$PC=\sin20°\times5.927841222=2.0274$,

$PD=\cos20°\times5.927841222=5.5703$。

④求 C,B 点在图 6.3-5 中 ZOX 坐标系的绝对坐标值。

A 点在图 6.3-5 中 ZOX 坐标系的绝对坐标值 $X_A=13,Z_A=0$,
$BL=3.7878,AL=21.4819$,

则 B 点在图 6.3-5 中 ZOX 坐标系的绝对坐标值为:

$$X_B=13+3.7878=16.7878,Z_B=0-21.4819=-21.4819;$$

D 点在图 6.3-5 中 ZOX 坐标系的绝对坐标值 $X_D=32,Z_D=-35$,
$PC=2.0274,PD=5.5703$,

则 C 点在图 6.3-5 中 ZOX 坐标系的绝对坐标值为:

$X_C=32-5.5703=26.4297,Z_C=-35+2.0274=-32.9726$。

由上面的计算和分析结果,可标注成实际应用的编程数据,如图 6.3-7 所示。

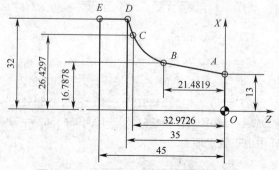

图 6.3-7 车削零件一般三角形计算数据

6.3.3　解析几何在编程计算的应用

有时应用平面解析几何计算法可省掉一些复杂的三角关系,而用简单的数学方程即可准确地描述零件轮廓的几何图形,分析和计算的过程都得到简化,并减少了较多层次的中间运算,使其计算误差大大减小,计算结果更加准确。在绝对编程坐标系中,应用这种方法所解出的坐标值一般不产生累积误差,在减少了尺寸换算工作量的同时,还可提高其计算效率。因此,在数控车床加工的手工编程中,平面解析几何计算法是应用较普遍的计算方法之一。

1. 解析几何计算法的基础知识

因为数控车床加工的零件轮廓多由直线和圆弧组成,所以下面只介绍采用直线和圆的方程。

(1)常用直线方程

①一般形式:$Ax+By+C=0$　　　　　　　　　　　　　　　　　　　　(式 6-7)

式中　A,B,C——任意实数,且 A,B 不能同时为 0。

②斜截式:$y=kx+b$　　　　　　　　　　　　　　　　　　　　　　　(式 6-8)

式中　k——直线的斜率,即倾斜角的正切值;

　　　　b——直线在 Y 轴上的截距。

③点斜式:$y-y_1=k(x-x_1)$　　　　　　　　　　　　　　　　　　　(式 6-9)

式中　x_1,y_1——直线通过已知点的坐标。

④两点式:$\dfrac{y-y_1}{y_2-y_1}=\dfrac{x-x_1}{x_2-x_1}$　　　　　　　　　　　　　　　　　(式 6-10)

式中　x_1,y_1——直线上已知点 1 的坐标;

　　　　x_2,y_2——直线上已知点 2 的坐标。

(2)圆方程形式

①标准方程:$(x-a)^2+(x-b)^2=R^2$　　　　　　　　　　　　　　　(式 6-11)

式中　a,b——圆心坐标;

　　　　R——圆的半径。

②一般形式:$x^2+y^2+Dx+Ey+F=0$　　　　　　　　　　　　　　(式 6-12)

式中　D,E,F——常数。

2. 解析几何计算应用例

已知零件轮廓及尺寸标注如图 6.3-8 所示,试计算图中 B,C 两切点及圆心 D 的坐标。

(1)解题分析　该例为一圆与两条已知的相交直线相切的例子,解题的重点是建立 R10 圆弧所在圆的方程。

(2)平面解析几何方法求点坐标　建立如图 6.3-9 所示的 X,Y 直角坐标系(与数学习惯同),将两直线 MC 和 BA 分别偏移 10mm,得直线 L_1 及 L_2,这两条直线的

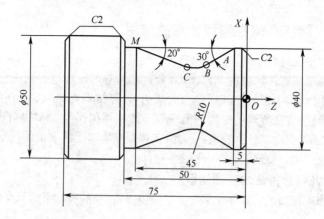

图 6.3-8 车削零件解析几何计算举例

交点是 $R10$ 圆弧圆心，容易得到：$T(40, 11.547)$，$F(0, 10.642)$。

MC 的直线方程为 $y = \tan 160° x$，即 $y = -0.364x$；

AB 的直线方程为 $y = \tan 30°(x - 40)$，即 $y = 0.57735x - 23.094$；

又由点斜式列出 L_1 的直线方程为：

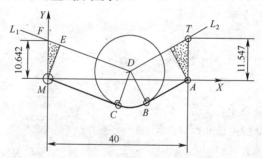

图 6.3-9 车削零件解析几何分析

$y - 10.642 = \tan 160° x$，即 $0.364x + y - 10.642 = 0$；

L_2 的直线方程为：

$y - 11.547 = \tan 30°(x - 40)$，即 $0.57735x - y - 11.547 = 0$；

联立 L_1，L_2 的直线方程并解方程组：

$$\begin{cases} 0.364x + y - 10.642 = 0, \\ 0.57735x - y - 11.547 = 0。 \end{cases}$$

解得 $x = 23.57$，$y = 2.06$，即 D 点的坐标为 $(23.57, 2.06)$。

建立 $R10\ \text{mm}$ 圆弧的圆的方程为 $(x - 23.57)^2 + (y - 2.06)^2 = 10^2$；

联立 MC 的直线方程和圆的方程解方程组：

$$\begin{cases} y = -0.364x, \\ (x - 23.57)^2 + (y - 2.06)^2 = 10^2。 \end{cases}$$

解得 $x=20.15, y=-7.33$，即 C 点的坐标为 $(20.15, -7.33)$。

解方程组 $\begin{cases} y=0.57735x-23.094, \\ (x-23.57)^2+(y-2.06)^2=10^2。 \end{cases}$

解得：$x=28.57, y=-6.60$，即 B 点的坐标为 $(28.57, -6.60)$。

所以，B 点的坐标为 $(28.57, -6.60)$，C 点的坐标为 $(20.15, -7.33)$。

(3)换算 如图 6.3-8 所示的 X, Z 坐标系的坐标（X 向为直径值）：

$X_B=40+(-6.6\times2)=26.8, Z_B=-45+28.57=-16.43$；

$X_C=40+(-7.33\times2)=25.34, Z_C=-45+20.15=-24.85$。

【任务实践】

6.3.4 手工编程数据的数学处理实践

分析如图 6.0-1 所示的工件右端外轮廓尺寸标注,拟定轮廓精加工路线,计算刀路中各基点坐标数据。

【任务小结】

通过学习本任务,我们应知道:确定刀具路线各基点坐标值,就是数据化刀具路线,是编程的关键性的环节。编程原点选定要恰当,尽量符合基准重合原理,并有利于基点坐标值的求得。

大多基点可根据图样尺寸直接得到,有些基点坐标值要经过较为复杂的数学计算间接求出。三角函数或解析几何是常用的间接计算基点坐标的方法。

【思考与练习】

1. 数据化刀具路线的要点是什么?
2. 总结三角函数间接计算基点坐标的要点。
3. 总结解析几何方法间接计算基点坐标的思路。

任务 6.4 数控车削用量选用

【学习目标】

1. 熟悉车削用量选用的相关因素及切削用量选用常识;
2. 学会根据加工条件、加工要求,考虑各种加工因素的车削用量选用方法。

【基本知识】

6.4.1 车削用量选用常识

车削用量表示车削时主运动及进给运动大小的量,是描述车削加工的运动量。车削用量是车削运动的"度",选用时应有基本的常识。

1. 切削深度

如图 2.1-3 所示,在车削上即车削深度,是指垂直于进给速度方向的切削层最大尺寸,一般指工件上已加工表面和待加工表面间的垂直距离。这个距离也称为背吃刀量或吃刀量。

粗加工力求切削深度尽量大一些,以提高效率,但同时要考虑工艺系统刚性或车床动力是否足够。

当工件表面质量要求不高时,半精、精加工切削深度可大一些;当工件表面质量要求较高时则可小一些,以减小切削力、减小切削残留,为提高加工质量创造条件。

2. 进给量

如图 2.1-3 所示,车削进给量是工件每转一转时,车削刀具在进给运动方向上相对于工件的位移量。

工件材料强度和硬度越高,所需切削力越大,每转进给量宜选得小些;刀具强度、韧性越高,可承受的切削力越大,每转进给量可选得大一些;工件表面粗糙度要求越高,每转进给量选小些;工艺系统刚性差,每转进给量应取较小值。

3. 切削速度

如图 2.1-3 所示,在车削上即车削速度,是切削刃上选定点相对于工件主运动的瞬时速度。选择切削速度时,不可忽视以下几点:

①刀具材料硬度高,耐磨、耐热性好时,可取较高的切削速度;

②工件材料的切削加工性差时,如强度、硬度高,塑性太大或太小,切削速度应取低些;

③工艺系统刚度较差时,应适当降低切削速度以防止振动;

④切削速度的选用应与切削深度、进给量的选择相适应,当切削深度、进给量增大时,刀刃负荷增加,使切削热增加,刀具磨损加快,从而限制了切削速度的提高;当切削深度、进给量均小时,可选择较高的切削速度;

⑤在车床功率较小的车床上,限制切削速度的因素也可能是车床功率;在一般情况下,可以先按刀具耐用度来求出切削速度,然后再校验车床功率是否超载。

6.4.2 切削用量选择原则

1. 对切削用量要素的基本理解

切削用量表示切削运动量的大小,是切削深度、进给量和切削速度三要素的总称。用切削深度、进给量和切削速度三者表达切削加工运动量,我们可作如下理解:

切削深度、进给量两者与切屑颗粒的大小有关。如同用锹挖土,土块越大,所用的力矩越大;切屑颗粒越大,则切削力矩越大。那么,工艺系统应能提供相应的切削力,并有承受相应切削力的强度、刚度。

切削速度主要表征刀具在承受切削力情况下,相对工件的运动速度。如同人负重在路上奔跑,一方面,反映切削运动的剧烈程度;另一方面,又反映了切削的效能。车床功率、刀具磨损等与之相关。

2. 分析与切削用量选择相关的因素

对切削用量选择前,我们应认真分析切削用量选用的相关加工条件与加工要求。

加工条件主要考虑的因素有:工艺系统动力和转矩的范围,工艺系统刚度和强度范围,刀具材料、工件材料的性能等。

加工要求主要考虑的因素有:保证加工精度达到图样要求,追求的生产效率,想得到的较低制造成本等。

与切削加工和切削用量选择的相关因素参见表 6.4-1。

表 6.4-1　与切削用量选择的相关因素

	影响因素	对加工的影响或要求	对切削用量选用的关系
加工条件	工艺系统	车床、刀具、工装的刚度、强度大,抵抗变形的能力则大,加工误差就小。 车床的功率限制切削效率。 机床的转矩限制最大的切削力	工艺系统刚度、强度大,车床转矩大,切削深度、进给量取大些。 车床的功率限制最大的切削用量
	工件材料	材料硬度、强度、韧性、塑性等性能影响工件材料的可切削性	工件材料强度、硬度高,塑性大,切削速度宜取低些。 工件材料的硬度高,强度大,切削深度、进给量宜小些
	刀具材料	刀具材料的硬度、耐磨性、强度、韧性、耐热性和化学性能,对刀具寿命、加工效率、加工质量和加工成本等的影响大	刀具材料的耐热性好时,有利于取较高的切削速度。 刀具强度、韧性好,有利于取较大的切削深度或进给量
加工要求	加工效率	工序的切削工时尽可能少,可充分地发挥车床的潜力和刀具的切削性能	切削用量三要素与生产率均保持正比关系。 提高切削速度,增大进给量和切削深度能"同等地"提高生产率
	加工质量	要保证加工面的尺寸精度、表面质量达到工件图样的要求	较小的切削深度、进给量有利于工艺系统刚度,从而有利于加工精度。 采用较高的切削速度和较小的进给量是减少表面层冷作硬化的工艺措施
	刀具寿命	刀具过度磨损导致加工精度降低,造成换刀、磨刀、对刀辅助时间增加,影响加工质量、效率和成本	三要素对刀具耐用度的影响,主要是切削速度,进给量次之,背吃刀量的影响最小

3. 选用要求

合适的切削用量要求是：工艺系统能提供，工艺系统能承受，能保证安全生产，能保证加工质量，能发挥车床的潜力和刀具的切削性能。主要考虑下列问题：

（1）保证加工质量 主要是保证加工表面的精度和表面粗糙度达到工件图样的要求；

（2）保证切削用量的选择在工艺系统的能力范围内 要保证切削用量的选择在工艺系统的能力范围内，不应超过车床允许的动力和转矩的范围，不应超过工艺系统的刚度和强度范围，同时又能充分发挥它们的潜力；

（3）保证刀具有合理的使用寿命 在追求较高的生产效率的同时，保证刀具有合理的使用寿命，并考虑较低的制造成本。

6.4.3 切削用量选用方法

切削用量选择得正确与否，将直接关系到工件的加工质量、生产效率和加工成本。分析切削用量选择的相关因素时可见，切削用量增大有利于生产效率，却不利于加工质量和刀具寿命。工艺系统效能、刀具切削性能等加工条件又是切削量增大的制约因素。如何权衡利弊，合理选择切削用量，一般有如下方法。

1. 分粗精加工选切削用量

切削用量与生产效率保持正比关系，但较小的切削深度、进给量有利于工艺系统刚度，有利于减小残留和减少表面层冷作硬化，从而有利于加工精度。显然这是一对矛盾，如何解决这对矛盾？我们常用"舍、得"的策略，把加工区域分为粗加工区域和精加工区域，分粗、精阶段完成切削加工。粗加工时优先考虑提高生产率，少考虑加工精度；精加工时优先考虑加工精度，少考虑生产率。各加工阶段有所舍，有所得，可解决上述矛盾。

（1）粗加工切削用量选择 粗加工切削时，在工艺系统刚度、强度的允许下取最大的切削深度和进给量。在不超过车床有效功率、保证一定刀具耐用度的前提下取最大的切削速度。

（2）精加工切削用量选择 精加工时主要按表面粗糙度和加工精度确定切削用量。选择切削深度、进给量注意使切削力引起的敏感方向上的变形，在允许的范围内，以保证加工精度。切削深度、进给量应与表面质量要求相适应。用较高的切削速度，既可使生产率提高，又可使表面粗糙度值变小，所以应创造条件，以提高切削速度。

2. 兼顾切削效率、刀具耐用度、切削条件

为了能够获得高的生产率和保证刀具耐用度，吃刀量、进给量、切削速度的选择要兼顾切削效率要求、刀具耐用度要求、切削条件，不可随意确定。

切削用量三要素与生产率均保持正比关系，提高切削速度，增大进给量和切削深度，都能"同等地"提高生产率。但吃刀量、进给量、切削速度三者对刀具耐用度的

影响差别甚大,切削速度的影响最大,进给量次之,吃刀量的影响最小。

因此,要在保证一定刀具耐用度的条件下,取得最高的生产效率,必须使吃刀量、进给量、切削速度三者算术乘积值最大才能达到。

选取切削用量的合理顺序应是:首先选取尽可能大的吃刀量;其次根据车床动力与刚性限制条件或加工表面粗糙度的要求,选择尽可能大的进给量;最后在保证刀具耐用度的前提下,选取尽可能大的切削速度,以达到吃刀量、进给量、切削速度三者乘积值最大,这一顺序不能颠倒。

3. 借助刀具厂商推荐表格选择切削参数

数控加工的多样性、复杂性以及日益丰富的数控刀具,决定了选择刀具时不能再主要依靠实践经验。借助刀具厂商推荐表格对刀具切削参数进行选择是实践中常用的、有效的简便方法。刀具制造厂在开发每一种刀具时,通过做了大量的试验,在向用户提供刀具的同时,提供了详细的刀具的使用说明和技术推荐表格,针对性较强。编程者应对自己常用牌号的刀具,能够熟练地使用刀具厂商提供的技术手册,或通用的技术资料,通过推荐表格选择合适的刀具,并根据手册提供的参数合理选择刀具的切削参数。

但不管多么详细的推荐表格,它不可能完全吻合于具体的切削加工情况。推荐表格是选择刀具切削参数的重要的依据,但不是唯一的依据。应知道:与切削用量的选用的相关因素是多种多样的,每一个相关因素都可能对切削用量的选用的合理性产生影响,因此在选择刀具的切削参数时,把推荐表格作为重要的依据,并具体分析切削加工的条件、要求,各种限制因素,全面考量,并在实践中验证、修改、调整,才是得到具体应用的、合理的刀具切削参数的有效的途径。

车削外圆、端面、槽、螺纹切削用量选用经验表格参见附表。

【任务实践】

6.4.5   刀具切削用量选用实践

加工如图 6.0-1 所示的轴类零件,请根据加工条件、加工要求,借助经验表格进行粗、精加工切削用量选择,填写入加工工序卡(表 6.4-2);并在结构切削实践中,尝试根据加工的具体情况和切削原理对切削用量进行优化。

表 6.4-2   数控加工工序卡片

零件号		程序编号	使用机床	夹具		加工材料
001		O8101,O8102	CAK6140VA	三爪卡盘、顶尖		45 钢
安装	工步	工步内容	刀具	主轴转速/r/min	进给量/mm/r	背吃刀量/mm	备注
夹持右端加工左端	1	车端面、粗车外表面	T01				
	2	精车外表面至要求	T02				
	3	车削外槽至要求	T05				两个补偿

续表 6.4-2

零件号	程序编号	使用机床	夹具	加工材料
001	O8101,O8102	CAK6140VA	三爪卡盘、顶尖	45 钢

安装	工步	工步内容	刀具	主轴转速/r/min	进给量/mm/r	背吃刀量/mm	备注
夹持右端加工左端	4	粗车内表面	T03				
	5	精车内表面至要求	T04				
夹持左端加工右端	1	粗车右端外形	T01				
	2	精车右端外形至要求	T02				
	3	车 4×ϕ24 槽	T05				
	4	螺纹加工	T06				

【任务小结】

切削用量表达主运动和进给运动量的大小。合理的切削用量是保证安全生产，保证加工质量，充分地发挥车床潜力、刀具切削性能，降低生产成本的工艺决策，是对加工诸要素全面考虑后，进行的正确合理选择。

制订切削用量的一般方法是：兼顾切削效率和刀具耐用度，注意切削用量选用顺序；兼顾加工质量和切削效率，分粗精加工。

选择刀具的切削参数时，把经验表格作为重要的依据，具体分析切削加工的条件、要求，各种限制因素，并在实践中验证、修改、调整，是得到合理的刀具切削参数的有效途径。

【思考与练习】

1. 总结切削用量选择考虑的因素和选用常识。

2. 总结制订切削用量的一般方法。

3. 思考如何进行切削用量优化？

单元六　总结及练习

总　　结

通过单元六的学习，我们熟悉了数控加工工艺设计的基本方法：

首先，要明确加工的任务，分析工件的加工内容和要求；

其次，是根据加工要求、加工条件，设计加工方法和过程；

然后，选择合适的工艺装备，拟定刀具路线，选择切削用量，确定编程数据；

最后，形成加工工艺文件，表达工艺设计。

工艺设计第一要保证的是在安全生产的前提下，加工结果满足加工要求。工艺设计更高的要求是在保证加工质量的前提下,提高生产效率,降低生产成本。

在今后的生产加工实践中,要进一步学习工艺、验证工艺、完善工艺。

综 合 练 习

一、判断

(　　)1. 审查零件制造工艺的可行性和加工的经济性,遇到工艺问题与设计问题有矛盾时,应从工艺角度自行解决。

(　　)2. 在接近工件区域或近障碍物区域,在无把握的情况下,应避免使用快速的移动路线,并确保刀具相对工件的安全运动。

(　　)3. 编制好的程序必须经过校验和试切才能用于正式加工。当首件试切有误差时,应分析产生原因并加以修改。

(　　)4. 分析零件图是其加工工艺的开始,零件图提出的要求又是加工工艺的结果和目标。

(　　)5. 公差规定了加工中所有加工因素引起加工因素误差大小的总和必须在该公差范围内;或者说所有的加工因素'分享'了这个公差,公差是所有加工因素公共的允许误差。

(　　)6. 切削深度、进给量、切削速度三者对刀具耐用度的影响差别甚大,其中的切削速度影响最大,进给量次之,切削深度的影响最小。

(　　)7. 粗加工时,限制进给量的主要是刀具耐用度;半精加工和精加工时,限制进给量的主要是系统刚度。

(　　)8. 工件材料的切削加工性差时,如强度、硬度高,塑性太大或太小,切削速度应取高些;反之,则可取较低的切削速度。

(　　)9. 确定加工方案时,对于同一个零件的加工方案可以有很多个,应选择最经济、最合理、最完善的加工工艺方案,从而达到质量优、效率高和成本低的目的。

(　　)10. 单件小批生产时,应尽量选择通用夹具及机床附件;大批量生产时,可采用高生产率的气动、液压等快速专用夹具。

二、选择

1. 影响数控车床加工精度的因素很多,要提高加工工件的质量,有很多措施,但(　　)不能提高加工精度。

A. 将绝对编程改变为增量编程　　　　B. 正确选择车刀类型

C. 控制刀尖中心高误差　　　　　　　D. 减小刀尖圆弧半径对加工的影响

2. 选择切削速度时,以下各项考虑不妥的是(　　)。

A. 刀具材料硬度高,耐磨、耐热性好时,可取较高的切削速度

B. 工件材料的切削加工性差时,如强度、硬度高,切削速度应取高些

C. 工艺系统(机床、夹具、工件、刀具)刚度较差时,应适当降低切削速度以防止振动

D. 当切削深度、进给量增大时,刀刃负荷增加,使切削热增加,刀具磨损加快,从而限制了切削速度的提高

3. 以下不是影响表面粗糙度的因素是(　　)。

A. 进给量的选择　　　　　　　　B. 刀尖圆弧半径

C. 工艺系统中的高频振动　　　　D. 机床的功率

4. 在设计内孔车刀车内孔起点位置的 X 值时,以下选择正确的是(　　)。

A. 刀具起点的 X 值一定要大于预加工孔的孔径

B. 刀具起点的 X 值应略小于或等于预加工孔的孔径

C. 刀具起点的 X 值应为 0　　　　D. 刀具起点的 X 值可任意设定

5. 规划刀具路线时,以下考虑不妥当或不全面的是(　　)。

A. 刀具在快速的点定位过程中应避免与障碍物的碰撞

B. 在接近工件区域时可用 G01 方式定位

C. 轮廓精加工,宜一次走刀连续加工出来

D. 拟定走刀路线最主要的就是要找到最短的刀路捷径

6. 在工件图纸上选择编程坐标系原点,不正确的考虑是(　　)。

A. 要尽量满足坐标基准与零件设计基准重合

B. 原点的选择能给编程数据的获得带来方便

C. 原点选择使得工件装上机床,工件原点恰好与机床原点重合

D. 一般来说,工件 X 向零点选在工件加工面的回转轴线上

7. 以下不太合适的切削用量选用方法是(　　)。

A. 分粗、精加工选切削用量

B. 选切削用量时要兼顾切削效率、刀具耐用度、切削条件

C. 借助刀具厂商推荐表格选择切削参数

D. 严格按刀具厂商经验表格选择切削参数

8. 通过以下方法不能够减少刀具切削阻力的是(　　)。

A. 适当减少进给量　　　　　　　B. 适当减少切削速度

C. 切深可小一些　　　　　　　　D. 刀具前角可小一些

三、简答

1. 简述零件的加工工艺规划过程。

2. 简述加工顺序排定的基本方法和注意点。

3. 简述数控加工工艺的一般过程。

4. 论述拟定数控加工刀具路径的要点。

5. 论述数控加工中选择切削用量的方法。

单元七　中级数控车工应会技能综合训练

【单元导学】

本单元是对前面所学知识的综合应用,本单元依据数控车工国家职业标准的规定,实施中级数控车工职业技能综合训练,培养学生熟练地使用数控车床功能完成较为复杂零件的车削加工,具备在现场分析、处理工艺及程序问题的能力,达到中级工的职业资格水平。在走上工作岗位之前,提高同学们的职业技术素质,增强工作能力。如图 7.0-1 所示为数控车削实例。

图 7.0-1　车削综合训练

在本单元的综合训练中要求学员既要动手,又要动脑。正如陶行知所说:"人有两个宝,双手和大脑。双手会做工,大脑会思考。用手又用脑,才能有创造。"

任务 7.1　中级职业技能综合训练一

【学习目标】

1. 能根据加工要求合理设计加工工艺并编制加工程序;
2. 熟练掌握螺纹各部尺寸的计算、加工、测量;
3. 在实践中体会外圆尺寸精度及表面质量的控制。

【训练任务】

用数控车床加工如图 7.1-1 所示的工件,工件材料为 45 钢,毛坯为 φ45mm 棒料,未注尺寸公差按 IT12 加工和检验。

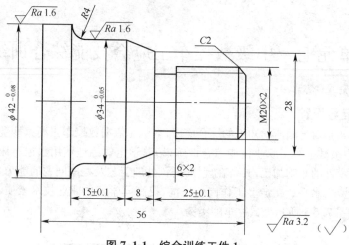

图 7.1-1　综合训练工件 1

【任务实施】

7.1.1　加工工艺设计

1. 加工方案拟定

分析如图 7.1-1 所示的工件,加工外圆、端面、退刀槽、螺纹等结构。右端面、外圆、退刀槽、螺纹这些加工结构可安排在同一次装夹完成,然后再切断,调头加工左端面保证总长。拟定加工过程如下:

①夹持零件毛坯,伸出卡盘长度 70mm;

②车右端面;

③粗、精加工工件外轮廓至尺寸要求;

④切槽 6×2 至尺寸要求;

⑤粗、精加工螺纹至尺寸要求;

⑥切断零件,总长留 0.5mm 余量;

⑦工件调头,夹 $\phi 34_{-0.05}^{0}$ 外圆(校正);

⑧加工零件总长至尺寸要求。

2. 加工设备选用

(1)机床选用　选择型号 CAK6140VA 数控车床。车床最大车削直径 400mm,最大加工长度 1000mm。可用于轴类、盘类的精加工和半精加工,可以车削回转表面、车削螺纹、镗孔、铰孔等。

数控系统为 FANUC 0i-mate TC 系统,中文液晶显示及图形轨迹显示。

主轴速度范围 50～3000rpm,可实现无级调速与恒速切削,主电机功率 7.5kW。

进给轴 X,Z,全数字交流伺服闭环控制,X 轴快移速度 4m/min,Z 轴快移速度 8m/min,X/Z 轴重复定位精度 0.005/0.01mm。

车床加工尺寸精度 IT6～IT7，表面粗糙度 Ra 1.6μm，圆度 0.004mm，圆柱度 0.02mm/300mm，平面度 0.020mm/φ300mm。

机床配置六工位刀架，刀具安装尺寸 20mm×20mm；手动卡盘；手动尾座。

（2）夹具选用　夹持右端加工左端，拟用三爪自定心卡盘进行装夹。

（3）刀具选用　刀具选择参考表 7.1-1。

表 7.1-1　刀具选用（供参考）

刀号	刀具类型	规格	刀号	刀具类型	规格
T01	外圆车刀	主偏角 95°，刀尖角 80°	T03	外切槽、切断刀	刃宽 4mm
T02	外圆精车刀	主偏角 95°，刀尖角 55°	T04	外螺纹刀	刀尖角 60°

3. 工量具准备通知单

工量具准备通知单见表 7.1-2。

表 7.1-2　工量具准备通知单

序号	名称	规格	数量	备注
1	千分尺	25～50mm	1	
2	游标卡尺	0～150mm	1	
3	螺纹千分尺	25～50mm	1	
4	刀具	外圆车刀	1	主偏角 95°刀尖角 80°
5		外圆车刀	2	主偏角 95°刀尖角 55°
6		切槽车刀	1	刃宽 4mm
7		螺纹车刀	1	刀尖角 60°
8	其他辅具	垫刀片若干，油石等		
9		铜皮（厚 0.2mm，宽 25mm，长 60mm）		
10		其他车工常用辅具		
11	材料	45 钢 φ45×60mm 一段		
12	数控车床	AK6140VA，数控系统 FANUC-0i，主轴装三爪自定心卡盘		

4. 填写加工工序卡

根据上述工艺分析，填写加工工序卡，见表 7.1-3。

表 7.1-3　工件加工工序卡

工件号		程序编号	使用机床		夹具		材料
7.1-1		O7101	AK6140VA		三爪自定心卡盘		45 钢
安装	工步	工步内容	刀具	主轴转速 /r/min	进给量 /mm/r	背吃刀量 /mm	备注

续表 7.1-3

安装	工步	工步内容	刀具	主轴转速 /r/min	进给量 /mm/r	背吃刀量 /mm	备注
夹持左端加工右端	1	车端面、粗车右端外形	T01	800	0.2	2	
	2	精车右端外形至要求	T02	1000	0.1	0.5	
	3	车槽	T03	400	0.1	4	
	4	螺纹加工	T04	500	2	最大 0.3	
	5	切断	T03	400	0.06	4	

7.1.2　编写加工程序及操作加工

O7101；

（以下用 T01 车右端面和外圆）

G99；

T0101 M03 S800；（主轴正转，换 1 号刀）

G00 X50. Z0. ；

G01 X-1. F0.1；（车端面）

G00 X48. Z2. ；（循环起点 S）

G71 U2. R1. ；

G71 P35 Q80 U0.5 W0.1 F0.2；

N35 G00 X20. ；（精加工路线切入点 P）

G01 Z0. ；

X23.8 Z-2. ；

Z-25. ；

X28. ；

X34. Z-33. ；

Z-44. ；

G02 X42. Z-48. R4. ；

G01 Z-62. ；

N80 G01 X50. ；（精加工路线切出点 Q）

G00 X100. Z100. ；（返回换刀点）

M05；

M00；（暂停、测量、补偿）

（以下用 T02 精加工外圆）

G99；

T0202 M03 S1000；

G00 X48. Z2.；

G70 P35 Q80 F0.1；

G00 X100. Z100.；

（以下用 T03 切槽）

G99；

T0303 M03 S400；

G00 X32. Z-23.；

G75 R1.；

G75 X20. Z-25. P3000 Q3000 F0.1；

X100. Z100.；（返回换刀点）

（以下用 T04 车螺纹）

G99；

T0404 M03 S500；（换 4 号刀加工螺纹）

G00 X26. Z8.；

G76 P011060 Q100 R0.1；

G76 X21.4 Z-22.5 P1200 Q400 F2.；

G00 X100. Z100.；

（以下用 T03 切断）

G99；

T0303 M03 S400；

G00 X48. Z-60.；

G75 R1.0；

G75 X0 P3000 F0.06；

G00 X100. Z100.；

M30；

7.1.3　操作加工

1. 加工准备

①开机回机床参考点,使车床对其后的操作有一个基准位置;

②装夹工件,露出加工的部位,找正工件并夹紧;

③根据工序卡准备刀具,装刀并进行长度补偿的设置,检查长度补偿数据的正确性;

④输入程序并校验程序。

2. 工件加工

①执行每一个程序前检查其所用的刀具,检查切削参数是否合适;开始加工时宜把进给速度调到最小,密切观察加工状态,有异常现象及时停机检查;

②在加工过程中不断优化加工参数,达最佳加工效果;粗加工后检查工件是否

有松动,检查位置、形状尺寸;

③精加工后检查位置、形状尺寸,调整加工参数,直到工件与图纸及工艺要求相符;

④工件拆下后及时清理车床。

【任务小结】

通过技能综合训练一的加工训练,我们熟悉了综合加工工艺设计、编程、加工全过程,综合任务的加工实施前应有周密的规划。

【思考练习】

1. 通过讨论、查阅资料,思考本次任务工件加工是否有更好的工艺方案?

2. 从保证加工质量、提高效率、降低成本的角度优化加工设计。

3. 在车床上进行多刀对刀练习,总结思考多刀对刀的技巧。

任务7.2 中级职业技能综合训练二

【学习目标】

1. 能根据工件图的要求,合理设计加工工艺,编制加工程序;

2. 练习综合结构工件的数控车削加工,提高操作技能;

3. 培养加工精度的控制能力。

【训练任务】

用数控车床加工图 7.2-1 所示的工件,工件材料为 45 钢,毛坯为 φ45mm 棒料,未注尺寸公差按 IT12 加工和检验。

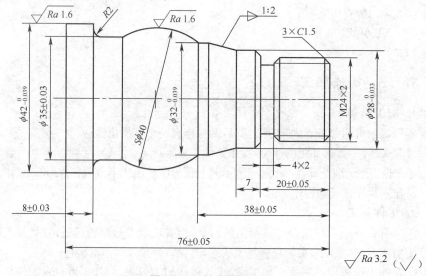

图 7.2-1 综合训练工件 2

【任务实施】

7.2.1 加工工艺设计

1. 加工方案拟定

如图 7.2-1 所示的工件,加工外圆、端面、退刀槽、螺纹等结构。右端面、外圆、退刀槽、螺纹这些加工结构可安排在同一次装夹加工完成。然后切断,调头加工左端面保证总长。拟定加工过程如下[1]:

①夹零件毛坯,伸出卡盘长度 85mm;

②车右端面;

③粗、精加工零件外形轮廓至尺寸要求;

④切槽 4×2 至尺寸要求;

⑤粗、精加工螺纹至尺寸要求;

⑥切断零件。

2. 加工设备选用

(1)机床选用、夹具选用 参考 7.1.1—2。

(2)刀具选用 参考表 7.2-1。

表 7.2-1 刀具选用(供参考)

刀号	刀具类型	规格	刀号	刀具类型	规格
T01	外圆车刀	主偏角 95°刀尖角 80°	T03	外切槽、切断刀	刃宽 4mm
T02	外圆精车刀	主偏角 95°刀尖角 55°	T04	外螺纹刀	刀尖角 60°

(3)其他工具 参考表 7.1-2。

3. 填写加工工序卡

根据上述工艺分析,填写加工工序卡,见表 7.2-2。

表 7.2-2 工件加工工序卡

工件号	程序编号	使用机床	夹具		材料
7.2-2	O7201	CAK6140VA	三爪自定心卡盘		45 钢
安装	工步	工步内容	刀具	主轴转速 /r/min	进给量 /mm/r	背吃刀量 /mm	备注
夹持左端加工右端	1	车端面、粗车右端外形	T01	800	0.2	2	
	2	精车右端外形至要求	T02	1200	0.1	0.5	
	3	车槽	T03	400	0.05	4	
	4	螺纹加工	T04	500	1.5	最大 0.3	
	5	切断	T03	400	0.1	4	

[1] 由于调头加工保证总长,是手动加工;为突出数控程序加工,本书在具体加工过程中常省略这一步。

7.2.2   编写加工程序及操作加工

O7201；

（以下用 T01 切右端面和外圆）

G99；

T0101 M03 S800；

G00 X47. Z0. ；

G01 X-0.1 F0.2；

G00 X47. Z2. ；

G71 U2. R0.5；

G71 P35 Q100 U0.5 W0.1 F0.2；

N35 G00 X21. ；

G01 Z0. ；

X23.8 Z-1.5；

Z-20. ；

X25. ；

X28. Z-21.5；

Z-27. ；

X32. Z-35. ；

Z-38. ；

G03 X35. Z-59.68 R20. ；

G01 Z-66. ；

G02 X39. Z-68. R2. ；

G01 X42. ；

Z-82. ；

N100 G01 X47. ；

G00 X100. Z100. ；

M05；

M00；（暂停、测量、补偿）

（以下用 T02 精加工外圆）

G99；

T0202 M03 S1200；

G00 X47. Z2. ；

G70 P35 Q100 F0.1；（轮廓精加工循环）

G00 X100. Z100. ；（回换刀点）

M05；

M01；

（以下用 T03 切槽）

G99；

T0303 M03 S400；

G00 X30. Z-20. ；

G01 X20. F0.05；

X24. ；

W1.5；

X23.8；

X20. W-1.5；

G00 X100. ；

Z100. ；

M05；

M01；

（以下用 T04 车螺纹）

G99；

T0404 M03 S500；（换 4 号刀加工螺纹）

G00 X26. Z8. ；

G76 P011060 Q100 R0.1；

G76 X21.4 Z-18. P1200 Q400 F2. ；

G00 X100. Z100. ；

M05；

M01；

（以下用 T03 切断）

G99；

T0303 M03 S400；

G00 X45. Z-80. ；

G75 R1.0；

G75 X0 P3000 F0.1；

G00 X100. Z100. ；（回换刀点）

M05；

M30；（程序结束、机床复位）

参考工序卡及 7.1.3 的内容进行操作加工。

【任务小结】

通过综合训练二的训练，进一步熟悉综合工件的加工工艺设计、编程、加工。要提高操作技能，在勤动手的同时又要动脑。

【思考练习】

1. 请查阅资料,思考本次任务工件加工是否有更好的工艺方案。
2. 从保证加工质量、提高效率、降低成本的角度优化零件的加工程序。
3. 在车床上进行多刀对刀练习,总结思考多刀对刀的技巧。

任务 7.3 中级职业技能综合训练三

【学习目标】

1. 能根据加工要求合理设计加工工艺并编制加工程序;
2. 练习内孔加工方法,体验精度及表面质量控制方法;
3. 练习槽的加工方法。

【训练任务】

用数控车床加工如图 7.3-1 所示的工件,工件材料为 45 钢,毛坯为 ϕ40mm 棒料,未注尺寸公差按 IT12 加工和检验。

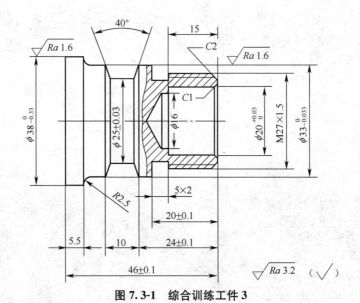

图 7.3-1 综合训练工件 3

【任务实施】

7.3.1 加工工艺设计

1. 加工方案拟定

如图 7.3-1 所示的工件,加工外圆、端面、退刀槽、螺纹、内孔等结构。这些加工结构可安排在同一次装夹完成,然后切断,调头加工左端面保证总长。拟定加工过

程如下:

　　①夹零件毛坯,伸出卡盘长度 60mm;

　　②手动平端面,钻引正孔,钻孔 $\phi16\times20$;

　　③粗、精车削内孔至尺寸要求;

　　④粗、精加工零件外形轮廓;

　　⑤切槽 5×2 至尺寸要求;

　　⑥切槽 10 并倒角 $40°$;

　　⑦粗、精加工螺纹至尺寸要求;

　　⑧切断零件;

　　⑨调头加工左端面保证总长。

2. 加工设备选用

(1)机床选用、夹具选用　参考 7.1.1—2。

(2)刀具选用　参考表 7.3-1。

表 7.3-1　刀具选用(供参考)

刀号	刀具类型	规格	刀号	刀具类型	规格
T01	外圆车刀	主偏角 95°刀尖角 80°	T04	外螺纹刀	刀尖角 60°
T02	内孔车刀	主偏角 95°刀尖角 80°	T05	中心孔钻	$\phi5mm$
T03	外切槽、切断刀	刃宽 5mm	T06	钻底孔钻头	$\phi16mm$

(3)其他工具　参考表 7.1-2。

3. 填写加工工序卡

根据上述工艺分析,填写加工工序卡,见表 7.3-2。

表 7.3-2　工件加工工序卡

序号	加工内容	刀具号	刀具类型	最大切削深度/mm	进给量/mm/r	主轴转速/r/min	程序号
1	车端面	T01	外圆车刀	0.5	0.1	600	手动
2	$\phi5$ 的中心钻钻削	T05	中心孔钻	$\phi5$	0.05	800	手动
3	钻 $\phi16$ 的孔	T06	钻底孔钻头	$\phi16$	0.1	300	手动
4	粗加工工件右端内形	T02	内孔车刀	1.5	0.2	700	7301
5	精加工工件右端内形	T02	内孔精车刀	0.5	0.1	1000	7301
6	粗加工加工件右端外形	T01	外圆粗车刀	2	0.2	700	7301
7	精加工加工件右端外形	T01	外圆精车刀	0.5	0.1	1000	7301
8	车两处外槽	T03	外切槽刀	5	0.05	500	7301

续表 7.3-2

序号	加工内容	刀具号	刀具类型	最大切削深度/mm	进给量/mm/r	主轴转速/r/min	程序号
9	加工 M27×1.5 外螺纹	T04	外螺纹刀	0.4	1.5	400	7301
10	切断	T03	外切槽刀	3	0.05	500	7301
11	调头车端面保证总长	T01	外圆车刀	0.5	0.1	600	手动

7.3.2 编写加工程序及操作加工

O7301；

（粗加工工件右端内形）

G99；

M03 S700 T0202；

G00 X15. Z3. ；

G71 U1.5 R0.5；

G71 P25 Q55 U-0.5 W0.1 F0.2；

N25 G00 X22. ；

G01 Z0；

X20 Z-1. ；

Z-15. ；

N55 X15. ；

G00 X100. Z100. ；

M05；

M00；（暂停、测量、补偿）

（精加工工件右端内形）

G99；

M03 S1000 T0202；

G00 X15. Z3. ；

G70 P25 Q55 F0.1；（内孔精加工循环）

G00 X100. Z100. ；（返回换刀点）

M05；

M00；

（粗加工加工件右端外形）

G99；

T0101 M03 S700；

G00 X42. Z2. ；

G71 U2. R0. 5；

G71 P115 Q150 U0. 5 W0. 1 F0. 2；

N115 G00 X22. 85；

G01 Z0. ；

X26. 85 Z-2. ；

Z-20. ；

X33. ；

Z-38. ；

G02 X38. Z-40. 5 R2. 5；

G01 Z-50. ；

N150 X47. ；

G00 X100. Z100. ；

M05；

M00；

（车两处外槽）

G99；

M03 S500 T0303；

G00 X32. Z-20. ；

G01 X22. 85 F0. 05；

G00 X35. ；

Z-30. 5；

G75 R1. ；

G75 X25. Z-32. 5 P3000 Q3000 F0. 05；

G00 X35. ；

Z-34. ；

G01 X33. F0. 1；

G01 Z-32. 54 X25. ；

Z-30. 5；

G00 X35. ；

Z-29. ；

G01 X33. F0. 1；

G01 Z-30. 46 X25. ；

G04 P1000；

G00 X35.

G00 X100. ；

Z100. ；

M05；

M00；

（精加工加工件右端外形）

G99；

M03 S1000 T0101；

G00 X47. Z2. ；

G70 P115 Q150 F0.1；

G00 X100. Z100. ；

M05；

M00；

（加工 M27×1.5 外螺纹）

G99；

M03 S400 T0404；

G00 X30. Z2. ；

G76 P011060 Q100 R0.1；

G76 X25.05 Z-17. P900 Q300 F1.5；

G00 X100. Z100. ；

M05；

M01；

（切断）

G99；

M03 S500 T0303；

G00 X42. Z-51. ；

G75 R1.0；

G75 X0 P3000 F0.06；

G00 X100. Z100. ；（返回换刀点）

M05；

M30；（程序结束，机床复位）

参考工序卡及 7.1.3 的内容进行操作加工。

【任务小结】

通过技能综合训练三的训练，进一步体验综合结构工件加工工艺设计、编程、加工。本次任务重点训练车内孔。内孔加工时，应先预钻孔，内孔车刀的回转直径应小于预钻孔的直径，X 向起点应靠近预钻孔壁。

【思考练习】

1. 在机床上进行手动钻孔练习，总结思考钻孔加工的技巧。

2. 总结内孔车削加工的工艺编程要点。

3. 设切槽刀刃宽 4 mm,设计加工图 7.3-1 所示的工件,槽口宽 10 mm 并倒角 40°槽的刀路。要求画出简图(参考图 5.5-13),确定刀路各点坐标。

4. 思考批量生产该工件时的工艺改进工作。

任务 7.4　中级职业技能综合训练四

【学习目标】

1. 能根据内孔加工要求,进行合理的加工设计,编制加工程序;

2. 练习手动钻孔、镗刀对刀、内孔量具测量等操作;

3. 掌握内孔尺寸的保证方法。

【训练任务】

用数控车床加工如图 7.4-1 所示阶梯孔类工件,材料为铝合金,材料规格为 $\phi50mm×50mm$,其中毛坯轴向余量为 5mm。

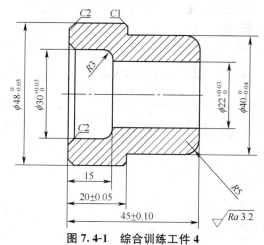

图 7.4-1　综合训练工件 4

【任务实施】

7.4.1　加工工艺设计

1. 加工方案拟定

如图 7.4-1 所示的工件,加工外圆、内孔、端面等结构,具有较高的加工要求。左端内、外结构与右端的内、外结构不能够在同一次装夹完成,有必要把工件的加工分为左、右两次装夹加工,且先加工右端为宜。

(1)右端加工内容

①手动加工:夹持 $\phi50$ 柱面,伸出 5～10mm 手动车平端面,钻削中心孔,钻 $\phi20$ 的孔;

②调整装夹,夹持 φ50 柱面伸出 28mm,外圆车刀对刀,进行右端柱面的粗、精加工。

(2)左端加工内容

①夹持右端 φ40$_{-0.04}^{~0}$柱面,手动车削左端面,保证总长;

②左端外形的粗、精车;

③φ22,φ30 等内孔结构的粗、精车加工,车削路线如图 7.4-2 所示。

2. 加工设备选用

机床及夹具选择参考 7.1.1-2,刀具选择参考表 7.4-1。

表 7.4-1　刀具选用(供参考)

刀号	刀具类型	规格	刀号	刀具类型	规格
T01	外圆粗车刀	刀尖角 80°	T04	内孔精车刀	刀尖角 80°
T02	外圆精车刀	刀尖角 80°	T05	中心孔钻	φ5mm
T03	内孔车刀	刀尖角 80°	T06	钻底孔钻头	φ20mm

3. 填写加工工艺卡

根据上述加工方案及设备选择,综合考虑加工要求、加工条件等因素,参考切削用量手册,填写加工工艺卡片见表 7.4-2 和表 7.4-3。

表 7.4-2　工件右端加工工艺卡

序号	加工内容	刀具号	刀具类型	最大切削深度/mm	进给量/mm/r	主轴转速/r/min	程序号
1	车端面	T01	外圆车刀	0.5	0.1	600	手动
2	φ5 的中心钻钻削	T07	中心孔钻	φ5	0.05	800	手动
3	钻 φ20 的孔	T08	钻底孔钻头	φ20	0.1	300	手动
4	粗加工加工件右端外形	T01	外圆粗车刀	2	0.2	600	7401
5	精加工加工件右端外形	T02	外圆精车刀	0.5	0.1	1000	7401

表 7.4-3　工件左端加工工艺卡

序号	加工内容	刀具号	刀具类型	最大切削深度/mm	进给量/mm/r	主轴转速/r/min	程序号
1	车端面	T01	外圆粗车刀	0.5	0.1	600	手动
2	粗加工工件左端孔	T03	内孔车刀	1	0.2	800	7402
3	精加工工件左端孔	T04	内孔精车刀	0.5	0.1	1200	7402
4	粗加工工件左端外形	T01	外圆粗车刀	2	0.2	600	7402
5	精加工工件左端外形	T02	外圆精车刀	0.5	0.1	1000	7402

7.4.2　编写加工程序及操作加工

（以下用 T02 粗加工工件右端外形）

O7401；

G99；

T0101 M03 S600；

G00 X50 Z2；

G71 U2. R1. ；

G71 P10 Q20 U0. 5 W0. 1 F0. 2；

N10 G00 X20. ；

G01 Z0；

X30. ；

G03 X40. Z-5. R5. ；

G01 Z-25. ；

X46. ；

X48. Z-26. ；

N20 X50. ；

G00 X100. Z100. ；

M05；

M00；

（以下用 T02 精加工外圆）

G99；

T0202 M03 S1000；

G00 X50. Z2. ；

G70 P10 Q20 F0. 1；

G00 X100. Z100. ；

M05；

M30；

（粗加工工件左端内形）

O7402；

G99；

M03 S500 T0303；

G00 X19. 5 Z5. ；

G71 U1. R0. 5；

G71 P25 Q55 U-0. 5 W0. 1 F0. 1；

N25 G00 X34. ；

G01 Z0 ;

X30 Z-2. ;

Z-12. ;

G03 X24. Z-15. R3. ;

G01 X22;

Z-46;

N55 X19.5 ;

G00 X100. Z100. ;

M05 ;

M00;（暂停、测量、补偿）

（精加工工件左端内形）

M03 S1000 T0404;

G00 X19.5 Z5. ;

G70 P25 Q55 F0.1;（内孔精加工循环）

G00 X100. Z100. ;（返回换刀点）

M05 ;

M00 ;

左端外形粗、精加工略。

参考工序卡及 7.1.3 的内容进行操作加工。

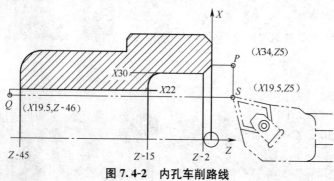

图 7.4-2　内孔车削路线

【任务小结】

工件孔加工操作中的一些注意事项如下：

①钻孔前，必须先将工件端面车平，中心处不允许有凸台，否则钻头不能自动定心，会使钻头折断；

②当钻头将要穿透工件时，由于钻头横刃首先穿出，因此轴向阻力大减。所以这时进给速度必须减慢，否则钻头容易被工件卡死，造成锥柄在尾座套筒内打滑，损坏锥柄和锥孔；

③钻小孔或钻较深孔时，由于切屑不易排出，必须经常退出钻头排屑，否则容易

因切屑堵塞而使钻头"咬死"或折断；

④钻小孔时，转速应选得快一些，否则钻削时抗力大，容易产生孔位偏斜和钻头折断；

⑤精车内孔时，应保持刀刃锋利，否则容易产生让刀（因刀杆刚性差），把孔车成锥形。

【思考练习】

1. 总结数控车床上孔加工的要点。

2. 思考单件生产与批量生产对工件不同的工艺考虑。

3. 总结手动钻孔、镗刀对刀、内孔测量的操作要点。

任务7.5 中级职业技能综合训练五

【学习目标】

1. 能根据盖类工件加工要求，合理制定工艺，编制加工程序；

2. 练习保证工件内、外结构加工精度及表面粗糙度的方法；

3. 结合实例进行综合训练，达到考核标准的要求。

【训练任务】

用数控车床加工如图 7.5-1 所示的工件，工件毛坯为 $\phi210mm \times 60mm$，预加工 $\phi75$ 通孔的铸件，未注尺寸公差按 IT12 加工和检验。

【任务实施】

7.5.1 加工工艺设计

1. 加工方案拟定

如图 7.5-1 所示的工件，加工外圆、端面、端面槽、内孔等结构，总体尺寸公差及表面粗糙度要求较高。

从毛坯和轮廓分析，工件需两次装夹，宜先加工零件左端端面、端面沟槽、外圆及内圆各轮廓，再调头夹 $\phi200^{0}_{-0.05}$ 外圆面加工工件右端端面、外圆。

（1）第一次装夹

①三爪卡盘夹毛坯外圆伸出约 35mm，车平端面。

②粗、精车 $\phi190^{0}_{-0.05}$，$\phi200^{0}_{-0.05}$ 外圆及左端面；

③粗、精车内孔；

④车端面槽。

（2）第二次装夹

①工件调头，用铜皮包 $\phi200^{0}_{-0.05}$ 外圆，并用三爪卡盘夹持，工件伸出约 30mm，找正 $\phi200^{0}_{-0.05}$ 外圆并夹紧工件；车平端面取总长，以工件右端面中心作为工件坐标系原点，重新设置 Z 坐标；

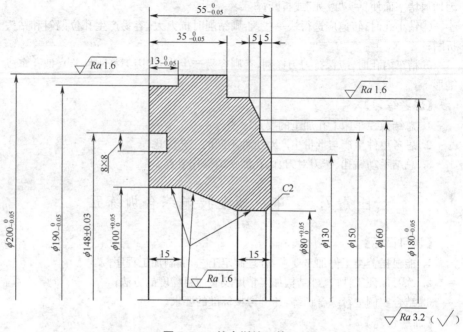

图 7.5-1 综合训练工件五

②粗、精车右端外轮廓至尺寸要求。

2. 加工设备选用

(1)机床选用、夹具选用 参考 7.1.1-2。

(2)刀具选用 参考表 7.5-1。

表 7.5-1 刀具选用(供参考)

刀号	刀具类型	规格	刀号	刀具类型	规格
T01	外圆车刀	主偏角 95°刀尖角 80°	T03	端面槽刀	刃宽 5mm
T02	内孔车刀	主偏角 95°刀尖角 80°	T04	外圆车刀(横刀)	主偏角 95°刀尖角 80°

(3)其他工具 参考表 7.1-2。

3. 填写加工工序卡

根据上述工艺分析,填写加工工序卡,见表 7.5-2、表 7.5-3。

表 7.5-2 盘工件左端加工工序卡

序号	加工内容	刀具号	刀具类型	最大切削深度/mm	进给量/mm/r	主轴转速/r/min	程序号
1	粗加工左端面、外圆	T01	外圆车刀	2	0.2	700	7501
2	精加工左端面、外圆	T01	外圆车刀	0.5	0.1	1000	7501
3	粗加工左端内形	T02	内孔车刀	1.5	0.2	700	7501

续表 7.5-2

序号	加工内容	刀具号	刀具类型	最大切削深度/mm	进给量/mm/r	主轴转速/r/min	程序号
4	精加工左端内形	T02	内孔车刀	0.5	0.1	1000	7501
5	加工左端面槽	T03	切槽刀	5	0.05	400	7501

表 7.5-3　盘工件右端加工工序卡

序号	加工内容	刀具号	刀具类型	最大切削深度/mm	进给量/mm/r	主轴转速/r/min	程序号
1	粗加工右端面	T04	外圆车刀(横刀)	2	0.2	800	7502
2	精加工右端面	T04	同上	0.5	0.1	1000	7502

7.5.2　编写加工程序及操作加工

O7501

（以下用 T01 加工工件左端外形）

G99；

T0101 M03 S700；

G00 X215. Z2. ；

G94 X73. Z0 F0.1；

G90 X201. Z-32. F0.2 S800；

X200 F0.1 S1000；

X196 Z-12.9 F0.2；

X192. ；

X190. Z-13. F0.1 S1000；

G00 X220. Z100. ；

M00；

（粗加工工件左端内形）

G99；

T0202；

M03 S700；

G00 X70. Z2. ；

G71 U1.5 R0.5；

G71 P110 Q150 U-0.5 W0.1 F0.2；

N110 G00 X100. ；

G01 Z-15. ；

X80. Z-40. ；

Z-57.；

N150 X70.；

M03 S1000；

G70 P110 Q150 F0.1；

G00 X220. Z100.；

M00；

（加工工件左端面槽）

G99；

T0303；

M03 S400；

G00 X140. Z5.；

G74 R0.5；

G74 X132. Z-8. P3000 Q2000 F0.08；

G00 X220. Z10.0；

M30；

O7502

（以下用 T04 精加工工件右端外形）

G99；

T0404 M03 S1000；

G00 X215. Z2.；

G72 W2 R0.5；

G72 P160 Q200 U0.1 W0.5 F0.15；

N160 G00 Z-25.；

G01 X180.；

Z-10.；

X160. W5.；

X150.；

X130. Z0；

X73.；

N200 Z5.；

G00 X220.；

M05；

M00；

（以下用 T04 精加工工件右端外形）

G99；

M03 S1000；

G00 X215. Z2. ;

G70 P160 Q200 F0. 1;

G00 X220. Z100. ;

M05;

M30;

参考工序卡及 7.1.3 的内容进行操作加工。

【任务小结】

本次任务通过盖类工件的加工训练,我们重点练习了端面加工工艺的设计、编程,在实践中体会了保证工件内、外结构加工精度及表面粗糙度的方法。端面加工的刀具选用、刀路设计、切削用量的选用要适合端面加工的特点。

【思考练习】

1. 总结端面加工工艺设计的工艺要点。

2. 思考是否可用数车恒线速度功能提高端面加工表面质量,如何应用? 请改进设计。

3. 如果要大批量生产本工件,请从保证加工质量、提高效率、降低成本的角度优化工艺设计。

任务 7.6 中级职业技能综合训练六

【学习目标】

1. 学习具有复杂轮廓工件的车削加工方法,为中级技能鉴定做好相关准备;

2. 培养综合工艺思考能力,根据加工要求,合理设计工艺和编制加工程序;

3. 进一步培养对尺寸精度、几何精度和表面粗糙度的控制能力。

【训练任务】

用数控车床完成如图 7.6-1 所示工件的加工,工件材料为 45 钢,工件毛坯为 ϕ35mm×90mm,未注尺寸公差按 IT12 加工和检验。

【任务实施】

7.6.1 加工工艺设计

1. 加工方案拟定

该工件主要加工内容包括外圆粗、精加工、切槽及螺纹结构的加工,具有较高的加工要求。左端结构与右端结构不能够在同一次装夹完成,有必要把工件的加工大致分为左右两次的装夹加工,且先加工右端为宜。考虑到卡盘卡爪夹持工件长度受限,工件悬伸量较大,易产生"让刀"现象,两次装夹拟采用一夹一顶的方式。

(1)加工准备

①检查坯料,毛坯伸出三爪自定心卡盘 45mm,找正夹紧,手动车工件端面,钻中

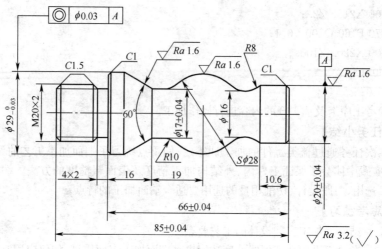

图 7.6-1 综合训练工件 6

心孔,粗车外圆 $\phi32\text{mm}\times40\text{mm}$;

②调头夹 $\phi32\text{mm}\times40\text{mm}$,找正夹紧,车端面保证总长,钻中心孔 A3。

③手动车制 $25\text{mm}\times15\text{mm}$ 工艺台阶,为工件右端加工提供可靠的装夹基准。

(2)工件右端加工

①用一夹一顶的方式装夹工件;

②用 G73/G70 循环粗、精加工包含圆弧和圆锥面外轮廓,为避免"欠切"和"过切"现象的产生,程序中应采用刀尖圆弧半径补偿功能。

(3)零件左端加工

①调头用一夹一顶的方式装夹工件;

②粗、精车削外圆;

③切槽加工;

④螺纹加工。

2. 加工设备选用

(1)机床选用　参考 7.1.1-2。

(2)夹具选用　三爪自定心卡盘和尾座顶尖。

(3)刀具选用　参考表 7.6-1。

表 7.6-1 刀具选用(供参考)

刀号	刀具类型	规格	刀号	刀具类型	规格
T01	外圆车刀	主偏角 95°刀尖角 80°	T04	外螺纹刀	刀尖角 60°
T02	可转位外圆车刀	主偏角 95°刀尖角 35° 刀片规格 VNMG160404	T05	中心孔钻	A3
T03	外切槽	刃宽 4mm	T06	端面车刀	45°弯头

（4）其他工具　参考表 7.1-2。

3. 填写加工工序卡

根据上述工艺分析，填写加工工序卡，见表 7.6-2。

表 7.6-2　工件加工工序卡

序号	加工内容	刀具号	刀具类型	最大切削深度/mm	进给量/mm/r	主轴转速/r/min	程序号
1	车端面	T06	端面车刀	0.5	0.1	600	手动
2	$\phi 3mm$ 的中心钻钻削	T05	中心孔钻	$\phi 3$	0.05	1500	手动
3	车 $\phi 32mm \times 40mm$	T01	外圆车刀	2	0.2	800	手动
4	调头车端面保证总长	T06	端面车刀	1	0.1	800	手动
5	$\phi 3mm$ 的中心钻钻削	T05	中心孔钻	$\phi 3$	0.05	1500	手动
6	车 $\phi 25mm \times 15mm$	T01	外圆车刀	2	0.2	800	手动
7	夹 $\phi 25mm \times 15mm$，顶 A3，用一夹一顶的装夹工件						
8	粗、精加工工件右端 $\phi 29mm$ 外圆	T01	外圆车刀	2/0.5	0.2/0.1	700/1000	7601
9	粗、精加工右端型面	T02	外圆车刀	1.2/0.5	0.2/0.1	700/1000	7601
10	夹 $\phi 20 \pm 0.04$，顶 A3，用一夹一顶的装夹工件（可用主轴顶尖限 Z 向位置）						
11	粗、精加工左端外形	T01	外圆车刀	2/0.5	0.2/0.1	700/1000	7602
12	车外槽	T03	外切槽刀	4	0.05	500	7602
13	加工 M20×2 外螺纹	T04	外螺纹刀	0.4	2	400	7602

7.6.2　编写加工程序及操作加工

1. 编写右端外形加工程序

O7601

（以下是 T01 加工右端 $\phi 29mm$ 外圆程序）

G99；

T0101 M03 S700；

G00 X34. Z5. M08；

G90 X30. Z-68. F0.2；

X29 Z-68 F0.1 S1000；

G00 X100. Z100.；

M05；

M00 M09；

注：在加工右端 $\phi 29mm$ 外圆时之所以用 T01，是基于 T01 相对 T02 的刚度和强

度更高。用35°刀尖的 T02 加工圆弧、锥面是为了避免主副刀刃干涉轮廓。

如图 7.6-2 所示，是右端圆弧、锥面加工路线设计。

（以下是 T02 加工右端圆弧、锥面程序）

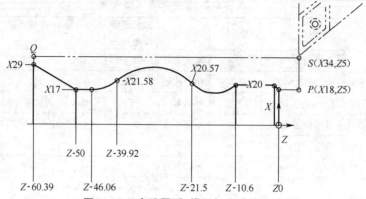

图 7.6-2　右端圆弧、锥面加工路线设计

G99；

T0202 M03 S700；

G00 X34. Z5. ；

G73 U6. R5. ；

G73 P10 Q20 U0. 5 W0. 1 F0. 2 M08；

N10 G00 X18. ；

G01 Z0；

X20. Z-1. ；

Z-10. 6；

G02 X20. 57 Z-21. 5 R8；

G03 X21. 58 Z-39. 92 R14. ；

G02 X17. Z-46. 06. R10. ；

G01 Z-50. ；

X29. Z-60. 39. ；

N20 G01. X34.

G00 X100. Z100. ；

M05；

M00 M09；

（以下是 T02 精加工加工件右端外形）

G99；

T0202 M03 S1000；

G00 X34. Z5. ；

G42 G00 X34. Z5. ;

G70 P10 Q20 F0.1 ;

G40 G00 X100. Z100. ;

M05 M09 ;

M30 ;

2. 编写左端加工程序

参考 7.3.2 中的外圆、槽、螺纹加工程序 O7301,编写工序卡中程序 O7602。

3. 加工操作

参考工序卡及 7.1.3 的内容进行操作加工

【任务小结】

通过技能综合训练六的加工训练,进一步体验综合结构工件的加工工艺设计、编程、加工。本次任务重点训练圆弧面和圆锥面车削加工,圆弧、锥面精加工时用带刀尖圆弧的可转位车刀进行半径补偿加工。本次任务一个难点是一夹一顶的工艺设计和实施,手动操作要求较高。

【思考练习】

1. 讨论本次任务工件加工是否有更好的工艺方案。

2. 在车床上进行一夹一顶装夹操作练习,对本次任务从装夹角度思考如何保证两端加工结构的同轴度。

3. 总结圆弧、锥面加工的工艺、编程、加工要点。

4. 思考批量生产该工件时的工艺改进工作。

任务 7.7 中级职业技能综合训练七

【学习目标】

1. 培养较复杂工件的工艺分析、设计能力;

2. 培养保证工件的加工精度的操作技能;

3. 结合实例进行综合训练,达到考核标准的要求。

【训练任务】

用数控车床完成图 7.7-1 所示工件的加工,工件材料为 45 钢,工件毛坯为 ϕ50mm×105mm,未注尺寸公差按 IT12 加工和检验。

该轴类零件含有外圆、内孔、端面、槽、螺纹等结构,具有较高的加工要求。现要对该零件加工工艺进行设计,并编写数控车削工序卡、加工程序等资料。

7.7.1 加工工艺设计

1. 加工方案拟定

加工该零件时一般先加工零件左端,然后调头加工零件右端。加工零件左端

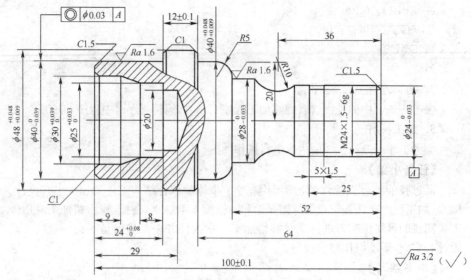

图 7.7-1　综合训练工件 7

时,编程零点设置在零件左端面的轴心线上;加工零件右端时,编程零点设置在工件右端面的轴心线上。

(1)零件左端加工步骤

①夹工件毛坯,伸出卡盘长度 50mm;

②手动平端面,钻孔($\phi 20 \times 29$mm);

③车端面;

④粗加工内孔;

⑤粗、精加工零件左端轮廓至尺寸要求;

⑥精加工内孔至尺寸要求。

(2)零件右端面加工步骤

①夹 $\phi 40_{-0.039}^{\ 0}$ 外圆;

②车端面保证零件总长;

③粗加工零件右端轮廓;

④精加工零件右端轮廓至尺寸要求;

⑤切槽 5×1.5 至尺寸要求;

⑥粗、精加工螺纹至尺寸要求。

2. 加工设备选用

(1)机床选用、夹具选用　参考 7.1.1-2。

(2)刀具选用　参考表 7.7-1。

(3)其他工具　参考表 7.1-2。

表 7.7-1　刀具选用(供参考)

刀号	刀具类型	规格	刀号	刀具类型	规格
T01	外圆车刀	主偏角 95°刀尖角 55°	T05	端面车刀	45°弯头刀
T02	内孔车刀	主偏角 95°刀尖角 80°	T06	中心孔钻	A3
T03	外切槽刀	刃宽 5mm	T07	钻底孔钻头	ϕ20mm
T04	外螺纹刀	刀尖 60°			

3. 填写加工工序卡

根据上述工艺分析,填写加工工序卡,见表 7.7-2、表 7.7-3。

表 7.7-2　工件左端加工工序卡

序号	加工内容	刀具号	刀具类型	最大切削深度/mm	进给量/mm/r	主轴转速/r/min	程序号
1	车端面	T05	端面车刀	1.5	0.1	600	手动
2	ϕ3mm 的中心钻钻削	T05	中心孔钻	ϕ5	0.05	1500	手动
3	钻 ϕ20 的孔	T06	钻底孔钻头	ϕ20	0.1	300	手动
4	粗加工工件左端内形	T02	内孔车刀	1.5	0.2	700	7701
5	精加工工件左端内形	T02	内孔车刀	0.5	0.1	1000	7701
6	粗加工加工件右端外形	T01	外圆车刀	2	0.2	700	7701
7	精加工加工件右端外形	T01	外圆车刀	0.5	0.1	1000	7701

表 7.7-3　工件右端加工工序卡

序号	加工内容	刀具号	刀具类型	最大切削深度/mm	进给量/mm/r	主轴转速/r/min	程序号
1	调头车端面保证总长	T05	端面车刀	0.5	0.1	600	手动
2	粗加工加工件右端外形	T01	外圆车刀	2	0.2	700	7702
3	车外槽	T03	外切槽刀	4	0.05	500	7702
4	精加工加工件右端外形	T01	外圆车刀	0.5	0.1	1000	7702
5	加工 M43×2 外螺纹	T04	外螺纹刀	0.4	2	400	7702

7.7.2　编写加工程序及操作加工

1. 零件左端加工参考程序

O7701;(工件左端加工程序)

（以下用 T02 加工工件左端内形）

G99;

T0202 M03 S600;

G00 X19. Z2. ;（循环起点）

G71 U2. R0.5;（内孔粗加工循环）

G71 P45 Q80 U-0.5 W0.1 F0.15;

N45 G00 X32. ;

G01 Z0;

X30. Z-1. ;

Z-9. ;

X25. Z-16. ;

Z-29. ;

N80 X19. ;

G00 X100. Z100. ;（返回换刀点）

M05;

M00;（暂停、测量、补偿）

G99;

M03 S1000 T0202;

G00 X19. Z2. ;

G70 P45 Q80 F0.1;（内孔精加工循环）

G00 X100. Z100. ;（返回换刀点）

M05;

M00;

（以下用 T01 加工工件左端外形）

G99;

M03 S600 T0101;

G00 X52. Z2. ;（循环起点）

G71 U2. R0.5;（外圆粗加工循环）

G71 P150 Q180 U0.5 W0.1 F0.2;

N150 G00 X37. ;

G01 Z0;

X40. Z-1.5;

Z-24. ;

X46. ;

X48. Z-25. ;

Z-40. ;

N180 X52.

G00 X100. Z100. ;

M05；

M00；(暂停、测量、补偿)

G99；

S1000 T0101；

G00 X52. Z2. ；

G70 P150 Q180 F0.1；(外圆精加工循环)

G00 X100. Z100. ；

M05；(返回换刀点)

M30；(程序结束、机床复位)

2. 零件右端加工参考程序

O7702

(以下用 T01 粗加工工件右端外形)

G99；

T0101 M03 S600；

G00 X52. Z2. ；(循环起点)

G73 U13. R7. ；(外圆轮廓粗加工循环)

G73 P45 Q110 U0.5 W0.1 F0.3；

N45 G00 X21. ；

G01 Z0；

X23.8 Z-1.5；

Z-25. ；

X24. ；

Z-30. ；

G02 X28. Z-44. R10. ；

G01 Z-52. ；

X30. ；

G03 X40. Z-57. R5. ；

G01 Z-64. ；

X46. ；

X48. Z-65. ；

N110 U5. ；

G00 X100. Z100. ；(返回换刀点)

(以下用 T03 加工工件退刀槽)

G99；

T0303 M03 S400；

G00 X25. Z-25. ；

G01 X21. F0.1；

G00 X25. ；

G00 X100. Z100. ；

M05；

M00；

（以下用 T01 精加工工件右端外形）

G99；

T0101 M03 S600；

G00 X52. Z2. ；（循环起点）

G70 P45 Q110 F0.1；（外圆轮廓精加工循环）

G00 X100. Z100. ；

M05；

M00；

（以下用 T04 加工工件右端螺纹）

G99；

T0404 M03 S700；（换 4 号刀）

G00 X26. Z2. ；（循环起点）

G76 P011060 Q100 R0.1；

G76 X22.12 Z-22. P900 Q300 F1.5；（螺纹切削固定循环）

G00 X100. Z100. ；（返回换刀点）

M05；

M30；（程序结束、机床复位）

3. 加工操作

参考工序卡及 7.1.3 的内容进行加工实践。

【任务小结】

通过技能综合训练七的加工训练，体验具有内、外加工结构，又要两次装夹、两端加工的较复杂工件的工艺、编程、加工。对加工工艺进行精心设计是复杂工件顺利加工的保证。

【思考练习】

1. 根据参考程序画出本次加工任务内孔车削刀具路线，总结内孔车削刀具路线设计要点。

2. 本次加工任务用 G73 循环进行加工，评论这样做的利弊，讨论是否有更好的工艺、编程方案。

3. 思考批量生产该工件时的工艺改进工作。

任务 7.8 中级职业技能综合训练八

【学习目标】

通过套类综合工件加工工艺及编程训练,进一步提高数控车削工艺分析、设计及工艺技术文件的编写、程序编写、加工操作技能。

【训练任务】

如图 7.8-1 所示为典型套类零件,该零件材料为 45 钢,单件小批量生产,现要对该零件进行数控车削工艺分析,并编写数控车削工序卡、加工程序等资料(省略热处理及辅助工序设计)。

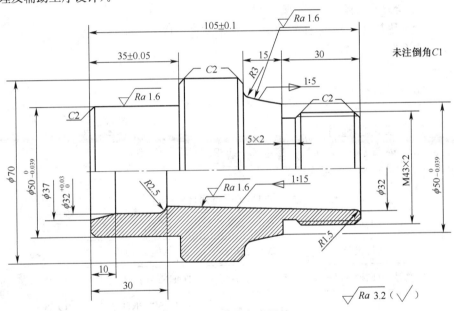

图 7.8-1 典型套类零件

【任务实施】

7.8.1 加工工艺设计

1. 加工方案拟定

工件表面由内外圆柱面、圆锥面、圆弧面及外螺纹等加工结构组成,有内、外结构的加工要求,左右端面为 Z 向尺寸的设计基准,相应工序加工前,应该先将左右端面车出来。左端内、外结构与右端的内、外结构不能够在同一次装夹完成,如镗 1∶15 锥孔与镗 $\phi 32^{+0.03}_{0}$ 孔及锥面时需掉头装夹,因而有必要把工件的加工大致分为左右两次的装夹加工。

在工件在数控车床加工前,可预先对毛坯手动操作加工,完成 $\phi70$ 外圆加工,有利于提高数控车削时的工件定位精度。

如果工件加工批量较大,可把车削 $\phi70$ 外圆、钻削中心孔、钻 $\phi25$mm 预钻孔加工合在一起,安排在普通车床上加工作为预加工工序。

(1)左端加工内容

①夹持右端,伸出 40mm,车端面;

②选用 $\phi5$ 的中心钻钻削中心孔;

③钻 $\phi25$mm 的孔;

④$\phi50_{-0.039}^{0}$ 柱面的粗精加工;

⑤镗削内孔。

(2)右端加工内容

①夹持左端 $\phi50_{-0.039}^{0}$ 柱面,车削右端面,保证总长 105 ± 0.1;

②右端外形的粗精加工;

③车 5×2 槽;

④车 $M43\times2$ 外螺纹;

⑤镗 $1:15$ 锥孔。

2. 加工设备选用

(1)机床选用、夹具选用　参考 7.1.1-2。

(2)刀具选用　参考表 7.8-1。

表 7.8-1　刀具选用(供参考)

刀具号	刀具类型	刀片规格	刀杆	备注
T01	外圆粗车刀	CNMG120408	PCLNR2020M08	刀尖角 80°
T02	外圆精车刀	DNMG160404	DDHNR2020M98	刀尖角 55°
T03	内孔车刀	CPNT090304	S16R-SCLPR1103	刀尖角 80°
T04	内孔精车刀	TPGT160304	S16R-STUPR1103	刀尖角 60°
T05	外切槽刀	MWCR3	MTFH32-3	刀宽 3mm 刀尖圆弧 0.2mm
T06	外螺纹刀	TTE200	MLTR2020	刀尖角 60°
T07	中心孔钻			$\phi5$mm
T08	钻底孔钻头			$\phi26$mm

3. 填写加工工序卡

根据上述工艺分析,填写加工工序卡,见表 7.8-2、表 7.8-3。

表7.8-2 套左端加工工序卡

序号	加工内容	刀具号	刀具类型	最大切削深度/mm	进给量/mm/r	主轴转速/r/min	程序号
1	车端面	T01	外圆车刀	0.5	0.1	600	手动
2	ϕ5mm 的中心钻钻削	T07	中心孔钻	ϕ5	0.05	800	手动
3	钻 ϕ25mm 的孔	T08	钻底孔钻头	ϕ25	0.1	300	手动
4	粗加工工件左端外形	T01	外圆粗车刀	2	0.2	700	7801
5	精加工工件左端外形	T02	外圆精车刀	0.5	0.1	1000	7801
6	粗加工工件左端内形	T03	内孔车刀	1.5	0.2	700	7801
7	精加工工件左端内形	T04	内孔精车刀	0.5	0.1	1000	7801

表7.8-3 套右端加工工序卡

序号	加工内容	刀具号	刀具类型	最大切削深度/mm	进给量/mm/r	主轴转速/r/min	程序号
1	车端面	T01	外圆粗车刀	0.5	0.1	600	手动
2	粗加工工件右端锥孔	T03	内孔车刀	1	0.2	800	7802
3	精加工工件右端锥孔	T04	内孔精车刀	0.5	0.1	1200	7802
4	粗加工加工件右端外形	T01	外圆粗车刀	2	0.2	600	7802
5	精加工加工件右端外形	T02	外圆精车刀	0.5	0.1	1000	7802
6	车 5×2 外槽	T05	外切槽刀	3	0.05	500	7802
7	加工 M43×2 外螺纹	T06	外螺纹刀	0.4	2	400	7802

7.8.2 编写加工程序及操作加工

1. 工件左端加工程序

如图7.8-2所示,为左端外结构加工及坐标系。

O7801;(左端加工主程序名)

(以下用 T01 粗加左端外形)

G99;(每转进给)

M03 S800 T0101;(主轴转,换 T01 刀)

G00 X74 Z2;(快进到外径粗车循环起刀点 S)

G71 U2 R1;(外径粗车循环)

G71 P10 Q20 U0.5 W0.1 F0.1;

N10 G00 X46;(到精加工轮廓起点 P)

G01 Z0;

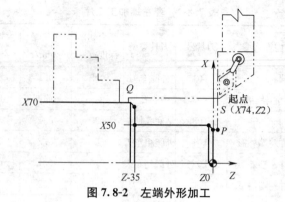

图 7.8-2 左端外形加工

X50 Z-2；

Z-35；

X66；

U6 W-3；

N20 G01 X74；(到精加工轮廓终点 Q)

G00 X100 Z50；

M05；

M00；

(以下用 T02 精加工左端外形)

G99；

S1200 M03 T0202；

G00 X74. Z2；(接近工件)

G70 P10 Q20 F80；

G00 X100 Z100；

M05；

M00；

如图 7.8-3 所示，为左端内结构加工及坐标系。

(以下用 T03 粗加工左端内形)

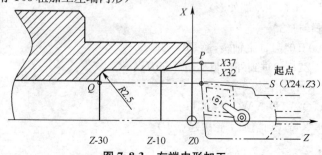

图 7.8-3 左端内形加工

G99；

M03 S800 T0303；(换 3 号内孔镗刀)

G00 X24 Z3；(快进到内径粗车循环起刀点)

G71 U1.5 R0.5；

G71 P20 Q30 U-0.5 W0.1 F0.2；

N30 G00 X37；

G01 Z0；

X32. Z-10；

Z-27.5；

G03 X27 Z-30 R2.5；

N40 G01 X24；

G00 Z50 X100；

M05；(主轴停转)

M00；(程序暂停)

(以下用 T04 精加工左端内形)

G99；

M03 S1200 T0404；

G00 G41 X24 Z3；(快速进刀,引入半径补偿)

G70 P30 Q40 F0.1；

G40 G00 Z50 X100；

M05；

M30；

2. 工件右端加工程序

如图 7.8-4 所示,为右端内结构加工及坐标系。

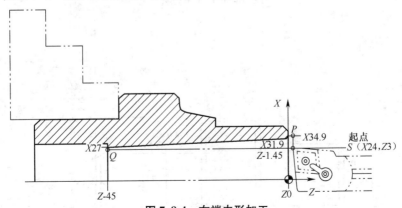

图 7.8-4　右端内形加工

O7802(右端加工主程序名)

(以下用 T03 右端内形粗加工)

G99；

M03 S800 T0303;(换 3 号内孔镗刀)

G00 X24 Z3;(快进到内径粗车循环起刀点)

G71 U1.5 R0.5；

G71 P50 Q60 U-0.5 W0.1 F0.2；

N50 G01 X34.9；

Z0；

G02 X31.9 Z-1.45 R1.5；

G01 X27 Z-45；

N60 X24；

G00 Z50 X100；

M05;(主轴停转)

M00;(程序暂停)

(以下用 T04 精加工右端内形)

G99；

M03 S1200 T0404；

G00 G41 X24 Z3;(快速进刀,引入半径补偿)

G70 P50 Q60 F0.1；

G40 G00 Z50 X100；

M05；

M30；

如图 7.8-5 所示,为右端外轮廓加工及坐标系。

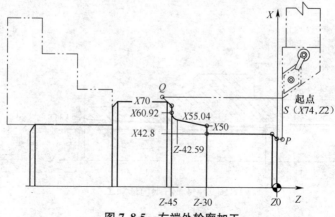

图 7.8-5　右端外轮廓加工

（以下用 T01 粗加工右端外形）

G99；（分进给）

M03 S800 T0101；

G00 X74 Z2；（快进到外径粗车循环起刀点 S）

G71 U1.5 R1；（外径粗车循环）

G71 P70 Q80 U0.5 W0.1 F0.2；

N70 G00 X38.8；（到精加工轮廓起点 P）

G01 Z0；

G01 X42.8 Z-2；

Z-30；

X50；

X55.04 Z-42.59；

G03 X60.92 Z-45；

G01 X66；

N80 G01 U8 W-4；（到精加工轮廓终点 Q）

G00 X100 Z50；

M05；

M00；

（以下用 T02 精加工右端外形）

G99；

M03 S1200 T0202；

G00 G42 X74 Z2；（快速进刀，引入半径补偿）

G70 P70 Q80 F80；

G40 G00 Z50 X100；

M05；

M00；

（以下用 T05 车 5×2 槽）

T0505 S600 M3；

G00 Z-28；

X55；（进到车槽起点）

G75 R1；

G75 X38.8 Z-30 P1000 Q2000 F0.1；

G00 W2；

X42.8；（右刀尖到达倒角起点）

G01 U-4 W-2；（倒角）

G00 X100；（退刀）

Z50；

M05；（主轴停转）

M00；（程序暂停）

（以下用 T06 车削 M27×1.5 外螺纹）

T0606 S500 M3；

G00 X45 Z10；（进到外螺纹复合循环起刀点）

G76 P011060 Q100 R0.1；

G76 X40.4 Z-27 P1200 Q400 F2；

G00 X100 Z50；（退刀）

M05；

M30；

3. 加工操作

参考工序卡及 7.1.3 的内容进行操作加工。

【任务小结】

通过技能综合训练八的加工训练，进一步体验综合结构工件加工工艺设计、编程、加工过程。本次任务车内孔加工要分左右两端加工，预先钻削适当大小的孔、设计合理的刀具路线、选用合适的刀具及切削用量，是孔加工的关键。

【思考练习】

1. 请查阅资料，思考本次任务工件加工是否有更好的工艺方案。

2. 总结有关锥度计算的技巧，练习锥度测量技术。

3. 总结内孔车削加工的工艺要点。

4. 思考批量生产该工件时的工艺改进工作。

附　　录

附录A　数控车工(中级)考工样题

第一部分　理论知识试题

注意事项:

1. 本试题依据《数控车工》国家职业标准命制,考试时间90分钟。

2. 请在试卷的标封处填写姓名、准考证号和所在单位的名称。

3. 请仔细阅读答题要求,在规定位置填写答案。

	一	二	总分
得分			

一、单项选择题(第1题～第80题。选择一个正确答案,将相应的字母填入题内的括号中,每题1分,共80分)

1. 职业道德是指(　　　)。

A. 人们在履行本职工作中所应遵守的行为规范和准则

B. 人们在履行本职工作中所确立的奋斗目标

C. 人们在履行本职工作中所确立的价值观

D. 人们在履行本职工作中所遵守的规章制度

2. 违反安全操作规程的是(　　　)。

A. 执行国家劳动保护政策　　　　　B. 使用不熟悉的机床和工具

C. 遵守安全操作规程　　　　　　　D. 执行国家安全生产的法令、规定

3. 强化职业责任是(　　　)职业道德规范的具体要求。

A. 团结协作　　　B. 诚实守信　　　C. 勤劳节俭　　　　D. 爱岗敬业

4. 外形简单内部结构复杂的零件最好用以下图表达(　　　)。

A. 全剖视图　　　B. 半剖视图　　　C. 局部视图　　　　D. 阶梯剖视图

5. 粗牙普通螺纹大径为20,螺距为2.5,中径和顶径公差带代号均为5g,其螺纹标记为(　　　)。

A. M20×2.5—5g　B. M20—5g　　　C. M20×2.5—5g5g　D. M20—5g5g

6. 国家标准规定,螺纹采用简化画法,外螺纹的小径用(　　　)。

A. 粗实线   B. 虚线   C. 细实线   D. 点画线

7. 不属于零件常见工艺结构的是(   )。

A. 铸件壁厚要均匀   B. 缩孔和缩松

C. 工艺凸台和凹坑   D. 退刀槽和越程槽

8. 对零件的配合、耐磨性和密封性等有显著影响的是(   )。

A. 尺寸精度   B. 表面粗糙度   C. 几何公差   D. 互换性

9. 常用表面粗糙度评定参数中,轮廓算术平均偏差的代号是(   )。

A. Rz B. Ry C. Rx D. Ra

10. 在几何公差中,符号"∥"表示(   )。

A. 直线度   B. 圆度   C. 倾斜度   D. 平行度

11. 机械性能指标"HB"是指(   )。

A. 强度   B. 塑性   C. 韧性   D. 硬度

12. 新产品试制属于(   )的生产类型。

A. 成批生产   B. 大批生产   C. 单件生产   D. 大量生产

13. 为避免积屑瘤的出现,宜采用(   )精车外圆。

A. 低速   B. 中速   C. 高速   D. 极低速

14. 使表面粗糙度值增大的主要因素为(   )。

A. 进给量大   B. 背吃刀量小   C. 高速   D. 前角

15. 要提高刀具耐用度和切削效率,应当从增大(   )着手。

A. 切削速度和进给量   B. 切削速度和切削深度

C. 切削深度   D. 切削深度和进给量

16. 切削用量中,对刀具耐用度的影响顺序(从大到小),正确的是(   )。

A. 切削速度、进给量、背吃刀量   B. 背吃刀量、进给量、切削速度

C. 进给量、背吃刀量、切削速度   D. 切削进度、背吃刀量、进给量

17. 基准是(   )。

A. 用来确定生产对象上几何关系的点、线、面,在测量工作中用作起始尺度的标准

B. 在工件上特意设计的测量点

C. 工件上与机床接触点   D. 工件的运动中心

18. 零件机械加工顺序的安排,一般是(   )。

A. 先加工基准表面,后加工其他表面 B. 先加工次要表面,后加工主要表面

C. 先安排精加工工序,后安排粗加工工序 D. 先加工孔,后加工平面

19. 以下(   )不是将粗、精加工分开安排的原因。

A. 有利于保证加工质量

B. 可以及早发现毛坯的内部缺陷,及时终止加工,避免浪费

C. 为合理选用机床提供可能   D. 可以减少安装次数

20. 车削细长轴时,由于"让刀"现象,工件将变成( )形状。

    A. 腰鼓形   B. 马鞍形   C. 倒锥   D. 正锥

21. 车床用的三爪自定心卡盘、四爪单动卡盘属于( )夹具。

    A. 通用   B. 专用   C. 组合   D. 成组

22. 为提高数控车床的利用率和减少数控车床的故障,数控系统应( )使用。

    A. 停止   B. 满负荷   C. 欠负荷   D. 间隔一段时间

23. 数控车床长期不使用,导轨、滑块等运动部件在停用前,应( ),防止运动部件生锈或腐蚀。

    A. 清洗   B. 涂上油脂   C. 拆卸下来   D. 用油布覆盖

24. 备用印刷电路板长期不用存放在库房,使用时容易出现故障,因此对购置的印刷电路板备件应( )装在系统运行一段时间,以防止损坏。

    A. 长期   B. 短期   C. 定期   D. 从不

25. 未淬火钢零件的外圆表面,当精度要求为 IT12~IT11,表面粗糙度要求为 Ra 12.5μm 时,最终加工的方法应该是( )。

    A. 粗车   B. 半精车   C. 精车   D. 磨削

26. 数控机床的 F 功能常用( )单位。

    A. m/min   B. mm/min 或 mm/r   C. m/r   D. m/min

27. 数控机床的控制介质包括( )。

    A. 零件图样和加工程序单   B. 穿孔带

    C. 穿孔带、磁盘和磁带   D. 光电阅读机

28. CNC 系统软件存放在( )。

    A. 单片机   B. 数据存储器   C. 穿孔纸带   D. 程序控制器

29. 程序段号的作用之一是( )。

    A. 便于对指定进行校对、检索、改修   B. 解释指定的含义

    C. 确定坐标值   D. 确定刀具的补偿量

30. 通常所说的数控系统是指( )。

    A. 主轴驱动和进给驱动系统   B. 数控装置和驱动装置

    C. 数控装置和主轴驱动装置

31. 一般而言,增大工艺系统的( )才能有效地降低振动强度。

    A. 刚度   B. 强度   C. 精度

32. 辅助功能指令 M05 代表( )。

    A. 主轴顺时针旋转   B. 主轴逆时针旋转   C. 主轴停止转动

33. 牌号为 45 的钢的碳含量为( )%。

    A. 45   B. 4.5   C. 0.45   D. 0.045

34. 轴类零件的调质处理热处理工序应安排在( )。

    A. 粗加工前   B. 粗加工后,精加工前

C. 精加工后　　　　　　　　　　　D. 渗碳后

35. 常温下刀具材料的硬度应在（　　）以上。

A. 60HRC　　　　　B. 50HRC　　　　　C. 80HRC　　　　　D. 100HRC

36. 切削用量中（　　）对刀具磨损的影响最大。

A. 切削速度　　　　B. 进给量　　　　　C. 进给速度　　　　D. 背吃刀量

37. 刀具上切屑流过的表面称为（　　）。

A. 前刀面　　　　　B. 后刀面　　　　　C. 副后刀面　　　　D. 侧面

38. 为了减少径向力，车细长轴时，车刀主偏角应取（　　）。

A. 30°~45°　　　　B. 50°~60°　　　　C. 80°~90°　　　　D. 15°~20°

39. 车削右旋螺纹时主轴正转，车刀由右向左进给，车削左旋螺纹时应该使主轴（　　）进给。

A. 倒转，车刀由右向左　　　　　　B. 倒转，车刀由左向右

C. 正转，车刀由左向右　　　　　　D. 正转，车刀由右向左

40. 数控机床面板上 JOG 是指（　　）。

A. 快进　　　　　　B. 点动　　　　　　C. 自动　　　　　　D. 暂停

41. 数控车床的开机操作步骤应该是（　　）。

A. 开电源，开急停开关，开 CNC 系统电源

B. 开电源，开 CNC 系统电源，开急停开关

C. 开 CNC 系统电源，开电源，开急停开关　　　D. 都不对

42. 以下不属于三爪卡盘的特点是（　　）。

A. 找正方便　　　　B. 夹紧力大　　　　C. 装夹效率高　　　D. 自动定心好

43. 车通孔时，内孔车刀刀尖应装得（　　）刀杆中心线。

A. 高于　　　　　　B. 低于　　　　　　C. 等高于　　　　　D. 都可以

44. 车普通螺纹，车刀的刀尖角应等于（　　）度。

A. 30　　　　　　　B. 55　　　　　　　C. 45　　　　　　　D. 60

45. 安装刀具时，刀具的刃必须（　　）主轴旋转中心。

A. 高于　　　　　　B. 低于　　　　　　C. 等高于　　　　　D. 都可以

46. 刀具路径轨迹模拟时，必须在（　　）方式下进行。

A. 点动　　　　　　B. 快点　　　　　　C. 自动　　　　　　D. 手摇脉冲

47. 在自动加工过程中，出现紧急情况，可按（　　）键中断加工。

A. 复位　　　　　　B. 急停　　　　　　C. 进给保持　　　　D. 三者均可

48. CNC 是指（　　）的缩写。

A. 自动化工厂　　　B. 计算机数控系统 C. 柔性制造系统　　D. 数控加工中心

49. 车刀角度中，控制刀屑流向的是（　　）。

A. 前角　　　　　　B. 主偏角　　　　　C. 刃倾角　　　　　D. 后角

50. 精车时加工余量较小，为提高生产率，应选用较大的（　　）。

A. 进给量　　　　B. 切削深度　　　　C. 切削速度　　　　D. 进给速度

51. 数控机床面板上 AUTO 是指(　　)。

A. 快进　　　　B. 点动　　　　C. 自动　　　　D. 暂停

52. 铰孔是(　　)加工孔的主要方法之一。

A. 粗　　　　B. 半精　　　　C. 精　　　　D. 精细

53. 若程序中主轴转速为 S1000,当主轴转速修调开关打在 80 时,主轴实际转速为(　　)。

A. S800　　　　B. S8000　　　　C. S80　　　　D. S1000

54. 在 G71 P(ns)Q(nf)U±(△u)W±(△w)S500 程序格式中,(　　)表示 Z 轴方向上的精加工余量。

A. △u　　　　B. △w　　　　C. ns　　　　D. nf

55. 采用固定循环编程,可以(　　)。

A. 加快切削速度,提高加工质量　　　B. 缩短程序的长度,减少程序所占内存

C. 减少换刀次数,提高切削速度　　　D. 减少吃刀深度,保证加工质量

56. 设计数控车床镗内孔工艺、编程时,下列工艺考虑不正确的是(　　)。

A. 镗孔刀具的最大回转直径应小于预加工孔

B. 刀杆的长度要大于孔深　　　C. 镗孔前不必预先加工孔

D. 可通过修改补偿值控制孔的加工精度

57. FANUC 系统中,G90 是(　　)切削循环指令。

A. 钻孔　　　　B. 端面　　　　C. 外圆　　　　D. 复合

58. 在设计内孔车刀车内孔起点位置的 X 值时,以下选择正确的是(　　)。

A. 刀具起点的 X 值一定要大于预加工孔径

B. 刀具起点的 X 值应略小于或等于预加工孔径

C. 刀具起点的 X 值应为 0　　　　D. 刀具起点的 X 值可任意设定

59. 影响数控车床加工精度的因素很多,要提高加工工件的质量,有很多措施,但(　　)不能提高加工精度。

A. 将绝对编程改变为增量编程　　　B. 正确选择车刀类型

C. 控制刀尖中心高误差　　　　D. 减小刀尖圆弧半径对加工的影响

60. 通过以下方法不能够减少刀具切削阻力的是(　　)。

A. 适当减少进给量　　　　B. 适当减少切削速度

C. 切削深度可小一些　　　　D. 刀具前角可小一些

61. 在工件图纸上选择编程坐标系原点,不正确的考虑是(　　)。

A. 要尽量满足坐标基准与零件设计基准重合

B. 原点的选择能给编程数据的获得带来方便

C. 原点选择使得工件装上机床,工件原点恰好与机床原点重合

D. 一般来说,工件 X 向零点选在工件加工面的回转轴线上

62. G96 S150 表示切削点线速度控制在(　　)。

    A. 150m/min　　　　B. 150r/min　　　　C. 150mm/min　　　　D. 150mm/r

63. 当执行了程序段中(　　)指令之后,主轴停止,进给停止,冷却液关断,程序停止,重新按"循环启动"按钮,机床将继续执行下一程序段。

    A. M02　　　　B. M00　　　　C. M30　　　　D. G04

64. FANUC 系统的车床进给加工运动的速度由 F 指令给出,有每分钟进给运动的速度和每转进给运动的速度之分,由(　　)来区分。

    A. G94,G95　　　　B. G98,G99　　　　C. G96,G97　　　　D. G90,G91

65. 开环进给伺服系统、半闭环进给伺服系统、全闭环进给伺服系统控制精度最高的是(　　)。

    A. 开环进给伺服系统　　　　　　　　B. 半闭环进给伺服系统

    C. 全闭环进给伺服系统

66. 利用数控车床进行端面、变直径的曲面、锥面车削时,为了保证加工面的表面粗糙度 Ra 一致为某值,数控机床的主轴控制应具有(　　)。

    A. 恒线速度功能　　　　　　　　　　B. 同步运行功能

    C. 定向准停功能　　　　　　　　　　D. 自动松开夹紧机构

67. 当数控机床的手动脉冲发生器的选择开关位置在×10 时,手轮的进给单位是(　　)。

    A. 0.01mm/格　　B. 0.001mm/格　　C. 0.1mm/格　　　　D. 1mm/格

68. 数控机床的(　　)是数控系统和机床本体之间的电驱动联系环节。

    A. 机床本体　　B. 数控装置　　C. 输入输出装置　　D. 伺服装置

69. 脉冲当量是数控机床运动轴移动的最小位移单位,脉冲当量的取值越大,(　　)。

    A. 运动越平稳　　B. 加工精度越低　　C. 加工越慢　　　　D. 加工越快

70. 工件以外圆表面在三爪卡盘上定位,车削内孔和端面,若三爪卡盘定位面与车床主轴回转轴线不同轴将会造成(　　)。

    A. 被加工孔的圆度误差　　　　　　　B. 被加工端面平面度误差

    C. 孔与端面的垂直度误差　　　　　　D. 被加工孔与外圆的同轴度误差

71. 乳化液是将(　　)加水稀释而成的。

    A. 切削油　　　　B. 润滑油　　　　C. 动物油　　　　D. 乳化油

72. 用硬质合金车刀进行精车时,相对粗加工应选择(　　)切削速度。

    A. 较低的　　　　B. 中等的　　　　C. 较高的

73. 金属材料在力作用下所表现出来的抵抗变形或断裂的能力称为(　　)。

    A. 强度　　　　B. 韧性　　　　C. 硬度　　　　D. 塑性

74. 用任何方法获得的表面,Ra 的上限值为 3.2μm 的表面粗糙度符号是(　　)。

A. $\sqrt{Ra\,3.2}$　　　B. $\sqrt{Ra\,3.2}$　　　C. $\sqrt{Ra\,3.2}$　　　D. $\sqrt{}$

75. 图样中所标注的尺寸是(　　)。

A. 所示机件的最后完工尺寸　　　　　B. 是绘制图样的尺寸,与比例有关

C. 以毫米为单位时,必须标注计量单位的代号或名称

76. 视图的可见轮廓线用(　　)绘制。

A. 粗实线　　　　B. 虚线　　　　C. 细实线　　　　D. 粗点画线

77. 下列关于公差尺寸计算不正确的是(　　)。

A. 上偏差=最大极限尺寸-基本尺寸　B. 下偏差=最小极限尺寸-基本尺寸

C. 最大极限尺寸-最小极限尺寸=公差

D. 公差=最小极限尺寸-基本尺寸

78. 在 FANUC 系统中,(　　)指令是端面粗加工循环指令。

A. G70　　　　B. G71　　　　C. G72　　　　D. G73

79. 根据 ISO 标准,当刀具中心轨迹在程序轨迹前进方向左边时称为左刀具补偿,用(　　)指令表示。

A. G43　　　　B. G42　　　　C. G41　　　　D. G40

80. 螺纹加工时,使用(　　)指令可简化编程。

A. G73　　　　B. G74　　　　C. G75　　　　D. G76

二、判断题(第 81 题～第 100 题。将判断结果填入括号中。正确的填"√",错误的填"×",每题 1 分,共 20 分)

(　　)81. 职业道德主要通过调节企业与市场的关系,增强企业的凝聚力。

(　　)82. 职业道德修养要从培养自己良好的行为习惯着手。

(　　)83. 精加工选择较小的进给量。

(　　)84. 数控车床的特点是 Z 轴进给 1mm,零件的直径减小 2mm。

(　　)85. 数控机床开机"回零"的目的是为了建立工件坐标系。

(　　)86. 外圆粗车 G71 循环方式适合于加工棒料毛坯除去较大余量的切削。

(　　)87. 切削液的作用有:冷却作用、润滑作用、清洗作用和防锈作用。

(　　)88. 数控车床关机以后重新接通电源,必须进行机床回零。

(　　)89. 数控车床每次在输入新的程序时,应变动新的机床零点。

(　　)90. 数控机床特别适用于加工小批量而形状复杂、要求精度高的零件。

(　　)91. 恒线速控制的原理是当工件的直径越大,主轴转速越慢。

(　　)92. 车削细长轴,为降低切削力,可减少走刀次数,增加切削深度。

(　　)93. 编制好的程序必须经过校验和试切才能用于正式加工,当首件试切有误差时,应分析产生原因并加以修改。

(　　)94. 数控车床长期不用时,为保证电子元件性能稳定可靠,不应经常给数控通电。

(　　)95. 对于精加工工序应适当提高夹具的精度,以保证工件的尺寸公差和位置

公差。

（　）96. 可转位车刀刀垫的主要作用是形成刀具合理的几何角度。

（　）97. 性能好的陶瓷、涂层硬质合金刀具，能够用于高速切削淬硬钢。

（　）98. 数控机床中 MDI 是机床诊断智能化的英文缩写。

（　）99. 单件小批生产时，应尽量选择通用夹具及机床附件；批量生产时，可采用高生产率的气动、液压等快速专用夹具。

（　）100. 公差等级代号数字越大，表示工件的尺寸精度要求越高。

第二部分　操作技能试题

1. 试题（附图 A1）

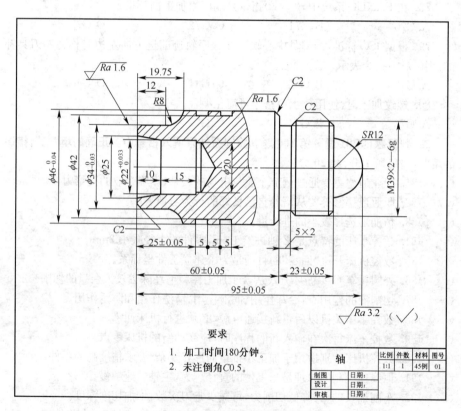

要求

1. 加工时间180分钟。
2. 未注倒角C0.5.

轴		比例	件数	材料	图号
		1:1	1	45例	01
制图		日期			
设计		日期			
审核		日期			

附图 A1　操作技能试题

2. 评分表（附表 A1）

附表 A1 评分表

序号	项 目	检测内容	配分	评分标准	实测	得分
1	外圆	$\phi 46_{-0.04}$	5	超差不得分		
2		$\phi 34_{-0.05}$	5	超差不得分		
3		$Ra\ 1.6$	5	$Ra>3.2$ 扣 2 分; $Ra>6.3$ 全扣		
4	内孔	$\phi 22_{+0.033}$	5	超差不得分		
5		$Ra\ 3.2$	4	$Ra>3.2$ 扣 2 分		
6	槽	25 ± 0.05	5	超差不得分		
7		3 个 5×2	10	错一处扣 4 分		
8	螺纹	M39×2—6g	5	乱牙不得分		
9	倒角	3 处	6	少一处扣 2 分		
10	长度	60 ± 0.05	5	超差不得分		
11		95 ± 0.05	5	超差不得分		
12	程序与工艺	程序与工艺合理	20	错一处扣 2 分		
13	机床操作	机床操作规范	10	扣 2~5 分/次		
14	安全文明生产	安全操作	10	扣 2~5 分/次		
15	其他项目	工件必须完整,工件局部无缺陷(如夹伤、划痕等)				
16	加工时间	100 分钟后尚未开始加工则终止考试,超过定额时间 5 分钟扣 1 分,超过 10 分钟扣 5 分,超过 15 分钟扣 10 分,超过 20 分钟扣 20 分,超过 25 分钟扣 30 分,超过 30 分钟则停止考试				
合计						

得分	80~100 分	60~79 分		0~59 分
考试时间	开始: 时 分,结束: 时 分			总分

附录B　相关资料

附表B1　FANUC数控车床的G指令表

代码	分组	意　义	格　式
G00	01	快速进给、定位	G00 X _ Z _
G01		直线插补	G01 X _ Z _
G02		圆弧插补CW(顺时针)	$\left\{\begin{array}{c}G02\\G03\end{array}\right\}$ X _ Z _ $\left\{\begin{array}{c}R\_\\I\_ K\_\end{array}\right\}$
G03		圆弧插补CCW(逆时针)	
G04	00	暂停	G04[X/U/P] X,U单位:秒;P单位:毫秒(整数)
G20	06	英制输入	
G21		米制输入	
G28	0	回归参考点	G28 X _ Z _
G29		由参考点回归	G29 X _ Z _
G32	01	螺纹切削 (由参数指定绝对和增量)	G32 X(U)_ Z(W)_ F _ F指定单位为mm/r的导程
G40	07	刀具补偿取消	G40
G41		左半径补偿	$\left\{\begin{array}{c}G41\\G42\end{array}\right\}$ Dnn
G42		右半径补偿	
G50	00		设定工件坐标系:G50 X Z 偏移工件坐标系:G50 U W
G53		机械坐标系选择	G53 X _ Z _
G54	12	选择工作坐标系1	G××
G55		选择工作坐标系2	
G56		选择工作坐标系3	
G57		选择工作坐标系4	
G58		选择工作坐标系5	
G59		选择工作坐标系6	

代码	分组	意义	格式
G70		精加工循环	G70 P(ns) Q(nf)
G71		外圆粗车循环	G71 U(Δd) Re G71 P(ns) Q(nf) U±(Δu) W±(Δw) F(f)
G72		端面粗切削循环	G72 W(Δd) R(e) G72 P(ns) Q(nf) U±(Δu) W±(Δw) F(f) S(s) T(t) Δd——切深量； e——退刀量； ns——精加工形状的程序段组的第一个程序段的顺序号； nf——精加工形状的程序段组的最后程序段的顺序号； Δu——X方向精加工余量的距离及方向； Δw——Z方向精加工余量的距离及方向
G73		封闭切削循环	G73 U(i) W(Δk) R(d) G73 P(ns) Q(nf) U±(Δu) W±(Δw) F(f)
G74	00	端面切断循环	G74 R(e) G74 X(U)_ Z(W) P(Δi) Q(Δk) R(Δd) F(f) e——返回量； Δi——X方向的移动量； Δk——Z方向的切深量； Δd——孔底的退刀量； f——进给速度
G75		内径/外径切断循环	G75 R(e) G75 X(U)_ Z(W)_ P(Δi) Q(Δk) R(Δd) F(f)
G76		复合形螺纹切削循环	G76 P(m) (r) (a) Q(Δdmin) R(d) G76 X(u)_ Z(W)_ R(i) P(k) Q(Δd) F(l) m——最终精加工重复次数为1～99； r——螺纹的精加工量(倒角量)； a——刀尖的角度(螺牙的角度)可选择80,60,55,30,29,0六个种类； m,r,a——同用地址 P 一次指定； Δdmin——最小切深度； i——螺纹部分的半径差； k——螺牙的高度； Δd——第一次的切深量； l——螺纹导程

续附表 B1

代码	分组	意 义	格 式
G90		直线车削循环加工	G90 X(U)_ Z(W)_ F_ G90 X(U)_ Z(W)_ R_ F_
G92	01	螺纹车削循环	G92 X(U)_ Z(W)_ F_ G92 X(U)_ Z(W)_ R_ F_
G94		端面车削循环	G94 X(U)_ Z(W)_ F_ G94 X(U)_ Z(W)_ R_ F_
G98	05	每分钟进给速度	
G99		每转进给速度	

附表 B2　FANUC 数控车削系统 M 指令应用

M 代码	说 明	M 代码	说 明
M00	强制停止程序	M19	主轴定位(可选择)
M01	可选择停止程序	M21	尾架向前
M02	程序结束(通常需要重启,不需要倒带)	M22	尾架向后
M03	主轴正转	M23	螺纹逐渐退出"开"
M04	主轴反转	M24	螺纹逐渐退出"关"
M05	主轴停	M30	程序结束(通常需要重启和倒带)
M07	冷却液喷雾开	M41	低速齿轮选择
M08	冷却液"开"(冷却液泵马达"开")	M42	中速齿轮选择 1
M09	冷却液"关"(冷却液泵马达"关")	M43	中速齿轮选择 2
M10	卡盘夹紧	M44	高速齿轮选择
M11	卡盘松开	M48	进给倍率取消"关"(使无效)
M12	尾架顶尖套筒进	M49	进给率倍率取消"开"(使有效)
M13	尾架顶尖套筒退	M98	子程序调用
M17	转塔向前检索	M99	子程序结束
M18	转塔向后检索		

附表 B3　FANUC 系统操作面板常见英文词汇说明

开 关	名 称	功 用 说 明
CNC POWER	CNC 电源按钮	按下 ON 接通 CNC 电源,按下 OFF 断开 CNC 电源

续附表 B3

开　关	名　称	功　用　说　明
CYCLE START	循环启动按钮（带灯）	在自动操作方式,选择要执行的程序后,按下此按钮,自动操作开始执行;在自动循环操作期间,按钮内的灯亮。在 MDI 方式,数据输入完毕后,按下此按钮,执行 MDI 指令
FEED HOLD	进给保持按钮（带灯）	机床在自动循环期间,按下此按钮,机床立即减速、停止,按钮内灯亮
MODE SELECT EDIT AUTO MDI HANDLE JOG RAPID ZRM TAPE TEACH	方式选择按钮开关	EDIT:编辑方式 AUTO:自动方式 MDI:手动数据输入方式 HANDLE:手摇脉冲发生器操作方式 JOG:点动进给方式 RAPID:手动快速进给方式 ZRM:手动返回机床参考点方式 TAPE:纸带工作方式 TEACH:手脉示教方式
BDT	程序段跳步功能按钮（带灯）	在自动操作方式,按下此按钮灯亮时,程序中有"/"符号的程序将不执行
SBK	单段执行按钮（带灯）	按此按钮灯亮时,CNC 处于单段运行状态。在自动方式,每按一下 CYCLE START 按钮,只执行一个程序段
DRN	空运行按钮（带灯）	在自动方式或 MDI 方式,按此按钮灯亮时,机床执行空运行方式
MLK	机床锁定按钮（带灯）	在自动方式、MDI 方式或手动方式下,按下此按钮灯亮时,伺服系统将不进给(如原来已进给,则伺服进给将立即减速、停止),但位置显示仍将更新(脉冲分配仍继续),M,S,T 功能仍有效地输出
E-STOP	急停按钮	当出现紧急情况时,按下此按钮,伺服进给及主轴运转立即停止工作
MACHINE RESET	机床复位按钮	当机床刚通电,急停按钮释放后,需按下此按钮,进行强电复位。另外,当 X,Y,Z 碰到硬件限位开关时,强行按住此按钮,手动操作机床,直至退出限位开关(此时务必小心选择正确的运动方向,以免损坏机械部件)

续附表 B3

开　关	名　称	功　用　说　明
PROGRAM PROTECT	开关（带锁）	需要进给程序存储、编辑或修改、自诊断页面参数时,需用钥匙接通此开关(钥匙右旋)
FEEDRATE OVERRIDE	进给速率修调开关（旋钮）	当用 F 指令按一定速度进给时,从 0%～150%修调进给速率;当用手动 JOG 进给时,选择 JOG 进给速率
JOG AXIS SELECT		手动 JOG 方式时,选择手动进给轴和方向。务必注意:各轴箭头指向是表示刀具运动方向(而不是工作台)
MANUAL PULSE GENERATOR	手摇脉冲发生器	当工作方式为手脉 HANDLE 或手脉示教 TEACH. H 方式时,转动手脉可以正方向或负方向进给各轴
AXIS SELECT	手脉进给轴选择开关	用手选择手脉进给的轴
HANDLE MULTIPLIER	手脉倍率开关	用手选择手脉进给时的最小脉冲量
MACHINE POWER READY	POWER 电源指示灯	主电源开关合上后,灯亮
	READY 准备好指示灯	当机床复位按钮按下后机床无故障时,灯亮
ALARM SPINDLE CNC LUBE	SPINDLE	主轴报警指示
	CNC	CNC 报警指示
	LUBE	润滑泵液面低报警指示
HOME X Y Z IV		分别指示各轴回零结束
SPINDLE LOAD	主轴负载表	表示主轴的工作负载数
SPINDLE SPEED OVERRIDE	主轴转速修调开关	在自动或手动时,从 50%～120%修调主轴转速
STOP CW CCW SPINDLE MANUAL OPERATE	主轴手动操作按钮	在机床处于手动方式(JOG,HANDLE,TEACH. H,RAPID)时,可启、停主轴。CW——手动主轴正转(带灯); CCW——手动主轴反转(带灯); STOP——手动主轴停止(带灯)
COOL MANUAL OPERATE	手动冷却操作按钮	在任何工作方式下都可以操作。ON——手动冷却启动(带灯); OFF——手动冷却停止(带灯)

附表 B4 硬质合金外圆车刀切削速度参考值

工件材料	热处理状态	$\alpha_p=0.3\sim2mm$ $f=0.08\sim0.3mm/r$	$\alpha_p=2\sim6mm$ $f=0.3\sim0.6mm/r$	$\alpha_p=6\sim10mm$ $f=0.6\sim1mm/r$
		$v_c/m\cdot min^{-1}$		
低碳钢、易切钢	热轧	140～180	100～120	70～90
中碳钢	热轧	130～160	90～110	60～80
	调质	100～130	70～90	50～70
合金结构钢	热轧	100～130	70～90	50～70
	调质	80～110	50～70	40～60
工具钢	退火	90～120	60～80	50～70
灰铸铁	HBS＜190	90～120	60～80	50～70
	HBS＝190～225	80～110	50～70	40～60
高锰钢(Mn13％)		10～20		
铜、铜合金		200～250	120～180	90～120
铝、铝合金		300～600	200～400	150～200
铸铝合金		100～180	80～150	60～100

附表 B5 硬质合金车刀粗车外圆、端面的进给量

工件材料	刀杆尺寸 $B\times H$ /mm×mm	工件直径 d_w /mm	背吃刀量(α_p/mm)				
			≤3	＞3～5	＞5～8	＞8～12	＞12
			进给量 f/mm·r^{-1}				
碳素结构钢 合金结构钢 耐热钢	16×25	20	0.3～0.4	—	—	—	—
		40	0.4～0.5	0.3～0.4	—	—	—
		60	0.5～0.7	0.4～0.6	0.3～0.5	—	—
		100	0.6～0.9	0.5～0.7	0.5～0.6	0.4～0.5	—
		400	0.8～1.2	0.7～1.0	0.6～0.8	0.5～0.6	—
	20×30 25×25	20	0.3～0.4	—	—	—	—
		40	0.4～0.5	0.3～0.4	—	—	—
		60	0.5～0.7	0.5～0.7	0.4～0.6	—	—
		100	0.8～1.0	0.7～0.9	0.5～0.7	0.4～0.7	—
		400	1.2～1.4	1.0～1.2	0.8～1.0	0.6～0.9	0.4～0.6

续附表 B5

工件材料	刀杆尺寸 $B \times H$ /mm×mm	工件直径 d_w /mm	背吃刀量(a_p/mm)				
			≤3	>3~5	>5~8	>8~12	>12
			进给量 f/mm·r^{-1}				
铸铁 铜合金	16×25	40	0.4~0.5	—	—	—	—
		60	0.5~0.8	0.5~0.8	0.4~0.6	—	—
		100	0.8~1.2	0.7~1.0	0.6~0.8	0.5~0.7	—
		400	1.0~1.4	1.0~1.2	0.8~1.0	0.6~0.8	—
	20×30 25×25	40	0.4~0.5	—	—	—	—
		60	0.5~0.9	0.5~0.8	0.4~0.7	—	—
		100	0.9~1.3	0.8~1.2	0.7~1.0	0.5~0.8	—
		400	1.2~1.8	1.2~1.6	1.0~1.3	0.9~1.1	0.7~0.9

附表 B6 精车进给量参考值

工件材料	表面粗糙度 Ra/μm	切削速度范围 v_c/m·min^{-1}	刀尖圆弧半径 r_{ε}/mm		
			0.5	1.0	2.0
			进给量 f/mm·r^{-1}		
铸铁、青铜、 铝合金	>5~10	不限	0.25~0.40	0.40~0.50	0.50~0.60
	>2.5~5		0.15~0.25	0.25~0.40	0.40~0.60
	>1.25~2.5		0.10~0.15	0.15~0.20	0.20~0.35
碳钢及合金钢	>5~10	<50	0.30~0.50	0.45~0.60	0.55~0.70
		>50	0.40~0.55	0.55~0.65	0.65~0.70
	>2.5~5	<50	0.18~0.25	0.25~0.30	0.30~0.40
		>50	0.25~0.30	0.30~0.35	0.30~0.50
	>1.25~2.5	<50	0.10	0.11~0.15	0.15~0.22
		50~100	0.11~0.16	0.16~0.25	0.25~0.35
		>100	0.16~0.20	0.20~0.25	0.25~0.35

附表 B7 高速钢麻花钻推荐进给量

钻头直径 /mm	钢 Rm/MPa			铸铁/HB	
	900 以下	900~1100	1100 以上	<170	>170
	进给量/mm/r			进给量/mm/r	
2	0.025~0.05	0.02~0.04	0.015~0.03		
4	0.045~0.09	0.04~0.07	0.025~0.05		
6	0.080~0.16	0.055~0.11	0.045~0.09		

续附表 B7

钻头直径 /mm	钢 Rm/MPa			铸铁/HB	
	900 以下	900～1100	1100 以上	＜170	＞170
	进给量/mm/r			进给量/mm/r	
8	0.10～0.20	0.07～0.14	0.06～0.12		
10	0.12～0.25	0.10～0.19	0.08～0.15	0.25～0.45	0.20～0.35
12	0.14～0.28	0.11～0.21	0.09～0.17	0.30～0.50	0.20～0.35
16	0.17～0.34	0.13～0.25	0.10～0.20	0.35～0.60	0.25～0.40
20	0.20～0.39	0.15～0.29	0.12～0.23	0.40～0.70	0.25～0.40
23				0.45～0.80	0.30～0.45
24	0.22～0.43	0.16～0.32	0.13～0.26		
26				0.50～0.85	0.35～0.50
28	0.24～0.49	0.17～0.34	0.14～0.28		
29				0.50～0.90	0.40～0.60
30	0.25～0.50	0.18～0.36	0.15～0.30		
35	0.27～0.54	0.20～0.40	0.16～0.32		
40	0.29～0.58	0.22～0.43	0.17～0.35		
45	0.32～0.63	0.23～0.46	0.19～0.38		
50	0.34～0.67	0.25～0.49	0.20～0.40		
55	0.35～0.71	0.26～0.52	0.21～0.43		
60	0.38～0.75	0.28～0.55	0.23～0.45		

附表 B8 高速钢麻花钻的推荐切削速度

加工材料	硬度/HB	切削速度 v/m/s(m/min)
低碳钢	100～125	0.45(27)
	125～175	0.40(24)
	175～225	0.35(21)
中、高碳钢	125～175	0.37(22)
	175～225	0.33(20)
	225～275	0.25(15)
	275～325	0.20(12)
合金钢	175～225	0.30(18)
	225～275	0.25(15)
	275～325	0.20(12)
	325～375	0.17(10)

续表附 B8

加工材料	硬度/HB	切削速度 v/m/s(m/min)
, 高速钢	200~250	0.22(13)
灰铸铁	100~140	0.55(33)
	140~190	0.45(27)
	190~220	0.35(21)
	220~260	0.25(15)
	260~320	0.15(9)
可锻铸铁	110~160	0.70(42)
	160~200	0.42(25)
	200~240	0.33(20)
	240~280	0.20(12)
球墨铸铁	140~190	0.50(30)
	190~225	0.35(21)
	225~260	0.28(17)
	260~300	0.20(12)
铸钢	低碳	0.40(24)
	中碳	0.30~0.40(18~24)
	高碳	0.25(15)
铝合金、镁合金		1.25~1.50(75~90)
铜合金		0.33~0.80(20~48)

附录 C 数控车工国家职业标准摘要(中级)

附表 C1 工作要求

职业功能	工作内容	技能要求	相关知识
一、加工准备	(一)读图与绘图	1. 能读懂中等复杂程度(如:曲轴)的零件图; 2. 能绘制简单的轴、盘类零件图; 3. 能读懂进给机构、主轴系统的装配图	1. 复杂零件的表达方法; 2. 简单零件图的画法; 3. 零件三视图、局部视图和剖视图的画法; 4. 装配图的画法

续附表 C1

职业功能	工作内容	技能要求	相关知识
一、加工准备	(二)加工工艺	1. 能读懂复杂零件的数控车床加工工艺文件; 2. 能编制简单(轴、盘)零件的数控加工工艺文件	数控车床加工工艺文件的制定
	(三)定位与装夹	能使用通用夹具(如三爪自定心卡盘、四爪单动卡盘)进行零件装夹与定位	1. 数控车床常用夹具的使用方法; 2. 零件定位、装夹的原理和方法
	(四)刀具准备	1. 能够根据数控车床加工工艺文件选择、安装和调整数控车床常用刀具; 2. 能够刃磨常用车削刀具	1. 金属切削与刀具磨损知识; 2. 数控车床常用刀具的种类、结构和特点; 3. 数控车床、零件材料、加工精度和工作效率对刀具的要求
二、数控编程	(一)手工编程	1. 能编制由直线、圆弧组成的二维轮廓数控加工程序; 2. 能编制螺纹加工程序; 3. 能够运用固定循环、子程序进行零件的加工程序编制	1. 数控编程知识; 2. 直线插补和圆弧插补的原理; 3. 坐标点的计算方法
	(二)计算机辅助编程	1. 能够使用计算机绘图设计软件绘制简单(轴、盘、套)零件图; 2. 能够利用计算机绘图软件计算节点	计算机绘图软件(二维)的使用方法
三、数控车床操作	(一)操作面板	1. 能够按照操作规程起动及停止机床; 2. 能使用操作面板上的常用功能键(如回零、手动、MDI、修调等)	1. 熟悉数控车床操作说明书; 2. 数控车床操作面板的使用方法
	(二)程序输入与编辑	1. 能够通过各种途径(如 DNC、网络等)输入加工程序; 2. 能够通过操作面板编辑加工程序	1. 数控加工程序的输入方法; 2. 数控加工程序的编辑方法; 3. 网络知识
	(三)对刀	1. 能进行对刀并确定相关坐标系; 2. 能设置刀具参数	1. 对刀的方法; 2. 坐标系的知识; 3. 刀具偏置补偿、半径补偿与刀具参数的输入方法
	(四)程序调试与运行	能够对程序进行校验、单步执行、空运行并完成零件试切	程序调试的方法
四、零件加工	(一)轮廓加工	1. 能进行轴、套类零件加工,并达到以下要求: (1)尺寸公差等级:IT6; (2)几何公差等级:8; (3)表面粗糙度:$Ra\ 1.6\mu m$。	1. 内外径的车削加工方法、测量方法; 2. 几何公差的测量方法; 3. 表面粗糙度的测量方法

续附表 C1

职业功能	工作内容	技能要求	相关知识
四、零件加工	(一)轮廓加工	2. 能进行盘类、支架类零件加工,并达到以下要求: (1)轴径公差等级:IT6; (2)孔径公差等级:IT7; (3)几何公差等级:8; (4)表面粗糙度:$Ra1.6\mu m$	1. 内外径的车削加工方法、测量方法; 2. 几何公差的测量方法; 3. 表面粗糙度的测量方法
	(二)螺纹加工	能进行单线等节距的普通三角螺纹、锥螺纹的加工,并达到以下要求: (1)尺寸公差等级:IT6~IT7; (2)几何公差等级:8; (3)表面粗糙度:$Ra\ 1.6\mu m$	1. 常用螺纹的车削加工方法; 2. 螺纹加工中的参数计算
	(三)槽类加工	能进行内径槽、外径槽和端面槽的加工,并达到以下要求: (1)尺寸公差等级:IT8; (2)几何公差等级:8; (3)表面粗糙度:$Ra\ 3.2\mu m$	内、外径槽和端槽的加工方法
	(四)孔加工	能进行孔加工,并达到以下要求: (1)尺寸公差等级:IT7; (2)几何公差等级:8; (3)表面粗糙度:$Ra\ 3.2\mu m$	孔的加工方法
	(五)零件精度检验	能进行零件的长度、内径、外径、螺纹、角度精度检验	1. 通用量具的使用方法; 2. 零件精度检验及测量方法
五、数控车床维护和故障诊断	(一)数控车床日常维护	能根据说明书完成数控车床的定期及不定期维护保养,包括:机械、电、气、液压、冷却数控系统检查和日常保养等	1. 数控车床说明书; 2. 数控车床日常保养方法; 3. 数控车床操作规程; 4. 数控系统(进口与国产数控系统)使用说明书
	(二)数控车床故障诊断	1. 能读懂数控系统的报警信息; 2. 能发现并排除由数控程序引起的数控车床的一般故障	1. 使用数控系统报警信息表的方法; 2. 数控车床的编程和操作故障诊断方法
	(三)数控车床精度检查	能进行数控车床水平的检查	1. 水平仪的使用方法; 2. 机床垫铁的调整方法

附表 C2　比重表

项　目		理论知识/%	技能操作/%
基本要求	职业道德	5	—
	基础知识	20	—
相关知识技能要求	加工准备	15	10
	数控编程	20	20
	数控车床操作	5	5
	零件加工	30	60
	数控车床维护和故障诊断	5	5
合　计		100	100

附录 D　参 考 答 案

附录 D1　各单元部分练习参考答案

1.1　思考与练习4

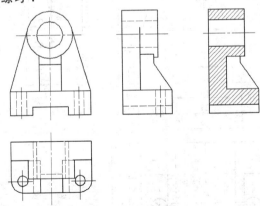

1.2　思考与练习3

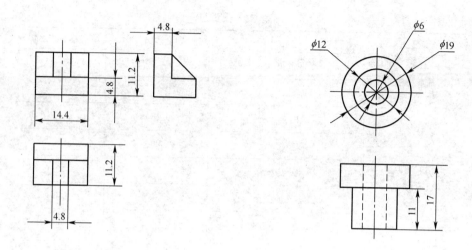

1.2　思考与练习 4

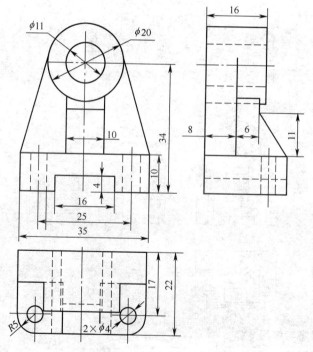

1.5　思考与练习 4(尺寸公差略)

⌑ 0.03 A :表示 SR750 球面相对于基准 φ16f7 外圆中心线的圆跳动公差值为 0.03；

∅ 0.005 :表示 φ16f7 外圆的圆柱度公差值为 0.005；

◎ $\boxed{\phi 0.1}\ \boxed{A}$：表示 M8×1－7H 螺孔中心线相对于基准 ϕ16f7 外圆中心线的同轴度公差值为 ϕ0.1。

1.5　思考与练习5

两键槽侧面表面粗糙度数值为 Ra 6.3;倒圆面表面粗糙度数值为 Ra 12.5;倒角面表面粗糙度数值为 Ra 25;其余表面粗糙度数值为 Ra 3.2。

1.6　思考与练习

1. 输出轴,40Cr,2:1

2. 3,主视,移出断面图

3. 2,0.5

4. 80,ϕ15±0.0055(不是唯一的答案),ϕ15±0.0055

5. 18,$5_{-0.03}^{\ 0}$,3,$\sqrt{^{Ra\,3.2}}$,定形,定位

6. ϕ16,上偏差,下偏差,ϕ16.012,ϕ15.989,0.023

7. $\sqrt{^{Ra\,1.6}}$、$\sqrt{^{Ra\,3.2}}$、ϕ15±0.0055 圆柱面

8. 1×45,12.5

单元一综合练习一

1. × 　2. √ 　3. × 　4. √ 　5. √ 　6. √ 　7. √ 　8. √ 　9. × 　10. √

单元一综合练习二

1. A 　2. A 　3. C 　4. D 　5. A 　6. D 　7. A 　8. C 　9. C 　10. B 　11. D 　12. A

单元一综合练习三

1. 圆柱,轴套 　2.（见该图） 　3. 局部、局部放大、移出断面 　4. 25,8P9 $\left(_{-0.051}^{-0.015}\right)$,15

5. ϕ8×90°,110 　6. 槽宽2、槽深1.5 　7. 160,$\sqrt{^{Ra\,3.2}}$ 　8. ϕ40,0,－0.016,ϕ40,ϕ39.984,0.016

单元二综合练习一

1. √	2. √	3. √	4. ×	5. ×	6. √	7. ×	8. √
9. √	10. √	11. ×	12. ×	13. √	14. ×	15. ×	16. ×
17. √	18. ×	19. √	20. √	21. ×	22. ×	23. √	24. ×
25. √	26. √	27. √	28. √	29. ×	30. √	31. ×	32. √
33. √	34. √	35. √	36. √	37. ×	38. ×	39. √	40. ×

单元二综合练习二

1. B	2. C	3. C	4. B	5. A	6. B	7. A	8. B	9. C
10. A	11. A	12. B,A	13. C	14. B	15. B	16. C	17. B	18. B
19. C	20. B	21. B	22. C	23. D	24. D			

单元三综合练习一

1. × 　2. √ 　3. √ 　4. × 　5. √ 　6. × 　7. × 　8. √ 　9. √ 　10. √ 　11. √

12.√ 13.× 14.×

单元三综合练习二

1.C 2.C 3.A,B 4.A 5.A 6.D 7.A 8.B 9.B 10.D 11.B
12.A 13.B 14.B

任务4.2思考练习

O4205；

N1 G99；

N2 T0101 M03 S600；

N3 G00 X44. Z5.；

N4 X18.；

N5 G01 Z0. F0.2；

N6 X20. Z-1.；

N7 Z-15.；

N8 X25.；

N9 X30. Z-30.；

N10 Z-40.；

N11 X32.；

N12 G03 X42. Z-45. R5.；

N13 G01 X44.；

N14 G00 X100. Z100.；

N15 M05；

N16 M30；

单元四综合练习一

1.× 2.× 3.√ 4.× 5.× 6.√ 7.× 8.√ 9.√ 10.√

单元四综合练习二

1.A 2.D 3.B 4.B 5.D 6.D 7.A 8.B 9.B 10.C

任务5.1思考练习4

工艺参考5.1.5。设毛坯为φ45mm的棒料。用三爪自定心卡盘进行装夹,夹持左端φ45mm柱面,伸长70mm。选用刀尖角80°主偏角95°一把外圆车刀粗、精加工件右端外圆轮廓面。设计用G71/G70加工循环路线粗、精加工切削区域。参考程序：

O5105；

(T01 粗加工右端外形)

G99；

M03 S800 T0101；

G00 X48. Z2.；(快进到外径粗车循环起刀点 S)

G71 U2. R0.5；(外径粗车循环)

G71 P30 Q40 U0.5 W0.1 F0.2；

N30 G00 X18.；(到精加工路线起点 *P*)

G01 Z0.；

X20. Z-1.；(加工倒角)

Z-15.；

X25.；

X30. Z-30.；

Z-40.；

X32.；

G03 X42. Z-45. R5.；

G01 Z-65.；(表面车到 *Z*-65 处，便于切断加工)

N40 G01 X44.；(切出轮廓到 *Q* 点)

G00 X100. Z50.；

M05；

M00；

(T01 精加工右端外形)

G99；

M03 S1200 T0101；

G00 X52. Z2.；

G70 P30 Q40 F0.1；

G00 Z50. X100.；

M05；

M30；

任务 5.2 思考练习 4

工艺参考 5.1.4。设毛坯为 ϕ100mm 长 36mm 的棒料，已经预加工 ϕ16 的孔。用三爪自定心卡盘进行装夹，夹持左端 ϕ100mm 柱面，伸长 20mm。选用一把外圆车刀，刀尖角 80°主偏角为 95°，用刀的副刃以端面切削的方法粗、精加工件右端端面及外圆轮廓面。设计用 G72/G70 加工循环路线粗、精加工切削区域。参考程序：

O5205；

(T01 粗加工右端外形)

G99；

T0101 S500 M03；

G00 X105. Z2.；

G72 W2. R0.5；

G72 P10 Q20 U0.1 W0.5 F0.15；

N10 G00 Z-17.；(→*P*)

G01 X100. ;

X96. Z-15. ;

X68. ;

G03 X60. Z-11. R4. ;

G01 Z-5. ;

X20. Z0;

N20 Z2. ;(→Q)

G00 X120. Z50.

M00;

(T01 精加工右端外形)

M03 S800;

G00 X105. Z2. ;

G70 P10 Q20 F0.1;(G70 执行完后刀具又回到起点 S)

G00 X120. Z100. ;

M05;

M30;

单元五综合练习一

1. × 2. × 3. √ 4. √ 5. √ 6. √ 7. √ 8. √ 9. √ 10. ×

单元五综合练习二

1. B 2. A 3. B 4. ABCD 5. C 6. D

单元五综合练习四

工艺参考:设毛坯为 $\phi55mm$ 长棒料,用三爪自定心卡盘进行装夹,夹持左端 $\phi55mm$ 柱面,伸长 110mm。

①选用 T01 外圆车刀(刀尖角 80° 主偏角 95°),粗、精加工件外圆轮廓面,设计用 G71/G70 加工循环路线粗、精加工切削区域。

②选择 T02 刀宽为 3mm 外切断刀,加工件 8×2 的槽,设计用 G75 加工循环。从长棒料上切断工件时并对右端的倒角加工。

③选择 T03 刀尖 60° 外螺纹车刀 M35×2 外螺纹,用 G76 螺纹复合循环加工。

参考程序:

O5001;

(以下用 T01 切右端面和外圆)

G99;

T0101 M03 S600;(主轴正转,换 1 号刀)

G00 X60. Z0. ;

G01 X-1. F0.1;(车端面)

G00 X60. Z2. ;(循环起点 S)

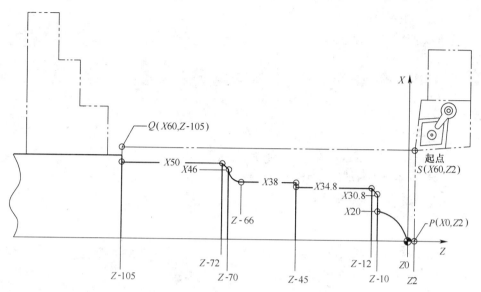

G71 U2. R1. ;

G71 P10 Q20 U0. 5 W0. 1 F0. 2;

N10 G00 X0. ;(精加工路线切入点 P)

G01 Z0. ;

G03 X20. Z-10. R10. ;

G01 X30. 8;

X34. 8 Z-12. ;

Z-45. ;

X38;

Z-66;

G02 X46. Z-70. R4. ;

G01 X50. Z-72.

Z-105. ;

N20 G01 X60. ;(精加工路线切出点 Q)

G00 X100. Z100. ;(返回换刀点)

M05;

M00;(暂停、测量、补偿)

(以下用 T01 精加工外圆)

G99;

T0101 M03 S1000;

G00 X60. Z2. ;

G70 P10 Q20 F0. 1;

G00 X100. Z100. ;

（以下用 T02 切槽及槽右侧倒角）

G99 ;

T0202 S400 ;

G00 X40. Z-40. ;

G75 R1. ;

G75 X30.8. Z-45. P1500 Q2500 F0.1 ;

（切槽循环完成后，刀具自动回到循环起点 X40. ,Z-40. ）

G01 W2. ;（准备加工槽右侧倒角）

X34.8 ;

X30.8 W-2. ;（加工槽右侧倒角）

G00 X40. ;

X100. Z100. ;（返回换刀点）

（以下用 T03 车螺纹）

G99 ;

T0303 M03 S500 ;（换 3 号刀加工螺纹）

G00 X40. Z-2. ;

G76 P011060 Q100 R0.1 ;

G76 X32.4 Z-40. P1200 Q400 F2. ;

G00 X100. Z100. ;

（以下用 T02 先进行左端倒角加工，再切断）

G99 ;

T0202 M03 S400 ;

G00 X60. Z-103. ;

G01 X45. F0.1 ;（先切削一个槽）

X51. ;（退出刀）

W2. ;（调整右刀尖 Z 位置）

X50. ;（调整右刀尖 X 位置）

G01 X46. W-2. F0.06 ;（切削倒角）

G00 X60. ;（退出刀）

G75 R1.0 ;（用 G75 循环进行切断加工）

G75 X0 P3000 F0.06 ;

G00 X100. Z100. ;

M30 ;

单元六 综合练习一

1. × 2. √ 3. √ 4. √ 5. √ 6. √ 7. × 8. × 9. √ 10. √

单元六　综合练习二

1. A　2. B　3. D　4. B　5. D　6. C　7. D　8. D

附录 D2　理论知识试题参考答案

一、单项选择题

1. A	2. B	3. D	4. A	5. B	6. C	7. B	8. B	9. D
10. D	11. D	12. C	13. C	14. A	15. C	16. A	17. A	18. A
19. D	20. A	21. A	22. B	23. B	24. C	25. A	26. B	27. C
28. B	29. A	30. B	31. A	32. C	33. C	34. B	35. A	36. A
37. A	38. C	39. A	40. B	41. B	42. B	43. A	44. D	45. C
46. C	47. D	48. B	49. C	50. C	51. C	52. C	53. A	54. B
55. B	56. C	57 C	58. B	59. A	60. D	61. C	62. A	63. B
64. B	65. C	66. A	67. A	68. D	69. B	70. D	71. D	72. C
73. A	74. A	75. A	76. A	77. D	78. C	79. C	80. D	

二、判断题

81. ×	82. √	83. √	84. ×	85. ×	86. √	87. √	88. √	89. ×
90. √	91. √	92. ×	93. √	94. ×	95. √	96. ×	97. √	98. ×
99. √	100. ×						

参 考 文 献

[1]Smid, P. (斯密德,美)数控编程手册[M]. 罗学科,等,译. 北京:化学工业出版社,2005.

[2]Crandell, T. M. (克兰德尔,美)数控加工与编程[M]. 罗学科,等,译. 北京:化学工业出版社,2005.

[3]韩鸿鸾. 数控加工工艺学[M]. 北京:中国劳动社会保障出版社,2005.

[4]彭德荫. 车削工艺与技能训练[M]. 北京:中国劳动社会保障出版社,2001.

[5]袁锋. 全国数控大赛试题精选[M]. 北京:机械工业出版社,2005.

[6]孟少农. 机械加工工艺手册[M]. 北京:机械工业出版社,1998.

[7]霍苏萍. 数控车削加工工艺编程与操作[M]. 北京:人民邮电出版社,2009.

[8]北京发那科机电有限公司. FANUC Series 0i Mate—TC 操作说明书.

[9]Robert Quesada. (美)计算机数控技术应用[M]. 北京:清华大学出版社,2006.

[10]崔元刚. 数控机床技术应用[M]. 2 版. 北京:理工大学出版社,2010.

[11]沈建峰,朱勤惠. 数控车床技能鉴定[M]. 北京:化学工业出版社,2008.